计算机组装与维修

主　编　姬长美　孟令夫　周建坤

副主编　刘　健　周广泉　黄　磊　冯知岭

清华大学出版社

北　京

内 容 简 介

本书详细讲述了计算机硬件的组装和维修，全书以硬件为核心，阐述了硬件组装、软件安装的基础知识，并对计算机的常见故障进行了系统剖析。全书分为8章，包含微型计算机基础知识、计算机硬件基础知识、计算机硬件组装及BIOS设置、硬盘分区与格式化、操作系统的安装与设置、计算机网络应用配置、计算机日常管理与维护、计算机故障诊断与处理等内容。

本书图文并茂，包含300余张图片，从计算机硬件的基础知识入手，详细介绍了计算机系统安装必备的知识技能，并附有大量的故障排除案例。本书可作为高职院校和应用型本科院校的计算机相关专业的教材，也可以作为各类培训学校的专用教材和计算机爱好者的自学用书。

图书在版编目（CIP）数据

计算机组装与维修 / 姬长美，孟令夫，周建坤主编. —北京：清华大学出版社，2022.1
ISBN 978-7-302-58804-7

Ⅰ. ①计… Ⅱ. ①姬… ②孟… ③周… Ⅲ. ①电子计算机—组装—高等学校—教材 ②电子计算机—维修—高等学校—教材 Ⅳ. ①TP30

中国版本图书馆CIP数据核字（2021）第157512号

责任编辑：贾小红
封面设计：刘 超
版式设计：文森时代
责任校对：马军令
责任印制：丛怀宇

出版发行：清华大学出版社
网　　址：http://www.tup.com.cn，http://www.wqbook.com
地　　址：北京清华大学学研大厦A座　　**邮　　编：**100084
社 总 机：010-62770175　　**邮　　购：**010-62786544
投稿与读者服务：010-62776969，c-service@tup.tsinghua.edu.cn
质量反馈：010-62772015，zhiliang@tup.tsinghua.edu.cn
印 装 者：北京同文印刷有限责任公司
经　　销：全国新华书店
开　　本：185mm×260mm　　**印　　张：**16.75　　**字　　数：**384千字
版　　次：2022年1月第1版　　**印　　次：**2022年1月第1次印刷
定　　价：49.00元

产品编号：092055-01

编写委员会

主　编：姬长美　孟令夫　周建坤

副主编：刘　健　周广泉　黄　磊　冯知岭

参　编：吴季安　高　静　李长琪　杨晓丹

马海苓　李　林　郑金栋　刘敬贤

前 言

经过短短几十年的时间，计算机硬件的发展和软件的更新进入了一个崭新的时代。为了紧跟计算机领域的飞速发展，淘汰落后的知识，解答广大读者在组装计算机时遇到的实际困惑，我们组织和编写了本书。

本书是根据教育部的教学基本要求和多年来我们在计算机教育方面取得的成功经验编写的。全书基于计算机硬件和软件的最新发展水平，按照内容丰富、知识新颖、通俗易懂的原则进行编写，并展示了丰富的实物图片，有效解答了读者在硬件选购、软件安装和计算机故障排除方面遇到的实际问题。

全书共分为 8 章，第 1 章和第 2 章介绍了计算机的基础知识，第 3～5 章介绍了计算机的硬件组装及软件安装，第 6 章介绍了计算机网络应用配置，第 7 章和第 8 章介绍了计算机日常使用的注意事项和计算机的常见故障及排除方法。本教材内容编排结构合理、案例丰富、讲述翔实、概念清晰，基本涵盖了计算机组装和维护方面所必备的理论知识和实践技能。希望广大读者通过本书的学习，在计算机组装方面有所收获。

本书由姬长美、孟令夫、周建坤担任主编，刘健、周广泉、黄磊、冯知岭担任副主编。第 1 章由孟令夫、李长琪编写，第 2 章由姬长美、吴季安编写，第 3 章由黄磊、杨晓丹编写，第 4 章由刘健、刘敬贤编写，第 5 章由周广泉、郑金栋编写，第 6 章由冯知岭、马海苓编写，第 7 章由周建坤、李林编写，第 8 章由高静编写。全书由姬长美审核统稿。在此向各位编写者一并表示感谢。

本书可作为高等职业院校和应用型本科院校的计算机相关专业的教材、社会培训机构的专用教材，也可供广大计算机爱好者自学使用。

由于编者水平有限，在编写过程中难免出现纰漏和不足之处，恳请广大读者批评指正，并将修改意见和建议反馈给我们，以便我们及时更正。

编　者

2022.1

目　录

第 3 章 计算机硬件组装及 BIOS 设置

第8章 计算机故障诊断与处理

附录 课后习题参考答案

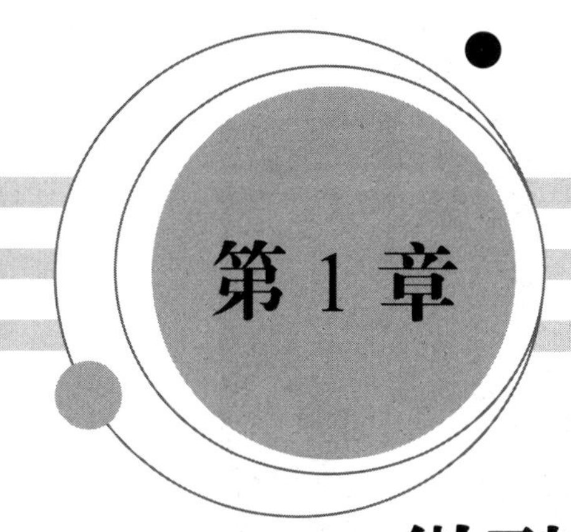

第1章 微型计算机基础知识

学习目标

- ❑ 了解计算机的发展历史和特点。
- ❑ 了解计算机信息的表示方法。
- ❑ 掌握数制与数制之间的转换。
- ❑ 掌握微型计算机系统的组成。

1.1 计算机的发展历程

计算机（Computer）是20世纪人类最伟大的科学发明之一，它给人类的生产和生活带来了巨大的影响。它的应用领域已经从最初的军事、科研扩展到了社会生活的各个方面。计算机的快速发展带动了全球范围内的技术进步和技术创新，引起了巨大的社会变革；人类已经越来越离不开计算机了。

1.1.1 计算机的发展历史

1943年，美国为了实验新式火炮，需要计算火炮的弹道表；而这需要进行大量的计算。一张弹道表需要计算近4000条弹道，每条弹道需要计算750次乘法和更多的加减法，工作量巨大。当时任职于宾夕法尼亚大学莫尔电机工程学院的莫希利（John Mauchly），于1942年提出了试制第一台电子计算机的初始设想——“高速电子管计算装置的使用”，希望用电子管代替继电器，提高机器的计算速度。

美国军方得知这一设想后，拨款并成立了一个以莫希利、埃克特（John Eckert）为首的研制小组。终于，在 1946 年 2 月 14 日，世界上第一台通用计算机埃尼阿克（ENIAC）诞生了，如图 1-1 所示。

图 1-1 第一台计算机 ENIAC

ENIAC 长 30.48 米，宽 6 米，高 2.4 米，占地面积约为 170 平方米，有 30 个操作台，重达 30 吨，耗电量 150 千瓦，造价 48 万美元。它包含 17468 个电子管、7200 个晶体二极管，还有 70000 个电阻器、10000 个电容器、1500 个继电器及 6000 多个开关。ENIAC 每秒能进行 5000 次加法运算或 400 次乘法运算，是使用继电器运转的机电式计算机的 1000 倍、手工计算的 20 万倍。它还能进行平方和立方运算，计算正弦和余弦等三角函数的值以及其他一些更复杂的运算。

ENIAC 属于最初级的电子计算机，它的运算速度虽然比其他机电式计算机都快，但是却有着致命的缺陷，即指导完成计算的指令不能以数据的形式存储在同一存储器中。解题之前，必须先想好全部指令，然后手动连接所有需要的电路。这一工作过程极其复杂，往往要许多技术人员共同工作好几天才能完成；而且，每改变一个程序，所有的线路都要重新拆接一次。因此，计算速度受到了限制。

在分析了 ENIAC 的优点和缺点的基础上，美籍匈牙利数学家冯·诺依曼和他的两个同事于 1946 年 6 月，共同起草了普林斯顿远景研究学院的报告——《关于电子计算装置逻辑结构的初步探讨》。在这份报告中，冯·诺依曼提出了计算机设计的基本方案，即我们现在所熟悉的“存储程序”工作原理，也称冯·诺依曼原理。

冯·诺依曼理论的基本工作原理是：计算机由控制器、运算器、存储器、输入设备和输出设备五部分构成，其核心是“存储程序”和“程序控制”，并以二进制数表示数据。时至今日，计算机软、硬件技术得到了飞速发展，但就计算机本身的体系结构而言，仍然没有明显突破，今天的计算机依然采用冯·诺依曼体系结构。

1.1.2　计算机发展的时代划分

从 ENIAC 诞生以来，历经几十年的时间，计算机技术取得了惊人的发展。从第一台计算机问世以来，计算机的发展经历了四代。

1．第一代：电子管计算机（1946—1957 年）

这一时代的计算机主要采用电子管作为逻辑元件，由于受到当时电子技术的限制，运算速度仅为每秒几千次，内存仅有几千字节，而且体积庞大、功耗高，主要用于军事和科学研究领域。

2．第二代：晶体管计算机（1958—1964 年）

这一时代的计算机主要采用晶体管，运算速度可达每秒几十万次，内存容量达到几万字节。晶体管计算机与电子管计算机相比，体积小、功耗低、可靠性大大提高。除了进行科学计算，还用于数据处理和事务处理。

3．第三代：中小规模集成电路计算机（1965—1970 年）

中小规模集成电路计算机的基本特征是逻辑元件主要采用小规模和中规模的集成电路，其速度可达每秒几十万次到几百万次，体积越来越小，功耗越来越低，计算机的应用领域得以飞速扩大。

4．第四代：大规模、超大规模集成电路计算机（1971—今）

这一时期的计算机的逻辑元件采用大规模和超大规模的集成电路技术，其运算速度达到了每秒几亿次甚至几十亿次，内存容量也得到了极大提高。

1.1.3　未来计算机

基于集成电路的计算机在短期内还不会退出历史舞台，但一些新的计算机正在跃跃欲试地加紧研制，这就是未来的第五代计算机和第六代计算机。

1．第五代计算机

第五代计算机是指具有人工智能的新一代计算机，它具有推理、联想、判断、决策、学习等功能。在未来社会中，计算机、网络、通信技术将会三位一体化。新世纪的计算机将把人从重复、枯燥的信息处理中解脱出来，从而改变人们的工作、生活和学习方式，将为人类和社会拓展更大的生存和发展空间。

1）能识别自然语言的计算机

未来的计算机将在模式识别、语言处理、句式分析和语义分析的综合处理能力上，获得重大突破。它可以识别孤立单词、连续单词、连续语言和特定或非特定对象的自然语言（包括口语）。今后，人类将越来越多地同机器对话，他们将向个人计算机“口授”信件，同洗衣机“讨论”保护衣物的程序，或者用语言“制服”不听话的录音机；而键盘和鼠标的时代将渐渐结束。

2）高速超导计算机

高速超导计算机的耗电量仅为半导体器件计算机的几千分之一，它执行一条指令只需十亿分之一秒，比半导体元件快几十倍。以当前的技术制造出的超导计算机的集成电路芯片的大小只有3～5平方毫米。

3）激光计算机

激光计算机是利用激光作为载体，进行信息处理的计算机（又叫光脑），其运算速度将比普通的电子计算机快至少1000倍。它依靠激光束进入由反射镜和透镜组成的阵列中，从而对信息进行处理。

4）量子计算机

量子力学证明，个体光子通常不相互作用，但是当它们与光学谐振腔内的原子聚在一起时，相互之间会产生强烈影响。光子的这种特性可用来发展量子力学效应的信息处理器件——光学量子逻辑门，进而制造量子计算机。量子计算机利用原子的多重自旋进行数据处理，它可以在量子位上计算，也可以在0和1之间计算。在理论方面，量子计算机的性能能够超过任何可以想象的标准计算机。

2. 第六代计算机

1）神经元计算机

人类神经网络的强大与神奇是人所共知的，未来，人们将制造能够完成类似人脑功能的计算机系统，即人造神经元网络。神经元计算机最有前途的应用领域是国防，它可以识别物体和目标，处理复杂的雷达信号，决定要击毁的目标。神经元计算机包括联想式信息存储、对学习的自然适应、数据处理中的平行重复现象等性能。

2）生物计算机

生物计算机主要是以生物电子元件构建的计算机。它是利用蛋白质有开关的特性，用蛋白质分子作为元件而制成的生物芯片。其性能是由元件与元件之间电流启闭的开关速度来决定的。用蛋白质制成的计算机芯片，它的一个存储点只有一个分子大小，所以它的存储容量可以达到普通计算机的十亿倍。由蛋白质构成的集成电路，其大小只相当于硅片集成电路的十万分之一，而且运行速度更快，大大超过了人脑的思维速度。

1.1.4 计算机的分类

按照计算机的性能和用途，计算机一般分为超级计算机、网络计算机、工业控制计算机和个人计算机等。

1. 超级计算机

超级计算机（super computer）通常是指由数百、数千甚至更多处理器（机）组成的、能计算普通个人计算机（PC）和服务器不能完成的大型复杂课题的计算机。超级计算机是计算机中功能最强、运算速度最快、存储容量最大的一类计算机，是国家科技发展水平和综合国力的重要标志。超级计算机拥有最强的并行计算能力，主要用于科学计算，在气象、军事、能源、航天、探矿等领域承担大规模、高速度的计算任务。在结构上，虽然超级计算机和服务器都可能是多处理器系统，二者并无实质区别；但是现代超级计算机多采用集群系统，更注重浮点运算的性能，是一种专注于科学计算的高性能服务器，而且价格非常昂贵。

2. 网络计算机

网络计算机是在客户计算模式下的一种交互式信息设备，具有自己的处理能力，但除核心软件之外，其他软件都需从网络服务器下载，省去了频繁的软件升级和维护操作，也降低了成本。

1）服务器

专指某些高性能计算机，能通过网络对外提供服务。相对于普通计算机来说，在稳定性、安全性、性能等方面的要求更高，因此其CPU、芯片组、内存、磁盘系统、网络等硬件和普通计算机相比有所不同。服务器是网络的节点，负责存储、处理网络上80%的数据、信息，在网络中起到举足轻重的作用。它们是为客户端计算机提供各种服务的高性能的计算机，其高性能主要表现在高速的运算能力、长时间的可靠运行、强大的外部数据吞吐能力等方面。服务器的构成与普通计算机类似，也有处理器、硬盘、内存、系统总线等，但因为它是针对具体的网络应用特别制定的，因而服务器与普通计算机在处理能力、稳定性、可靠性、安全性、可扩展性、可管理性等方面存在很大差异。服务器主要分为网络服务器（DNS、DHCP）、打印服务器、终端服务器、磁盘服务器、邮件服务器、文件服务器等。

2）工作站

工作站是一种以PC和分布式网络计算为基础，主要面向专业应用领域，具备强大的数据运算与图形图像处理能力，为满足工程设计、动画制作、科学研究、软件开发、金融管理、信息服务、模拟仿真等专业领域的应用而设计开发的高性能计算机。工作站最突出的特点是具有很强的图形交换能力，因此在图形图像领域，特别是计算机辅助设计领域得到了迅速应用，其典型产品有美国Sun公司（甲骨文公司旗下公司）的Sun系列工作站。

3．工业控制计算机

工业控制计算机是一种采用总线形结构、对生产过程及其机电设备、工艺装备进行检测与控制的计算机系统的总称，简称工控机。工控机由计算机和过程输入/输出（I/O）通道两部分组成。一方面工控机在计算机外部增加了一部分过程输入/输出通道，将用来完成工业生产过程的检测数据送入计算机进行处理；另一方面它将计算机要行使的对生产过程控制的命令、信息转换成工业控制对象的控制变量的信号，再送往工业控制对象的控制器，由控制器行使对生产设备的运行控制。工控机的主要类别有 IPC（PC总线工业计算机）、PLC（可编程控制系统）、DCS（分散型控制系统）、FCS（现场总线系统）及 CNC（数控系统）5 种。

4．个人计算机

1）台式机（Desktop）

台式机也叫桌面机，是一种独立相分离的计算机，相对于笔记本和上网本，其体积较大，主机、显示器等设备一般都是相对独立的，由于使用时一般需要放置在电脑桌或者专门的工作台上，因此称作台式机。通常台式机的性能相对于笔记本电脑要强。

2）一体机

一体机是由一台显示器、一个键盘和一个鼠标组成的计算机。它的芯片、主板与显示器集成在一起，显示器就是一台主机，因此只要将键盘和鼠标连接到显示器上，就能使用。随着无线技术的发展，一体机的键盘、鼠标与显示器可实现无线连接，解决了一直为人诟病的台式机线缆多而杂的问题。有的一体机还具有电视接收、影音播放功能，也整合了专用软件，可用作特定行业的专用机。

3）笔记本电脑（Notebook 或 Laptop）

笔记本电脑也称手提电脑或膝上型电脑，是一种小型、可携带的个人计算机，通常重 1～3 千克。笔记本电脑除具备键盘外，还提供触控板（TouchPad）或触控点（Pointing Stick），提供了更好的定位和输入功能。

4）掌上电脑（PDA）

掌上电脑是一种运行在嵌入式操作系统和内嵌式应用软件上的手持式计算设备。掌上电脑可以用来管理个人信息（如通讯录、计划等），还可以上网浏览页面、收发 E-mail，甚至还可以当作手机来用。此外，掌上电脑还具有录音机功能、英汉及汉英词典功能、全球时钟对照功能、提醒功能、休闲娱乐功能、传真管理功能等。掌上电脑的电源通常采用普通的碱性电池或可充电锂电池。

5）平板电脑

平板电脑是一款无须翻盖、没有键盘、大小不等、形状各异却功能完整的计算机。其构成组件与笔记本电脑基本相同，但它是利用触控笔或手指在屏幕上书写的，而不是使用键盘和鼠标进行输入的，并且打破了笔记本电脑键盘与屏幕垂直的设计模式。除了拥有笔记本电脑的所有功能外，平板电脑还支持手写输入或语音输入，在移动性和便携性方面更胜一筹。从微软提出的平板电脑概念产品上看，平板电脑就是一款无须翻盖、没有键盘、体积小，但却功能完整的PC。

6）嵌入式计算机

嵌入式系统（Embedded Systems）是一种以应用为中心、以微处理器为基础，软硬件可裁剪且适应应用系统对功能、可靠性、成本、体积、功耗等综合性严格要求的专用计算机系统。它一般由嵌入式微处理器、外围硬件设备、嵌入式操作系统以及用户的应用程序等部分组成。嵌入式系统是计算机市场中增长最快的领域，也是种类繁多、形态多种多样的计算机系统。它几乎包括了生活中的所有电器设备，如掌上电脑、计算器、电视机顶盒、手机、数字电视、多媒体播放器、汽车、微波炉、数字相机、家庭自动化系统、电梯、空调、安全系统、自动售货机、蜂窝式电话、消费电子设备、工业自动化仪表和医疗仪器等。

1.1.5　计算机的应用领域

计算机的应用已经渗透人类生活的各个方面，从国民经济各领域到普通家庭生活，从生产领域到消费领域，到处可见计算机的踪影。

1．信息处理

信息处理也称为信息管理，它是指利用计算机对信息进行收集、加工、存储和传递等工作，其目的是为人类提供有价值的信息，从而作为管理和决策的依据；例如，人口普查资料的分类汇总、股市行情的实时管理等，都是信息处理的实例。

2．科学计算

科学计算也称为数值计算，它是计算机应用最早的领域之一。在科学研究和工程设计中，经常会遇到各种复杂的数学问题；例如，求解含几十个变量的方程组、解复杂的微分方程等；这些问题计算量很大，只有依靠速度快、精度高的计算机，才能快速解决此类问题。

3．人工智能

通常人工智能（Artificial Intelligence，AI）是指通过普通计算机程序呈现人类智能的技术，例如，使计算机具有识别语言、文字、图形以及学习、推理和适应环境的能力等。随着人工智能技术的发展，各种“智能机器人”将逐步出现在人们身边。

4. 过程控制

计算机过程控制是指计算机对工业生产过程或某种装置的运行过程，进行状态检测并实施自动控制。用计算机进行过程控制，可以改进设备性能，提高生产效率，降低人们的劳动强度，甚至能够实现计算机控制下的无人工厂。

5. 计算机辅助设计/辅助教学/辅助制造

利用计算机及其图形设备帮助设计人员进行设计工作，称为计算机辅助设计（Computer Aided Design，CAD）。在工程和产品设计中，计算机可以帮助设计人员完成计算、信息存储和制图等工作。在设计中，通常要使用计算机对不同方案进行大量的计算、分析和比较，以选出最优方案；利用计算机还可以进行图形的编辑、放大、缩小、平移和旋转等图形的数据加工工作。采用计算机辅助设计，不但减少了设计人员的工作量，提高了设计速度，更重要的是提高了设计质量。

计算机辅助教学（Computer Aided Instruction，CAI）是在计算机的辅助下进行的各种教学活动，也是一种以对话的方式与学生讨论教学内容、安排教学进程、进行教学训练的方法与技术。CAI 为学生提供了良好的个人化学习环境，综合应用多媒体、超文本、人工智能、网络通信和知识库等计算机技术，克服了传统教学情景方式单一、片面的缺点。CAI 的使用能有效地缩短学习时间、提高教学质量和教学效率，实现最优化的教学目标。

计算机辅助制造（Computer Aided Manufacturing，CAM）主要是指利用计算机辅助完成从生产准备到产品制造整个过程的活动，即通过直接或间接地把计算机与制造过程、生产设备相联系，用计算机系统进行制造过程的计划、管理以及对生产设备的控制与操作，处理产品制造过程中所需的数据，控制和处理物料（毛坯和零件等）的流动，对产品进行测试和检验等。

6. 网络应用

计算机技术和现代通信技术的结合构成了计算机网络。计算机网络的建立，不仅解决了一个单位、一个地区、一个国家中计算机之间的通信，以及各种软、硬件资源的共享，还大大促进了国家、地区间的文字、图像、视频和声音等各类数据的传输和处理。

7. 多媒体技术

多媒体技术（Multimedia Technology）是指通过计算机对文字、数据、图形、图像、动画、声音等多种媒体信息进行综合处理和管理，使用户可以通过多种感官与计算机进行实时信息交互的技术，又称为计算机多媒体技术。它的应用领域非常广泛，如可视电话、视频会议等。

8. 虚拟现实技术

虚拟现实（Virtual Reality，VR）是利用计算机生成的一种模拟环境，通过多种传感设备使用户“置身”到该环境中，达到用户与环境进行交互的目的。这种模拟环境是用计算机构建的具有表面色彩的立体图形，它可以是某一特定现实世界的真实写照，也可以是纯粹构想出来的世界。当前虚拟现实技术得到了迅速发展和广泛应用，出现了虚拟工厂、虚拟汽车、虚拟主持人等虚拟事物。

1.1.6 计算机的特点

1. 运算速度快

运算速度是计算机的一个重要性能指标。通常用每秒执行定点加法的次数或平均每秒执行指令的条数来衡量计算机的运算速度。运算速度快是计算机的一个突出特点。计算机的运算速度已由早期的每秒几千次（例如，ENIAC 每秒仅可完成 5000 次定点加法），发展到现在的最高可达每秒几千亿次乃至万亿次。

计算机高速运算的能力极大地提高了工作效率，把人们从繁重的脑力劳动中解放出来。人工需要数天才能完成的计算，计算机在“瞬间”即可完成。曾有许多数学问题，由于计算量太大，数学家们终其一生也无法完成，使用计算机则可轻易地解决。

2. 计算精度高

在科学研究和工程设计中，对计算结果的精度有很高要求。一般的计算工具只能达到几位有效数字（例如，过去常用的四位数学用表、八位数学用表等），而计算机对数据计算的结果精度可达到十几位、几十位有效数字，根据需要甚至可达到任意的精度。

3. 存储容量大

计算机的存储器可以存储大量数据，这使计算机具有了“记忆”功能。目前计算机的存储容量越来越大，已出现了 TB、PB 乃至 EB 的容量级别。计算机具有“记忆”功能，是与传统计算工具的一个重要区别。

4. 具有逻辑判断功能

计算机的运算器除了能够完成基本的算术运算，还具有进行比较、判断等逻辑运算的功能。这种能力是计算机处理逻辑推理问题的前提。

5. 自动化程度高

由于计算机的工作方式是将程序和数据先存放在机器内，工作时按程序规定的操作，一步一步地自动完成，一般不需要人工干预，因而自动化程度高。

1.2 计算机信息表示方法

计算机可以识别各种类型的数据，如英文字母、数字、声音、图像等，它们在计算机内部采用二进制的形式表示。

1.2.1 数制与数制之间的转换

在日常生活中，人们习惯使用的是十进制数。在计算机中，所有的数据都采用二进制数。为了方便书写、便于识别，经常还用到八进制数和十六进制数。无论何种数制，它们之间采用的都是进位计数制。

1. 进位计数制

数制也称计数制，是指用一组固定的符号和统一的规则表示数值的方法。按进位的原则进行计数的方法，称为进位计数制。例如，在十进位计数制中，是按照“逢十进一”的原则进行计数的。

常用进位计数制有十进制（decimal notation）、二进制（binary notation）、八进制（octal notation）、十六进制（hexdecimal notation）。

2. 进位计数制的基数与位权

“基数”和“位权”是进位计数制的两个要素。

1）基数

基数就是进位计数制的每位数上可能有的数码的个数。例如，十进制数每位上的数字有 0、1、2、…、9 共 10 个，所以基数为 10，八进制数每位上的数字有 0、1、2、3、…、7 共 8 个，所以基数为 8。

2）位权

位权是指一个数值每位上的数字的权值的大小。例如，十进制数 2348 从低位到高位的位权分别为 10^0、10^1、10^2、10^3，因此 2348 按位权展开是：$2348 = 2\times10^3+3\times10^2+4\times10^1+8\times10^0$。

3）数的位权表示

任何一种数制的数，都可以表示成按位权展开的多项式之和。例如，十进制数 436.07 可表示为：$436.07 = 4\times10^2+3\times10^1+6\times10^0+0\times10^{-1}+7\times10^{-2}$。

位权展开式表示法的特点是：每一项=某位上的数字×基数的若干幂次。幂次的大小由该数字所在的位置决定。

3. 二进制数

计算机中为何采用二进制数？因为二进制运算简单、电路简单可靠、容易实现、逻辑性强。

1）定义

按“逢二进一”的原则进行计数，称为二进制数，即当每位上计满 2 时，向高位进 1。

2）特点

每个数的数位上只能是 0、1 两个数字；二进制数中的最大数字是 1，最小数字是 0；基数为 2。二进制数的位权展开式表示如下。

$$(1101.101)_2 = 1\times2^3+1\times2^2+0\times2^1+1\times2^0+1\times2^{-1}+0\times2^{-2}+1\times2^{-3}$$

4．八进制数

1）定义

按“逢八进一”的原则进行计数，称为八进制数，即每位上计满 8 时，向高位进 1。

2）特点

每个数的数位上只能是 0、1、2、3、4、5、6、7 共 8 个数字；八进制数中的最大数字是 7，最小数字是 0，基数为 8。例如，$(1347)_8$ 与 $(62435)_8$ 是两个八进制数。八进制数的位权展开式表示如下。

$$(107.13)_8 = 1\times8^2+0\times8^1+7\times8^0+1\times8^{-1}+3\times8^{-2}$$

5．十六进制数

1）定义

按“逢十六进一”的原则进行计数，称为十六进制数，即每位上计满 16 时，向高位进 1。

2）特点

每个数的数位上只能是 0、1、2、3、4、5、6、7、8、9、A、B、C、D、E、F 共 16 个数字；十六进制数中的最大数字是 F，即 15，最小数字是 0，基数为 16。例如，$(109)_{16}$ 与 $(2FDE)_{16}$ 是两个十六进制数。十六进制数的位权展开式表示如下。

$$(109.13)_{16} = 1\times16^2+0\times16^1+9\times16^0+1\times16^{-1}+3\times16^{-2}$$

6．常用计数制间的对应关系

常用的计数制有二进制、八进制、十进制、十六进制，它们之间的对应关系如表 1-1 所示。

表 1-1　常用计数制间的对应关系表

十　进　制	二　进　制	八　进　制	十 六 进 制
1	1	1	1
2	10	2	2
4	100	4	4

续表

十 进 制	二 进 制	八 进 制	十 六 进 制
8	1000	10	8
10	1010	12	A
15	1111	17	F
16	10000	20	10

7．数制间的转换

1）十进制数转换成非十进制数

将数由一种数制转换成另一种数制，称为数制间的转换。日常生活中经常使用的是十进制数，而在计算机中采用的是二进制数、八进制数和十六进制数，所以在使用计算机时就必须把输入的十进制数换算成计算机所能解析的数制。计算机在程序运行结束后，再把二进制数换算成人们习惯的十进制数输出。这两个换算的过程完全由计算机自动完成。

（1）十进制整数转换成非十进制整数。十进制整数转换成非十进制整数采用“余数法”，即除基数取余数。将十进制整数逐次用任意非十进制数的基数去除，一直到商是 0 为止，然后将所得到的余数由下而上排列即可。

（2）十进制小数转换成非十进制小数。十进制小数转换成非十进制小数采用“进位法”，即乘基数取整数。将十进制小数不断地用其他进制的基数去乘，直到小数的当前值等于 0 或满足要求的精度为止，最后得到的积的整数部分由上而下排列，即为所求。

例如，将$(120.675)_{10}$转换为二进制数（转换后二进制数的小数点后保留 5 位），转换结果为：$(120.675)_{10} = (1111000.10101)_2$。转换过程如图 1-2 所示。

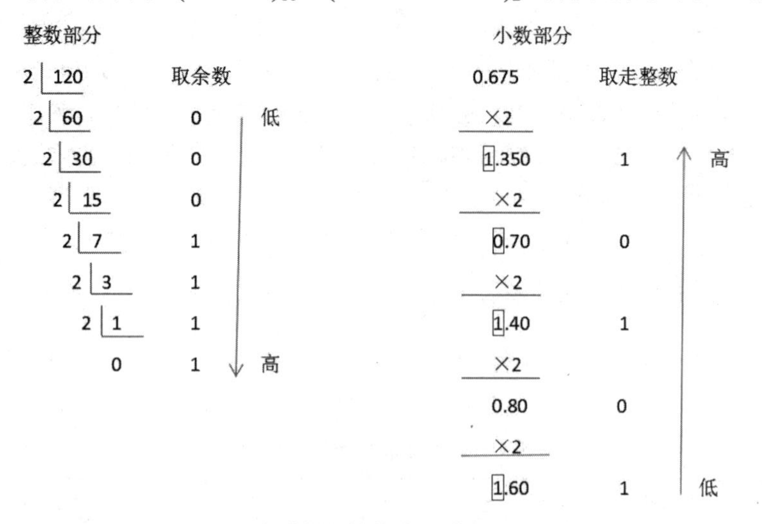

图 1-2 十进制数转换为二进制数的过程

2）非十进制数转换成十进制数

非十进制数转换成十进制数采用“位权法”，即把各非十进制数按位权展开，然后求和。

例如，将$(67.1)_8$转换为十进制数，转换结果如下。

$$(67.1)_8 = 6\times8^1+7\times8^0+1\times8^{-1} = (55.125)_{10}$$

3）二、八、十进制数之间的转换

（1）二进制数转换成八进制数。把二进制数转换为八进制数时，按“三位并一位”的方法进行。以小数点为界，将整数部分从右向左每3位一组，最高位不足3位时，添0补足3位；小数部分从左向右，每3位一组，最低有效位不足3位时，添0补足3位。然后，将各组的3位二进制数按位权展开后相加，得到1位八进制数。例如，将二进制数$(1011010010.111110)_2$转换为八进制数，转换结果如下。

$$(1011010010.111110)_2 = (001\ 011\ 010\ 010.111\ 110)_2 = (1322.76)_8$$

（2）八进制数转换成二进制数。将八进制数转换成二进制数时，采用“一位拆三位”的方法进行，即把八进制数每位上的数用相应的3位二进制数表示。例如，将八进制数$(7602)_8$转换为二进制数，转换结果如下。

$$(7602)_8 = (111\ 110\ 000\ 010)_2 = (111110000010)_2$$

4）二进制数与十六进制数之间的转换

（1）二进制数转换为十六进制数。将二进制数转换为十六进制数时，按“四位并一位”的方法进行。以小数点为界，将整数部分从右向左每4位一组，最高有效位不足4位时，添0补足4位；小数部分从左向右，每4位一组，最低有效位不足4位时，添0补足4位。然后，将各组的4位二进制数按位权展开后相加，得到1位十六进制数。例如，将二进制数$(1011010010.111110)_2$转换为十六进制数，转换结果如下。

$$(1011010010.111110)_2 = (0010\ 1101\ 0010.1111\ 1000)_2 = (2D2.F8)_{16}$$

（2）十六进制数转换成二进制数。将十六进制数转换成二进制数时，采用“一位拆四位”的方法进行，即把十六进制数每位上的数用相应的4位二进制数表示。例如，将十六进制数$(1069.A)_{16}$转换为二进制数，转换结果如下。

$$(1069.B)_{16} = (0001\ 0000\ 0110\ 1001.1011)_2 = (1000001101001.1011)_2$$

8. 计算机中数的书写规则

（1）二进制数的书写通常是在数的右下方标注基数2，或在后面加B表示。

（2）八进制数的书写通常是在数的右下方标注基数8，或在后面加O表示。

（3）十进制数的书写通常是在数的右下方标注基数10，或在后面加D表示（一般约定D可省略）。

（4）十六进制数的书写通常是在数的右下方标注基数16，或在后面加H表示。

1.2.2 数据单位

在计算机中，数据的常用单位是位和字节。

1. 最小单位：位（bit，缩写为b）

数据在计算机中以二进制的形式存在，位是计算机表示信息的数据编码中最小的单位，1个bit就是1位二进制数0或1。

2. 基本单位：字节（byte，缩写为B）

在使用中为了方便，引入了“字节”这个单位，符号为B。规定1B = 8b，一个汉字 =2B，一个字符 = 1B。一个字节由8位二进制数字组成，1byte = 8bit。字节是信息存储中的基本单位，若干个字节构成一个存储单元，每一个存储单元都有一个唯一的编号，称为“地址”，程序通过地址对存储单元进行访问。其他常用单位如下所示。

（1）KB（kilobyte），1KB = 1024B。

（2）MB（megabyte），1MB = 1024KB。

（3）GB（gigabyte），1GB = 1024MB。

（4）TB（TeraByte），1TB = 1024GB。

除此之外，还有PB、EB、ZB、YB、BB、NB、DB等。它们按照进率1024来计算，如1PB = 1024TB、1EB = 1024PB、1ZB = 1024EB、1YB = 1024ZB。

3. 其他单位：字（word）

字是计算机进行一次存取、处理和传输的数据长度，是一个存储单元所存储的内容，1个字通常由1个或多个字节构成，用来存放一条指令或1个数据。常用的固定字长有8位、16位、32位、64位等。机器字长指一个存储单元（或一个字）所含有的二进制数的位数，它是衡量计算机精度和运算速度的主要技术指标。机器的功能设计决定了机器的字长。

1.2.3 数据编码

1. 字符及其编码

1）字符集

（1）字符：用来组织、控制或表示数据的字母、数字及计算机能识别的其他符号。

（2）字符集：为了某一目的而设计的一组互不相同的字符。在计算机系统中，普遍采用的是有128个符号的键盘字符集，包括以下4类。

① 10个十进制数字0～9。

② 52 个大小写英文字母。

③ 32 个标点符号、专用符号、运算符号。

④ 34 个控制符。

2）字符编码

字符编码规定用怎样的二进制编码表示数字、字母和各种专用符号。由于这是一个涉及世界范围内的有关信息表示、交换、处理、传输和存储的基本问题，因此都以国家标准或国际标准的形式颁布施行。目前在微型机中普遍采用的字符编码是 ASCII 码。ASCII 是英文 American Standard Code for Information Interchange 的缩写，意为“美国标准信息交换代码”。该编码后被国际标准化委员会（ISO）采纳，作为国际通用的信息交换标准代码。

ASCII 码有 7 位版本和 8 位版本。

（1）7 位 ASCII 码。用 7 位二进制数表示一个字符，由于 $2^7 = 128$，所以可表示 128 个不同的字符，其中包括数字 0～9、26 个大写英文字母、26 个小写英文字母以及各种运算符号、标点符号及控制命令等。

注意：7 位 ASCII 表示数的范围是 0～127。

在计算机中采用 7 位 ASCII 字符编码时，每个字节的最高位一般保持为 0；因此，一个字符的 ASCII 码占一个字节位置。

（2）8 位 ASCII 码。使用 8 位二进制数进行编码，这样可以表示 256 种字符。当最高位为 0 时，编码与 7 位 ASCII 码相同，称为基本 ASCII 码。当最高位为 1 时，形成扩充 ASCII 码。通常，各国都把扩充 ASCII 码部分作为本国语言的字符代码。表 1-2 列举了几个常用的 ASCII 码。

表 1-2　常用 ASCII 码

数制	ASCII 码						
	CR	ESC	SP	0	A	a	DEL
二进制	0001101	0011011	0100000	0110000	1000001	1100001	1111111
十进制	13	27	32	48	65	97	127
十六进制	0D	1B	20	30	41	61	7F

当单个字符之间比较大小时，按 ASCII 码值的大小进行比较，如 CR< ESC<SP（空格）<0<…A<…a<DEL。

当比较字符串大小时，先比较第一个字符；若相同，再比较第二个字符；以此类推。

2．汉字编码

我国于 1980 年颁布了《信息交换用汉字编码字符集·基本集》，即国家标准 GB/T 2312—1980。在基本集中共收集汉字和图形符号 7445 个。其中，汉字 6763 个，分为两级。一级汉字有 3755 个，属常用汉字，按汉字拼音字母顺序排列；二级汉字为 3008 个，属次常用汉字，按部首排列。图形符号有 682 个。规定一个汉字用两个字节表示。为了使中文信息与西文信息兼容，将每个字节的最高位用于区分汉字编码或 ASCII 字符编码，因此汉字编码的每个字节只用低 7 位。

此外，由于每个字节的低 7 位中还有 34 个控制字符编码，因此每个字节只能有 94（128-34）种状态可用于汉字编码。这样两个字节可以有 8836（94×94）种状态。

1）区位码

GB/T 2312—1980 基本字符集按规则将汉字排成 94 行、94 列，第一个字节用于表示区号，第二个字节用于表示位号；因此，每个汉字就有唯一的一个区号和一个位号，称为汉字的区位码。给定汉字编码表中的一个区号（十进制 01～94）和位号（十进制 01～94），则将唯一对应一个汉字或图形符号。

例如，区号是 54，位号是 48（均为十进制），则对应的汉字为“中”。

区位码的安排如下。

（1）01～15 区：各种字母、数字及图形符号。

（2）16～55 区：一级汉字。

（3）56～87 区：二级汉字。

区位码是用十进制数表示的国标码，即国标 GB/T 2312—1980 中的区位编码，也可称为国标区位码。

2）国标码

将汉字区位码的区码和位码分别用十六进制数表示，然后再加上十六进制数 2020。例如，“中”的区位码为 5448，表示成十六进制数是 3630，再加上 2020，则它的国标码为 5650。

国标码的主要作用是统一不同的系统之间所用的不同编码。通过将不同的系统使用的不同编码统一转换成国标码，不同系统之间的汉字信息就可以相互交换了。

3．汉字内码

在计算机系统内部进行存储、加工处理、传输统一使用的代码，简称汉字内码或机内码。不同系统使用的机内码可能不同，目前国内广泛使用的汉字内码是将国标码的两个字节的最高位分别置为 1 而形成的，即一个汉字在机器内部占两个字节，每个字节的最高位恒为 1。

汉字机内码 = 汉字国标码 + 8080H = 区位码 + 2020H + 8080H
= 区位码 + A0A0H

加十六进制 8080H 的目的是将表示汉字国标码的两个字节的最高位分别置为 1。

在计算机中，由于机内码的存在，输入汉字时就允许用户根据自己的习惯使用不同的输入码，进入系统后再统一转换成机内码存储。

4. 汉字外码

为方便人们通过键盘输入汉字而设计的代码，称为汉字输入码，也称为汉字外码。汉字外码的种类有以下 5 种。

（1）以 GB/T 2312—1980 为基准的区位码、国标码。

（2）以汉字拼音为基础的拼音类输入法。

（3）以汉字拼形为基础的拼形类输入法。

（4）以汉字拼音和拼形结合为基础的音形类输入法。

（5）在电信业中通用的电报码。

5. 汉字字形码

汉字字形码是指在汉字字库中存储的汉字字形的数字化信息，又称为汉字输出码或汉字发生器编码。汉字是一种象形文字，每一个汉字都可以看成是一个特定的图形，这种图形可以用点阵来描述。

以 16×16 点阵为例，表明一个汉字图形有 16 行，每一行上有 16 个点。一位二进制可以表示点阵中一个点的信息，因此用两个字节来存放每一行上的 16 个点，并且规定某二进制位值 0 表示对应点为白，而 1 表示对应点为黑。由此可知，一个 16×16 点阵的汉字字形需要用 2×16 = 32 个字节来存放。其他点阵的汉字可以以此类推。

汉字字形点阵有 16×16、24×24、32×32 点阵等。随点阵数的不同，汉字字形码的长度也不同。例如，16×16 点阵需占 32 个字节，24×24 点阵需占 72 个字节。

6. 汉字字模

字模即在汉字字库中存放的汉字字形。字模与字形的概念没有严格区别。字模可分为宋体字模、仿宋体字模、楷体字模、黑体字模。

字模按点阵大小可分为 16×16 点阵字模、24×24 点阵字模等。其中，点阵数越大，字形质量越高。

7. 汉字字库

在汉字字形数字化后，以二进制文件的形式存储在存储器中，构成汉字字形库或汉字字模库，简称汉字字库。

汉字字库为汉字的输出设备提供字形数据，汉字字形的输出是将存储在汉字字库中的相应字形信息取出，并送到指定的汉字输出设备上输出。

在字库中，汉字字形信息的存储方法分为以下两种。

（1）整字存储法。将汉字字形的点阵信息逐个字节存放在字形信息存储器中，需要输出时直接读出即可。

（2）压缩信息存储法。采用信息压缩办法，只存储汉字的压缩信息，使用时再还原成字形信息。

1.3 计算机系统

计算机是一个复杂的系统，从第一台计算机诞生到现在，已经形成了一个由巨型计算机、大型计算机、中型计算机、小型计算机、微型计算机组成的庞大家族。其每个成员，虽然在规模、性能、结构上有着很大的差异，但它们的组成与基本工作原理是相同的。

1.3.1 计算机系统的组成

计算机系统由硬件系统和软件系统两大部分组成。

计算机硬件是构成计算机系统各功能部件的集合，是由电子、机械和光电元件组成的各种计算机部件和设备的总称，它是计算机完成各项工作的物质基础。计算机硬件是看得见、摸得着、实实在在存在的物理实体。

计算机软件是指与计算机系统操作有关的各种程序以及任何与之相关的文档和数据的集合。其中程序是用程序设计语言描述的、适合计算机执行的语句指令序列。没有安装任何软件的计算机通常称为“裸机”，裸机是无法工作的。

如果计算机硬件脱离了计算机软件，那么它就成了一台无用的机器。如果计算机软件脱离了计算机硬件，就失去了它运行的物质基础。所以说二者相互依存，缺一不可，共同构成了一个完整的计算机系统。

1.3.2 计算机硬件系统

计算机硬件由 5 个基本部分组成，分别为运算器、控制器、存储器、输入设备和输出设备，如图 1-3 所示。

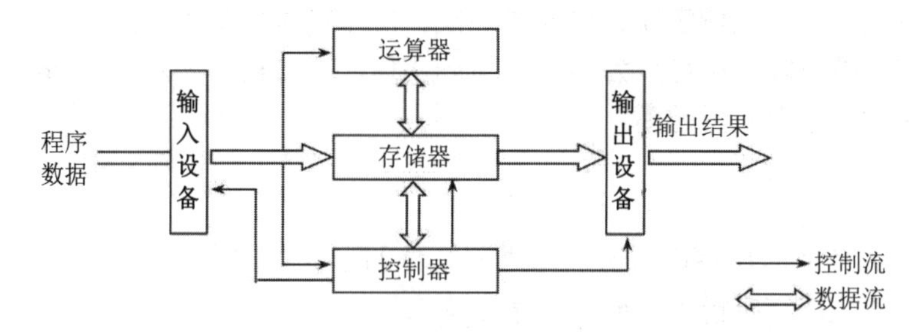

图 1-3 计算机硬件的基本组成

1. 运算器（Arithmetic Logic Unit，ALU）

运算器也称为算术逻辑单元，它的功能是完成算术运算和逻辑运算。算术运算是指加、减、乘、除及它们的复合运算，而逻辑运算是指“与”“或”“非”等逻辑比较和逻辑判断的操作。在计算机中，任何复杂运算都会转换为基本的算术与逻辑运算，然后在运算器中完成。

2. 控制器（Controller Unit，CU）

控制器是计算机的指挥系统，一般由指令寄存器、指令译码器、时序电路和控制电路组成。它的基本功能是从内存取指令和执行指令。指令是指示计算机如何工作的一步操作，由操作码（操作方法）和操作数（操作对象）两部分组成。控制器通过地址访问存储器，逐条取出，选中单元指令，分析指令，并根据指令产生的控制信号作用于其他各部件来完成指令所要求的工作的。上述工作周而复始，保证了计算机能自动、连续地工作。

通常将运算器和控制器统称为中央处理器，即 CPU（Central Processing Unit），它是整个计算机的核心部件，是计算机的"大脑"。它控制了计算机的运算、处理、输入和输出等工作。

3. 存储器（Memory）

存储器是计算机的记忆装置，它的主要功能是存放程序和数据。程序是计算机操作的依据，数据是计算机操作的对象。

1）存储器的分类

根据存储器与 CPU 联系的密切程度，可分为内存储器（主存储器）和外存储器（辅助存储器）两大类。内存储器在计算机主机内，它直接与运算器、控制器交换信息，容量虽小，但存取速度快，一般只存放那些正在运行的程序和待处理的数据。为了扩大内存储器的容量，引入了外存储器，外存储器作为内存储器的延伸和后援，间接和 CPU 联系，用来存放一些系统必须使用但又不急于使用的程序和数据，程序必须调入内存方可执行。外存储器存取速度慢，但存储容量大，可以长时间地保存大量信息。

2）存储器的工作原理

为了更好地存放程序和数据，存储器通常被分为许多等长的存储单元，每个单元可以存放一个适当单位的信息。全部存储单元按一定顺序编号，这个编号被称为存储单元的地址，简称地址。存储单元与地址的关系是一一对应的，但应注意存储单元的地址和它里面存放的内容完全是两回事。

对存储器的操作通常称为访问存储器，访问存储器的方法有两种：一种是选定地址后向存储单元存入数据，称为"写"；另一种是从选定的存储单元中取出数据，称为"读"。存储器的工作原理如图 1-4 所示。

3）输入设备

输入设备是从计算机外部向计算机内部传送信息的装置。其功能是将数据、程序及其他信息，从人们熟悉的形式转换为计算机能够识别和处理的形式，输入到计算机内部。

常用的输入设备有键盘、鼠标、光笔、扫描仪、数字化仪、条形码阅读器等。

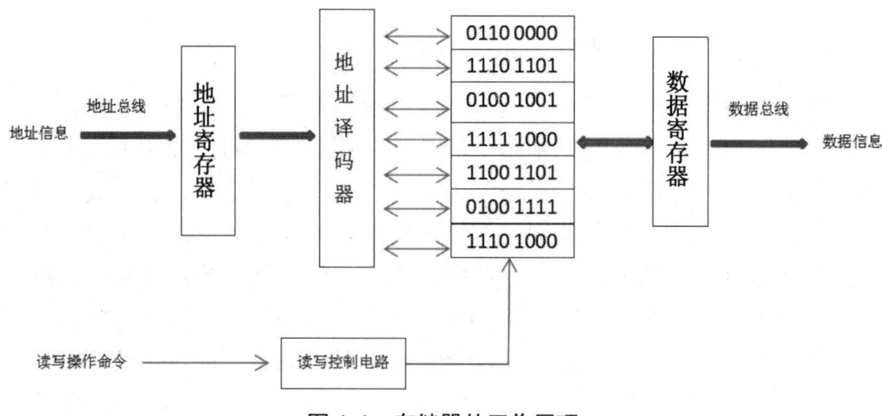

图 1-4 存储器的工作原理

4）输出设备

输出设备是将计算机的处理结果传送到计算机外部，供计算机用户使用的装置。其功能是将计算机内部二进制形式的数据信息转换成人们所需要的或其他设备能接受和识别的信息形式。常用的输出设备有显示器、打印机、绘图仪等。

通常将输入设备和输出设备统称为 I/O（Input/Output）设备。它们都属于计算机的外部设备。

1.3.3 计算机软件系统

软件是指为方便使用计算机和提高其使用效率而组织开发的程序，以及用于开发、使用和维护的有关文档。按其功能划分，软件可分为系统软件和应用软件两大类型。

1. 系统软件（System Software）

系统软件一般是指控制和协调计算机及外部设备、支持应用软件开发和运行的系统，是无须用户干预的各种程序的集合，主要功能是调度、监控和维护计算机系统，负责管理计算机系统中各种独立的硬件，使它们可以协调工作。系统软件使得计算机使用者和其他软件将计算机当作一个整体，而不需要顾及其底层每个硬件是如何工作的。

常见的系统软件主要指操作系统，当然也包括语言处理程序（汇编和编译程序等）、服务性程序（支撑软件）和数据库管理系统等。

1）操作系统 OS（Operating System）

操作系统是系统软件的核心。为了使计算机系统的所有资源（包括硬件和软件）协调一致、有条不紊地工作，就必须用一个软件进行统一管理和统一调度，这种软件称为操作系统。它的功能就是管理计算机系统的全部硬件资源、软件资源及数据资源。微型计算机常用的操作系统有 UNIX、Windows、Linux 等。

2）语言处理程序

语言处理程序可分为机器语言（Machine Language）、汇编语言（Assemble Language）和高级语言。

（1）机器语言是直接由机器指令（二进制）构成的，因此由它编写的计算机程序不需要翻译就可直接被计算机系统识别并运行。这种由二进制代码指令编写的程序最大的优点是执行速度快、效率高；但同时也存在严重的缺点，即机器语言很难掌握、编程烦琐、可读性差、易出错，并且依赖于具体的机器，通用性差。

（2）汇编语言采用一定的助记符号，表示机器语言中的指令和数据，是符号化了的机器语言，也称作“符号语言”。汇编语言程序指令的操作码和操作数全都用符号表示，大大方便了记忆，但用助记符号表示的汇编语言，它与机器语言归根到底是一一对应的关系，都依赖于具体的计算机，因此都是低级语言，同样具备机器语言的缺点，例如，缺乏通用性、烦琐、易出错等，只是程度上不同而已。用这种语言编写的程序（汇编程序）不能在计算机上直接运行，必须首先被一种称为汇编程序的系统程序“翻译”成机器语言程序，才能由计算机执行。任何一种计算机都配有只适用于自己的汇编程序。

（3）高级语言又称为算法语言，它与机器无关，是近似于人类自然语言或数学公式的计算机语言。高级语言克服了低级语言的诸多缺点，它易学易用、可读性好、表达能力强（语句用较为接近自然语言的英文单词表示）、通用性好（用高级语言编写的程序能使用在不同的计算机系统上）。但是，对于高级语言编写的程序仍不能被计算机直接识别和执行，它也必须经过某种转换才能执行。

早期的高级语言有 Basic、Pascal、C，目前比较流行的有 Java、Python 等。

语言处理程序的功能是将除机器语言以外的其他计算机语言编写的程序，转换成机器所能直接识别并执行的机器语言程序。语言处理程序可以分为 3 种类型，即汇编程序、编译程序和解释程序。通常将汇编语言及各种高级语言编写的计算机程序称为源程序（Source Program），而把由源程序经过翻译（汇编或者编译）而生成的机器指令程序称为目标程序（Object Program）。语言处理程序中的汇编程序与编译程序有一个共同的特点，即必须生成目标程序；然后通过执行目标程序，得到最终结果。而解释程序是对源程序进行解释（逐句翻译），翻译一句执行一句，边解释边执行，从而得到最终结果。解释程序不产生将被执行的目标程序，而是借助解释程序，直接执行源程序本身。

3）服务性程序

服务性程序是指为了帮助用户使用与维护计算机，提供的服务性手段，是为支持其他软件开发而编制的一类程序。

4）数据库管理系统

数据库技术是计算机技术中发展最快、用途广泛的一个分支；可以说，在今后的各项计算机应用开发中，都离不开数据库技术。数据库管理系统是对计算机中所存放的大量数据进行组织、管理、查询并提供一定处理功能的大型系统软件。较常见的数据库管理系统有 SQL Server、Oracle、MySQL 等。

2. 应用软件

应用软件是指在计算机各个应用领域中，为解决各类实际问题而编写的程序，它用来帮助人们完成在特定领域中的各种工作。应用软件主要包括以下 5 种。

1）文字处理程序

文字处理程序是用来进行文字录入、编辑、排版、打印输出的程序，如 Microsoft Word、WPS 等。

2）表格处理软件

电子表格处理程序是用来对电子表格中的数据进行计算、加工、打印输出的程序，如 Lotus、Excel 等。

3）辅助设计软件

常见的辅助设计软件有 AutoCAD、Photoshop、3D Studio Max 等，它们都是为了某个专门领域而开发的专用软件。

4）实时控制软件

在现代化工厂里，计算机普遍用于生产过程的自动控制，称为“实时控制”。例如，在化工厂中，用计算机控制配料、温度、阀门的开闭；在炼钢车间，用计算机控制加料、炉温、冶炼时间等；在发电厂，用计算机控制发电机组等。这类控制对计算机的可靠性要求很高，否则会生产出不合格产品或造成重大事故。当前，在 PC 机上较流行的实时控制软件有 FIX、InTouch、Lookout 等。

5）用户应用程序

用户应用程序是指用户根据某一具体任务，使用上述各种语言、软件开发程序而设计的程序，如人事档案管理程序、计算机辅助教学软件、游戏程序等。

练习与提高

一、填空题

1．世界上第一台计算机诞生于__________年，它的主要电子元件是__________。

2．计算机家族中功能最强、运算速度最快、存储容量最大的一类计算机称为__________。

3．计算机系统包括两部分，即__________和__________。

4．为了帮助用户使用与维护计算机，提供服务性手段，支持其他软件开发而编制的一类程序称为__________。

二、选择题

1．下列属于系统软件的有（　　）。

A．Word 2010　　B．AutoCAD

C．Windows Server 2003　　D．Lotus

2．下列属于可视化编程语言的是（　　）。

A．Pascal　　B．C 语言

C．Visual Foxpro　　D．Basic

3．第 4 代计算机的主要电子元件是（　　）。

A．电子管　　B．晶体管

C．集成电路　　D．大规模及超大规模集成电路

4．符号语言的另外一个名字是（　　）。

A．机器语言　　B．高级语言

C．汇编语言　　D．算法语言

三、问答题

1．计算机的主要特点是什么？

2．计算机的应用领域有哪些？

3．冯·诺依曼理论的基本工作原理是什么？

4．系统软件的作用是什么？系统软件包括哪些类型？

计算机硬件基础知识

学习目标

- ❑ 了解 CPU 的发展历史。
- ❑ 掌握主板的组成。
- ❑ 了解内存的类型及其性能指标。
- ❑ 掌握机械硬盘的工作原理。
- ❑ 了解常见的输入设备和输出设备。

2.1 CPU

CPU 作为计算机系统的运算和控制核心，是信息处理、程序运行的最终执行单元。CPU 自诞生以来，在逻辑结构、运行效率以及功能上取得了巨大的发展。

2.1.1 CPU 的发展历史

1. 早期 CPU

1971 年，Intel 公司推出了世界上第一台 4 位的微处理器 4004，如图 2-1 所示。Intel 4004 片内集成了 2250 个晶体管，晶体管之间的距离是 10μm，能够处理 4 位的数据，每秒运算 6 万次，前端总线为 0.74MHz。

1972 年，世界上第一款 8 位处理器 C8008 诞生了，如图 2-2 所示。C8008 共推出两种速度，即 0.5MHz 和 0.8MHz，C8008 可以支持 16KB 的内存。

图 2-1 4004CPU 图 2-2 C8008CPU

1978 年，Intel 公司首次生产出 16 位的微处理器 i8086，如图 2-3 所示。同时还生产出与之相配合的数学协处理器 i8087，这两种芯片使用相互兼容的指令集，但在 i8087 指令集中增加了一些专门用于对数、指数和三角函数等数学计算的指令。由于这些指令集应用于 i8086 和 i8087，所以人们也将这些指令集统一称为 X86 指令集。

1979 年，Intel 公司推出了 8088 芯片，如图 2-4 所示。它仍旧属于 16 位微处理器，集成了约 29000 个晶体管，时钟频率为 4.77MHz，地址总线为 20 位，可使用 1MB 内存。8088 的内部数据总线都是 16 位，外部数据总线是 8 位。1981 年，8088 芯片首次用于 IBM PC 中，开创了全新的计算机时代。也正是从 8088 开始，PC（个人计算机）的概念开始在全世界范围内发展起来。

图 2-3 i8086CPU 图 2-4 8088CPU

2．80286～80486 CPU

1982 年，Intel 推出了 80286 芯片，如图 2-5 所示。该芯片相比 i8086 和 8088，有了飞跃式的发展，虽然它仍是 16 位结构，但在 CPU 内部含有 13.4 万个晶体管，时钟频率也由最初的 6MHz 逐步提高到 20MHz。内部和外部数据总线皆为 16 位，地址总线为 24 位，可寻址内存大小达到 16MB。80286 兼容了 i8086 的所有功能，并且是 i8086 的向上兼容的微处理器，使 i8086 的汇编语言程序可以不做任何修改而在 80286 上运行。同时，80286 的推出也是实模式和保护模式 CPU 的分水岭。80286 微处理器内部有 4 个功能部件，即地址部件 AU、指令部件 IU、执行部件 EU 和总线部件 BU。这 4 个部件的并行操作，提高了吞吐率，加快了处理速度。

1985 年，Intel 推出了 80386 芯片，如图 2-6 所示。它是 80X86 系列中的第一款 32 位微处理器，而且制造工艺也有了很大的进步，与 80286 相比，80386 内部含 27.5 万个晶体管，时钟频率为 12.5MHz，后提高到 20MHz、

25MHz 乃至 33MHz。80386 的内部和外部数据总线都是 32 位，地址总线也是 32 位，可寻址高达 4GB 内存。

图 2-5 80286CPU

图 2-6 80386CPU

1989 年，Intel 推出新一代芯片 80486，如图 2-7 和图 2-8 所示。它集成了 120 万个晶体管，时钟频率从 25MHz 逐步提高到 33MHz、50MHz。80486 是将 80386、数学协处理器 80387 以及一个 8KB 的高速缓存集成在一个芯片内，并且在 80X86 系列中首次采用了 RISC（精简指令集）技术，可以在一个时钟周期内执行一条指令。

图 2-7 80486 CPU 正面

图 2-8 80486 CPU 反面

3．Pentium CPU

1992 年 10 月 20 日，Intel 第五代处理器 Pentium 诞生。1995 年进一步推出 Pentium Pro 芯片，如图 2-9 所示。在 Pentium Pro 的一个封装中，除 Pentium Pro 芯片外还有一个 256KB 的二级缓存芯片，两个芯片之间用高频宽的内部通信总线互连，处理器与高速缓存的连接线路也被安置在该封装中，这样就使高速缓存能更容易地运行在更高的频率上，这样的设计令 Pentium Pro 获得了最高的性能。但由于该款 CPU 价格昂贵，在性能上也没有将竞争对手远远抛在身后，其销量并不理想。

1996 年，Intel 推出了奔腾系列的改进版本 Pentium MMX（多能奔腾），如图 2-10 所示。这款处理器采用 MMX 技术以增强性能。MMX 技术是 Intel 最新发明的一项多媒体增强指令集技术，它的英文全称为 MultiMedia Extensions（多媒体扩展指令集）。这种新技术为 CPU 增加了 57 条 MMX 指令，将 CPU 芯片内的 L1 缓存由原来的 16KB 增加到 32KB（16KB 指令、16KB 数据），因此 MMX CPU 比普通 CPU 在处理多媒体的能力上提高了 60%左右。

图 2-9　Pentium Pro CPU

图 2-10　Pentium MMX CPU

1997 年 5 月，Intel 推出新一代 CPU Pentium II，如图 2-11 所示。Pentium II 使用一种插槽式设计，处理器芯片、其他相关芯片和 L2（二级缓存）全在一块电路板上，此举降低了制作成本。

Pentium II 的入门级处理器是减少了 L2 甚至去掉了 L2 的 Celeron（赛扬）处理器。由于它的低效能，一般专业人士都不使用 Celeron 处理器，但因为它的可超性，也有一定的市场。

1999 年 2 月，Intel 发布了第三代的 CPU Pentium III。第一批的 Pentium III 处理器采用了 Katmai 内核，主频有 450MHz 和 500MHz 两种，这个内核最大的特点是更新了名为 SSE 的多媒体指令集，这个指令集在 MMX 的基础上添加了 70 条新指令，以增强三维和浮点的应用，并且可以兼容之前所有的 MMX 程序。

2000 年，Intel 公司推出了 CPU Pentium 4，如图 2-12 所示。它的工作频率主要有 1.3GHz、1.4GHz 和 1.5GHz 3 种。该处理器的目标是占领服务器和工作站市场。

图 2-11　Pentium II CPU

图 2-12　Pentium 4 CPU

4．AMD CPU

1）K5 系列 CPU

1996 年 3 月，AMD 公司第一个独立生产的 x86 级 CPU K5 诞生，如图 2-13 所示。K5 系列 CPU 的频率共有 6 种，即 75MHz、90MHz、100MHz、120MHz、133MHz、166MHz。前端总线的频率是 60MHz 或者 66MHz。K5 系列 CPU 内置了 24KB 的一级缓存，比 Pentium 内置的 16KB 多，它的体系结构也一直比 Intel 的先进一些，因此在整数运算和系统整体性能方面，K5 CPU 要比同样时钟频率的 Pentium CPU 还要好，但由于 K5 在开发上遇到了问题，其上市时间比 Intel 的 Pentium CPU 晚了许多，再加上其浮点运算能力远远比不上 Pentium CPU，曾使得 AMD 大量损失市场份额。

2）K6 CPU

1997 年，AMD 推出 K6 CPU，如图 2-14 所示。这款 CPU 的设计指标相当高，采用 MMX 技术、更大容量的一级高速缓存（32KB 指令+32KB 数据）和更深的流水线，K6 可以并行处理更多的指令并运行在更高的时钟频率上。K6 具有更大的 L1 缓存，所以随着频率的增长，它的性能接近同主频 Pentium II 的水平，但是浮点运算仍是 AMD 的弱项。

图 2-13　K5 CPU

图 2-14　K6 CPU

1998 年，K6-2 处理器诞生，如图 2-15 所示。这是首款采用 3DNow!技术的兼容型 x86 微处理器。它采用了全新的硅晶体制造技术（C4 倒装），将硅晶精度提高到了 0.25μm，同时晶体数量也增加了 50 万个（共集成 930 万个），其余结构基本与 K6 相同。L1 缓存仍是 64KB，此外它的工作电压也从 2.9V、3.2V 降到了 2.2V。

1999 年，K6-III 处理器下线，如图 2-16 所示。它采用 0.25μm 线程，集成了 2130 万个晶体管。K6-III 处理器是三级高速缓存结构设计，K6-III 处理器的核心内建有 64KB 的第一级高速缓存及 256KB 的第二级高速缓存，主机板上则配置第三级高速缓存。K6-III 处理器的第一、第二级高速缓存共 320KB，全部建在处理器芯片的核心内，与处理器的时钟频率相同，此高速缓存与处理器同速运作。

图 2-15　K6-2 CPU

图 2-16　K6-III CPU

K6-III 处理器支持 3DNow!指令集。3DNow!指令集与 Intel 的 KNI 指令集功能类似，都是采用增加指令的方法，加快 3D 绘图等多媒体处理及需要运用大量浮点运算的应用的运算速度。

3）Athlon 系列 CPU

1999 年 9 月，第一款 Athlon 处理器 K7 首度亮相，如图 2-17 所示。Athlon 具备超标量、超管线、多流水线的 RISC 核心，采用 0.25μm 工艺，集成 2200 万个晶体管，管芯面积可达 $184mm^2$。

2001 年 10 月，AMD 正式发布新型的 Athlon XP 处理器，如图 2-18 所示。AMD Athlon XP 中的 XP 指卓越性能，它支持更大的高速缓存、专业 3DNow!技术和 Quan-tiSpeed 架构。

图 2-17　K7 CPU

图 2-18　Athlon XP CPU

2003 年 9 月，AMD 推出面向台式计算机和笔记本计算机的 AMD Athlon 64 处理器，它是第一款配有增强型病毒防护的 64 位处理器。这种硬件和软件组合的方式可防止计算机遭受特定的恶意病毒、蠕虫及特洛伊木马的攻击。

2004 年 8 月，AMD 与微软一起设计并研发了 AMD 的新芯片功能 Enhanced Virus Protection（EVP，增强型病毒防护）。AMD 64 位处理器包括 Athlon 64、Athlon 64 FX、Athlon 64 移动版本、Sempron 移动版本等。

2005 年 5 月 31 日，AMD 在台北计算机展以“在更短的时间内完成更多任务”为主题，发布了桌面级双核产品 Athlon 64 X2。

2007 年 6 月，AMD 将其采用 90nm 工艺的 Windsor 核心的频率提高到 3.0GHz，发布了当时规格最高的桌面 CPU Athlon 64 X2 6000+。

5．当前流行的 CPU

1）i3 系列 CPU

2010 年，Core i3 CPU 上线，如图 2-19 所示。Core i3 作为酷睿 i5 的精简版，是面向主流用户的 CPU 家族标识。其拥有 Clarkdale（2010 年）、Arrandale（2010 年）、Sandy Bridge（2011 年）、Ivy Bridge（2012 年）、Haswell（2013 年）、Broadwell（2015 年）、Skylake（2015 年）、Kaby Lake（2017 年）、Coffee Lake（2018 年）和 Comet Lake（2020 年）等多款子系列。

图 2-19　i3 CPU

Core i3 最大的特点是整合了 GPU（图形处理器），由于整合的 GPU 的性能有限，用户想获得更好的 3D 性能，可以外加显卡。值得注意的是，即使核心工艺是 Clarkdale，显示核心部分的制作工艺仍会是 45nm。整合 CPU 与 GPU，这样的计划无论是 Intel 还是 AMD 均很早便提出了，它们都认为整合平台是未来的一种趋势。

2）i5 系列 CPU

Core i5 处理器于 2009 年 9 月 1 日正式发布，如图 2-20 所示。它集成了一些北桥的功能，并且只支持双通道的 DDR3 内存，采用了全新的 LGA 1156 接口。

代号 Lynnfiled 的 Core i5 采用 45nm 制程，有 4 个核心，不支持超线程技术。在 L2 缓冲存储器方面，每一个核心拥有各自独立的 256KB，并且共享一个达 8MB 的 L3 缓冲存储器。

2011 年 1 月，Intel 发表了新一代的四核 Core i5，它与旧款的不同之处在于新一代的 Core i5 改用 Sandy Bridge 架构。其型号主要有 Core i5 2300、Core i5 2400、Core i5 2400S、Core i5 2500K 等。型号代码中除了前 4 位数字外，最后加上的英文字母意义分别为：K = 未锁倍频版，S = 低功耗版。

3）i7 系列 CPU

Core i7 处理器是 Intel 于 2008 年推出的 64 位四核心 CPU，如图 2-21 所示。它面向中高端用户，包含 Bloomfield（2008 年）、Lynnfield（2009 年）、Clarksfield（2009 年）、Arrandale（2010 年）、Gulftown（2010 年）、Sandy Bridge（2011 年）、Ivy Bridge（2012 年）、Haswell（2013 年）、Haswell Devil's Canyon（2014 年）、Broadwell（2015 年）、Skylake（2015 年）等多款子系列。现在 Core i7 已经发展到了第 11 代，最新型号是 i7-11700K。

图 2-20　i5 CPU

图 2-21　i7 CPU

Core i7 处理器的目标是提升高性能计算和虚拟化性能。所以在计算机游戏方面，它的效能提升幅度有限。

4）i9 系列 CPU

2017 年 5 月，Intel 在“台北国际电脑展”上发布了全新的 Core i9 处理器，如图 2-22 所示。它最多包含 18 个内核，主要面向游戏玩家和高性能需求者。Intel 发布酷睿 i9 处理器是为了抗衡 AMD，重新称霸 PC 处理器市场。

Intel 在“台北国际电脑展”上发布了 5 款 i9 处理器，分别为 i9-7900X、i9-7920X、i9-7940X、i9-7960X 和 i9-7980XE。其中，最高端的 i9-7980XE

售价 1999 美元，甚至高于一台普通 PC 的整机价格。实际上，Intel 对 i9 的定位正是“极致的性能与大型任务处理能力”；而它的性能则主要表现在“诸如虚拟现实内容创建和数据可视化等数据密集型任务的革新”。也就是说，i9 处理器真正面对的对象，是超越 PC 普通任务之外的 VR 内容创建等需要处理大量数据任务的用户。

5）Ryzen 系列 CPU

AMD Ryzen 是 AMD 2017 年 10 月推出的 x86 微处理器品牌，如图 2-23 所示。Ryzen 品牌中文名为“锐龙”，2017 年 8 月之后称为“AMD 锐龙”，其型号主要有 R3、R5、R7、R9 和 Threadripper，采用制程为 14nm、12nm、7nm 3 种工艺。

图 2-22　i9 CPU

图 2-23　Ryzen 2700x CPU

2.1.2　CPU 的主要性能指标

CPU 从雏形出现到发展壮大的今天，由于制造技术的不断进步，其集成度越来越高，CPU 内部晶体管的数量，虽然从最初的 2200 多个发展到今天的数十亿个，增加了数百万倍，但是 CPU 的内部结构仍然可分为控制单元、逻辑单元和存储单元三大部分。CPU 的性能大致上反映出了它所配置的计算机的性能，因此 CPU 的性能指标十分重要。CPU 性能主要取决于其主频和工作效率。

1. 频率

CPU 的频率是指其工作频率，分为主频、外频和倍频。

1）主频

主频其实就是 CPU 内核工作的时钟频率。CPU 的主频所表示的是 CPU 内数字脉冲信号振荡的速度。所以并不能直接说明主频的速度是计算机 CPU 的运行速度的直接反映形式，并不能完全用主频来概括 CPU 的性能。

2）外频

外频是系统总线的工作频率，即 CPU 的基准频率，是 CPU 与主板之间同步运行的速度。外频速度越高，CPU 就可以同时接受更多来自外围设备的数据，从而使整个系统的速度进一步提高。

3）倍频

倍频是指 CPU 外频与主频相差的倍数。

4）主频、外频、倍频三者间的关系

CPU 主频=外频×倍频。例如，某 CPU 正常工作时的外频是 133MHz，倍频 20，则它的实际主频是 2.66GHz。

5）超频

超频是让 CPU 在高于额定频率的状态下运行。最常见的方法是通过 BIOS 进行超频。假如购买了一枚 AMD 羿龙 II X4955 黑盒处理器，而且想要它运行得更快，那么就可以让它超频运行。因为它的额定工作频率是 3.2GHz，作为一款原生四核处理器，它可以通过提高外频和倍频实现超频，甚至可以达到 4GHz 的风冷极限频率。

其他部件，如系统总线、显卡、内存等，都可以实现超频。可通过软件调节和改造硬件来实现超频。但是超频一般会影响系统的稳定性，缩短硬件的使用时长，更有甚者会烧毁硬件设备。所以，没有极其特殊的原因最好不要轻易超频。

6）睿频

睿频是一种智能超频功能，系统会自动根据任务负载程度、温度和供电状况智能升高频率。目前的 Intel Core i 系列睿频通常可以提升 0.4GHz 以上，睿频的频率通常是单核最高频率，全部核心的频率通常要稍低一些，它的作用是提升性能的同时兼顾能效比，AMD 和 NVIDIA 都有类似的技术。与传统的超频相比，睿频虽然幅度不大，但是绝对安全无风险。

2. 缓存容量

CPU 缓存（Cache Memory）是位于 CPU 与内存之间的临时存储器，它的容量比内存小但交换速度快。在缓存中的数据是内存中的一小部分，但这一小部分是短时间内 CPU 即将访问的数据，当 CPU 调用大量数据时，就可避开内存，直接从缓存中调用，从而加快读取速度。正是这样的读取机制使 CPU 读取缓存的命中率非常高（大多数 CPU 可达 90%左右），也就是说，CPU 下一次要读取的数据 90%都在缓存中，只有大约 10%需要从内存中读取。这大大节省了 CPU 直接读取内存的时间。

（1）一级缓存，简称 L1 Cache，位于 CPU 内核的旁边，是与 CPU 结合最为紧密的缓存。由于一级缓存的技术难度和制造成本最高，所以提高容量所带来的技术难度和成本增加非常大。因为容量限制，所带来的性能提升却不明显，性价比较低；所以一级缓存是所有缓存中容量最小的，L1 Cache 容量一般为 4～64KB。

（2）二级缓存，简称 L2 Cache，一般是一个独立芯片，它的大小一般为 1～6MB。随着 CPU 制造工艺的发展，二级缓存也能轻易地集成在 CPU 内核中，并且容量也在逐年提升。

3. 工作电压

CPU 的正常工作电压的范围比较宽，在计算机发展的初期，CPU 的核定电压为 5V 左右；随着 CPU 工艺、技术的发展，CPU 正常工作所需电压相较以前而言越来越低，最低可达 1V，电压越低，则功耗越低，发热量也相应减少，处理器可以运行得更快。

4．CPU 制造工艺

CPU 制造工艺最早是 0.5μm，随着制造水平的提高，后来大多用的是 0.25μm。如今，科学技术飞速发展，CPU 的制造工艺已经开始用 nm 衡量。

5．字长

在计算机技术中，把 CPU 在单位时间内一次处理的二进制数的位数称为“字长”。例如，把单位时间内 CPU 能处理 8 位数据的 CPU 叫 8 位 CPU，能处理 64 位数据的 CPU 称为 64 位 CPU。字长是表示运算器性能的主要技术指标，通常等于 CPU 数据总线的宽度。CPU 字长越长，运算精度越高，信息处理速度越快，CPU 性能越高。

2.1.3　CPU 生产过程

目前，能见到的最先进的 CPU 莫过于 Core i9，那么 CPU 是怎样制造出来的呢？

1．硅提纯

作为半导体材料，使用得最多的就是硅元素，其在地球上储量非常丰富，主要表现形式就是沙子（主要成分为 SiO_2）。不过实际在 IC（集成电路）产业中使用的硅纯度要求必须高达 99.999999999%。目前主要通过二氧化硅与焦煤在 1600～1800℃中，将二氧化硅还原成纯度为 98%的冶金级单质硅，紧接着使用氯化氢提纯出 99.99%的多晶硅。虽然此时的硅纯度已经很高，但是其内部混乱的晶体结构并不适合半导体的制作，还需要经过进一步提纯，形成固定一致形态的单晶硅，如图 2-24 所示。

图 2-24　单晶硅硅锭

2．硅锭切片

将制备好的单晶硅硅锭一头一尾切削掉，并且对其直径修整至目标直径，同时使用金刚石锯把硅锭切割成厚薄均匀的片状，称为晶圆（1mm）。所谓“切割晶圆”，就是用机器对晶圆再进行切割，化分成多个细小的区域，每个区域成为一个 CPU 的内核。

3．涂抹光刻胶

硅圆片经过检查无破损后即可投入生产线中，然后就进入涂抹光刻胶环节。首先将光刻胶（感光性树脂）滴在硅晶圆片上，通过高速旋转均匀涂抹成光刻胶薄膜，并施加以适当的温度固化光刻胶薄膜。

4．光蚀刻

将涂好光刻胶的晶圆放入曝光装置中重复曝光进行掩模图形的“复制”。在掩模中有预先设计好的电路图案，紫外线透过掩模经过特制透镜折射后，在光刻胶层上形成掩模中的电路图案。

5．清除光刻胶

通过氧等离子体对光刻胶进行灰化处理，去除所有光刻胶。此时就可以完成第一层设计好的电路图案。

6．制作新的一层 CPU 电路

重复第 1 步到第 5 步，制作新的一层 CPU 电路。目前，有些 CPU 的电路层达到了 9 级之多。

7．封装

CPU 封装多是使用绝缘的塑料或陶瓷材料进行包装，能起到密封和提高芯片电热性能的作用。

8．多次测试

测试是 CPU 制造的重要环节，也是 CPU 出厂前必须进行的工作。这将进一步检测晶圆的电气性能，以及是否存在差错。晶圆测试完成后，进行 CPU 单个核心测试，以检验其全部功能。全部工作完成后，一款真正的 CPU 便随之诞生了。

2.1.4 CPU 的选购

CPU 是计算机的核心部件，因此如何选购 CPU 尤为重要。现在的 CPU 性能已经十分强大，完全能够满足大多数的工作需求。因此选购 CPU 只需掌握一个基本原则：够用就好。如果过度追求高配置，势必造成不必要的浪费。

1．与主板匹配

某一主板只能安装某一类型的 CPU，购买时必须了解该款 CPU 适合何种主板。

2．性能价格比

一般来说，最新推出的 CPU 性能较好，但价格往往很高，因此性价比也不高。某一时期都有一个主流产品，可以考虑选择。

3．辨别真伪 CPU

1）看外包装

正品 CPU 的外包装纸盒颜色鲜艳，字迹清晰细致，并有立体感。塑料薄膜很有韧性，不容易被撕掉。另外看包装纸盒有没有折痕，有则很有可能是被拆开过的，原装风扇有可能被换掉。

2）看防伪标签

防伪标签是由一张完整的贴纸组成的，上半部是防伪层，下半部标有该款 CPU 的频率。真盒的标签颜色比较暗，可以很容易看到镭射图案全图，而且用手摸上去有凹凸的感觉。从不同角度看过去，由于光线折射会有不同的颜色。

3）检查序列号

正品 CPU 的外包装盒上的序列号和 CPU 表面的序列号一致，但假货 CPU 的外包装盒上的序列号与 CPU 表面的序列号有可能不一致。

4）运用测试软件检测

通过 CPU 相应的测试软件，能够测试出 CPU 相应的名称、封装技术、制作工艺、内核电压、主频、倍频以及 L2 缓存等信息。然后，根据测试的数据信息检查是否与包装盒上的标识相符，从而判断 CPU 的真伪。

2.1.5　CPU 家族

世界上能够生产 CPU 的厂商主要有 Intel 公司和 AMD 公司，它们生产的 CPU 几乎垄断了台式机的市场份额。

1. Intel CPU 家族

Intel CPU 按市场应用主要可以分为台式机、笔记本和服务器等 3 个方向，如图 2-25 所示。

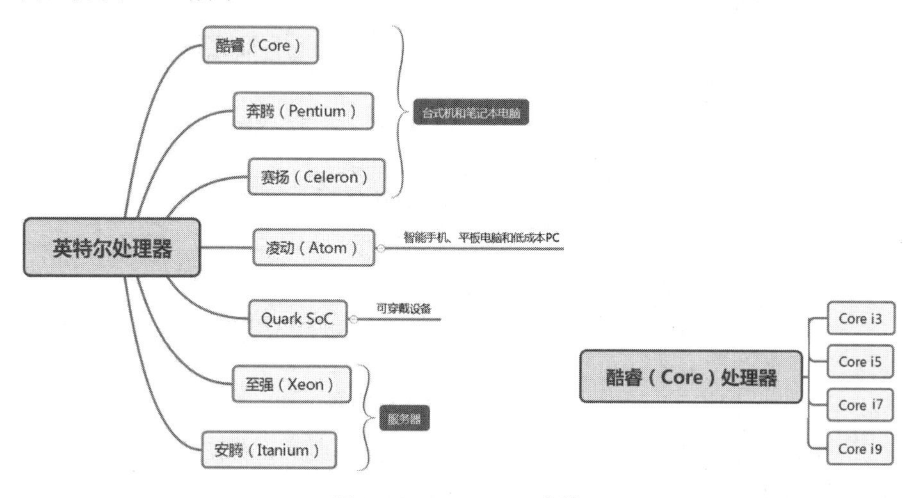

图 2-25　Intel CPU 家族

目前，台式机市场上能够见到的主要是酷睿系列 CPU，如今已经进入了 i9 时代。酷睿系列 CPU 的命名规则如图 2-26 所示。

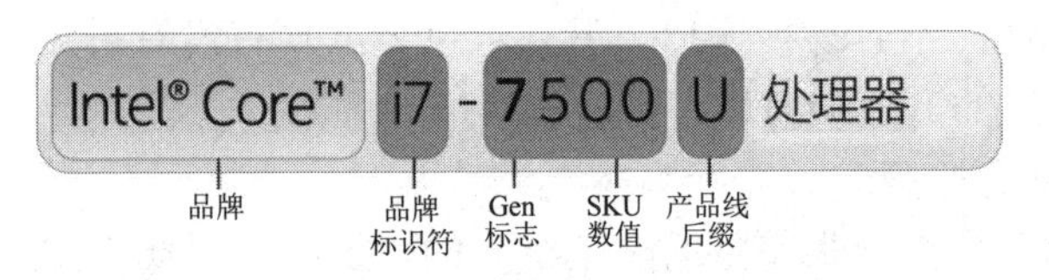

图 2-26 Core CPU 命名规则

第七代智能英特尔酷睿处理器的编号采用字母数字的排列形式，即以品牌及其标识符开头，随后是代编号和产品系列名。4 个数字序列中的第一个数字表示处理器的代编号，接下来的 3 位数是 SKU 编号，末尾有一个代表处理器系列的字母后缀。

（1）台式机 CPU 后缀：E 代表嵌入式工程级处理器，S 代表低电压处理器，K 代表不锁倍频处理器，T 代表超低电压处理器，P 代表屏蔽集显处理器。

（2）笔记本 CPU 后缀：M 代表标准电压处理器，U 代表低电压处理器，H 代表高电压且不可拆卸处理器，X 代表高性能处理器，Q 代表 4 核心至高性能处理器，Y 代表超低电压处理器。

2．AMD CPU 家族

AMD CPU 型号众多，如图 2-27 所示。以常见的锐龙 CPU 介绍 AMD CPU 的命名规则。AMD 锐龙系列 CPU 和 Intel 酷睿系列 CPU 命名规则基本相似，其后缀含义为：X 代表支持超频，G 代表继承了核显，U 代表超低功耗和集成核显，XT 代表拥有更强的超频能力，无后缀表示不完整支持超频 XFR 技术。

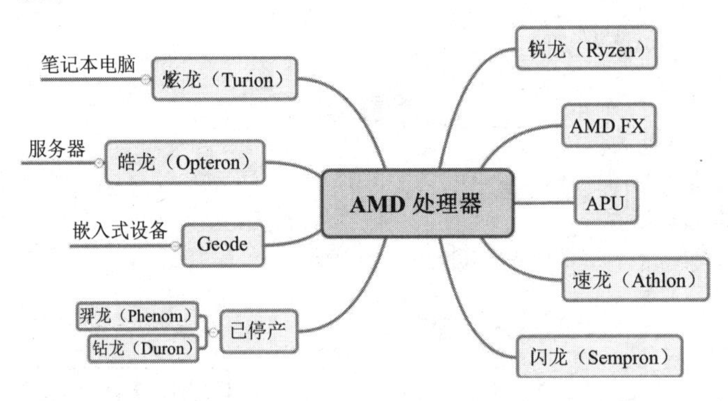

图 2-27 AMD CPU 家族

例如，AMD Ryzen 7 1700X，表示 Ryzen 7 系列，1 表示第一代，后面的数字 1700 越大越好，X 表示该款 CPU 可以超频。

2.2 主板

主板（Mainboard），又称母板（Motherboard），是计算机最基本、最重要的部件，也是计算机系统平台的载体。所有部件都直接或间接与主板相连来工作，主板不稳定，则其他部件也无法正常工作。主板的类型和档次决定了计算机的类型和档次，主板的性能决定着计算机的整体性能和稳定性。

2.2.1　主板分类

1. 按芯片组分类

1）Intel 芯片组

Intel 主板芯片组有如下 4 个等级。

（1）X 字母开头。最高级，用来搭配高端 CPU，一般 CPU 型号后缀有 X 字母。例如，X299 主板，那么就可以搭配 i9-7960X 或者 i7-7800X。

（2）Z 字母开头。次高端，Z 字母开头的主板都支持超频，搭配的 CPU 一般带有 K 字母后缀。例如，Z370 主板，就能搭配 i5-8600K 或者 i7-8700K。

（3）B 字母开头。中端主流，这种主板不支持超频，B 开头的主板性价比最高，主要搭配不带 K 字母后缀的 CPU。例如，B360，就能使用 i3-8100、i5-8500、i7-8700。

（4）H 字母开头。入门级，不支持超频，价格非常便宜，当然，H 字母开头不代表都是低端产品。例如，H310 和 H370，第二个数字越高，规格就越高，H370 就相当于不能超频的 Z370 主板。

2）AMD 芯片组

AMD 主板芯片组有如下 3 个等级。

（1）X 字母开头。最高级，支持自适应动态扩频超频，和 Intel 一样，也是搭配 AMD 中带 X 字母后缀的处理器。

（2）B 字母开头。中端主流，可以超频，不支持完整的自适应动态扩频超频，性价比较高。

（3）A 字母开头。入门级，不支持超频，普通办公用户使用，价格非常便宜。

2. 按板型分类

1）AT 结构

AT 结构的主板是早期的主板，它最初应用于 IBM PC/AT 机上，并因此而得名。由于当时的技术限制，芯片的集成度不高，这种板型的尺寸比较大，有些接口需要用线缆连接到机箱上。目前这种主板已被淘汰。

AT 的尺寸为 330mm×305mm（13"×12"）。AT 结构主板如图 2-28 所示。

2）ATX 结构

ATX 结构现在仍然是主流的主板板型。1995 年 7 月，Intel 公司推出了新的主板结构规范，即 ATX 结构。它针对 AT 主板的缺点，对板上元件布局进行了优化，配合 ATX 电源，还可以实现软关机。

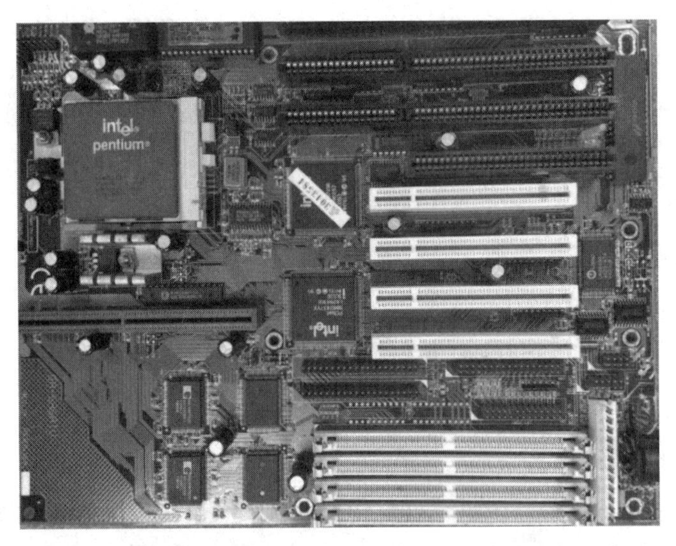

图 2-28　AT 主板

由于 I/O 接口信号可以直接从主板上引出，取消了连接线缆，使得主板上可以集成更多的功能，也就消除了电磁干扰，争用空间等弊端，进一步提高了系统的稳定性和可维护性。

ATX 的尺寸是 305mm×244mm（12"×9.6"），长度略大于 A4 纸，宽度则明显比 A4 纸宽，如图 2-29 所示。

图 2-29　ATX 主板

3）Micro ATX 结构

Micro ATX 结构的主板目标是减少计算机系统的成本和降低电源功率，它由 Intel 于 1997 年推出。它的特点是减少了 I/O 槽的数量来缩小主板的尺寸，并且需要更小的功率。

Micro ATX 的最大尺寸是 244mm×244mm（9.6"×9.6"），宽度和 ATX 一

样，只是长度缩水而已，如图 2-30 所示。

图 2-30　Micro ATX 主板

4）Mini-ITX 结构

Mini-ITX 是威盛（VIA）公司提出的一种板型结构标准，尺寸比 Micro ATX 板型更小，尺寸为 17cm×17cm。它适用于小尺寸、低功耗的场合，如 HTPC、低成本下载机、汽车，甚至是机顶盒市场，如图 2-31 所示。

图 2-31　Mini-ITX 主板

2.2.2　主板的组成部件

主板一般为矩形电路板，上面安装了组成计算机的主要电路系统，一般有 BIOS 芯片、I/O 控制芯片、键和面板控制开关接口、指示灯插接件、扩充插槽、主板及插卡的直流电源供电接插件等元件。主板上各元件接口如图 2-32 所示。

图 2-32 主板结构图

1. PCB 板

PCB 板的基板是由绝缘隔热、且不易弯曲的材质所制成。在表面可以看到细小线路，它的材料是铜箔。这些线路被称作导线或布线，被用来提供 PCB 板上零件的电路连接。

通常 PCB 板的颜色都是绿色或者棕色，这是阻焊漆的颜色。它是绝缘的防护层，可以保护铜线，也可以防止零件被焊到不正确的位置。现在主板都采用多层板，大大增加了可以布线的面积。

2. CPU 插座

CPU 插座是一个方形的接口，PC 主板上有且只有一个 CPU 插座，CPU 插座上会有与 CPU 相对应的标识，以辅助安装 CPU。CPU 插座分为两种类型，针对 Intel 的触点型 LGA 插座和针对 AMD 的针孔型 Socket 插座，两种插座分别如图 2-33 和图 2-34 所示。

图 2-33　Intel CPU 插座

图 2-34　AMD CPU 插座

1）Intel CPU 插座

Intel CPU 插座一般是 LGA 插座，就是把原本 CPU 触角转移到 CPU 底座上。LGA 让 CPU 可以正确地压在 CPU 底座露出来具有弹性的金属弹片上。其类型主要有 LGA1150、LGA1151、LGA1155、LGA2011、LGA2066 等。

2）AMD CPU 插座

AMD CPU 插座一般是 Socket 插座，插座上面分布着数量不等的金属针孔，插座上有一根拉杆，在安装和更换 CPU 时只要将拉杆向上拉出，就可以轻易地插入或取出 CPU 芯片。其主要类型有 AM3+、AM4、FM1、FM2、FM2+等。

3. 主板芯片组

芯片组又称 Chipset，是主板上除了 CPU 以外尺寸最大的一块芯片。它负责将计算机的核心——微处理器和计算机的其他部分相连接，是决定主板级别的重要部件。芯片组一般由两块芯片构成，即北桥芯片和南桥芯片，近年来整合型芯片组（也称单桥芯片组）也开始大量出现。图 2-35 所示主板就是典型的整合型芯片组主板。

图 2-35　整合型芯片组主板

北桥芯片提供对 CPU 类型和主频的支持、系统高速缓存的支持、主板的系统总线频率、内存管理（内存类型、容量和性能）、显卡插槽规格，

ISA/PCI/AGP 插槽、ECC 纠错等支持。北桥芯片通常覆盖散热片。一般来说，芯片组的名称就是以北桥芯片的名称来命名。

南桥芯片提供了对 I/O 的支持，对 KBC（键盘控制器）、RTC（实时时钟控制器）、USB（通用串行总线）、SATA、ACPI（高级能源管理）等的支持，以及决定扩展槽的种类与数量、扩展接口的类型和数量。南桥芯片由于发热量不大，通常没有散热片。

能够生产芯片组的厂家主要有 Intel（美国英特尔）、AMD（美国超微半导体）、NVIDIA（美国英伟达）、VIA（中国台湾威盛）、SiS（中国台湾矽统科技）、Ali（中国台湾扬智）等。

4．内存插槽

内存插槽是指在主板上用来插内存条的插槽。主板所支持的内存种类和容量都是由内存插槽来决定的。PC 机上的内存插槽现在一般都是 DIMM（Dual-Inline-Memory-Modules）插槽。DIMM 插槽的金手指两端各自独立传输信号，因此可以传送更多数据信号。目前市场上主流的是 DDR4 内存，不同时代的内存金手指个数也不同，金手指缺口位置也不同，可以有效防止内存插错。

5．扩展插槽

扩展插槽用于扩展计算机的功能，也称为 I/O 插槽，如图 2-36 所示。MATX 主板的扩展插槽通常有 4～6 个，而 ITX 主板的扩展插槽则只有 2～3 个。扩展插槽可以插入相应接口标准的配件，如显卡和网卡等。

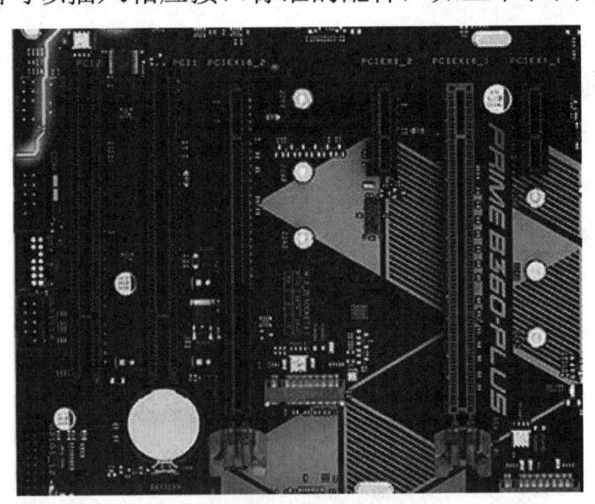

图 2-36　扩展插槽

6．主板电源接口

主板电源接口是最主要的供电接口，体积最大，习惯上也把它叫作 24Pin 主板供电接口，如图 2-37 所示。此接口共计有 2 组+12V 供电、5 组+5V 供电和 4 组+3.3V 供电，每组供电的最大传输电流一般是 6A，因此接口的+12V、+5V 和+3.3V 供电的最大功率分别为 144W、150W 和 79.2W。

现在 24Pin 主供电接口分为两种结构，一种是整体式的 24Pin，另一种是分离式的 20+4Pin，两种接口的 24Pin 主供电接口都适用于现在的主板，性能上并无区别，后者之所以采用分离式的设计主要是为了兼容以前采用 20Pin 供电接口的老式主板。

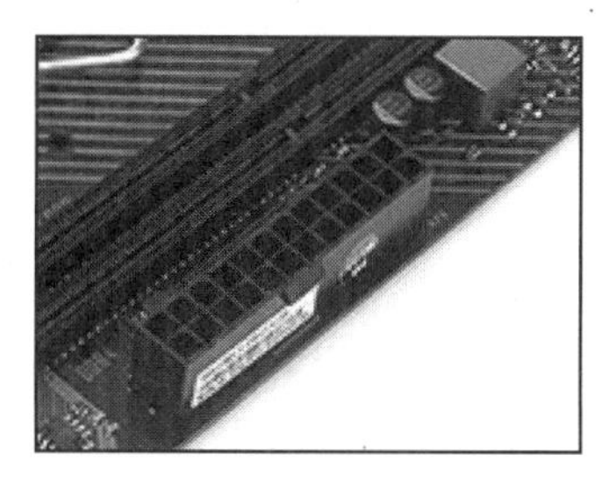

图 2-37　主板电源插座和电源插头

7．CPU 供电接口

CPU 供电接口如图 2-38 所示，它是一个 8 针的插座。和 CPU 供电接口配套的是 8 针供电插头，如图 2-39 所示；其输出功率应该不低于 125W。若输出功率不足，很可能会造成 CPU 无法工作。

图 2-38　CPU 供电接口

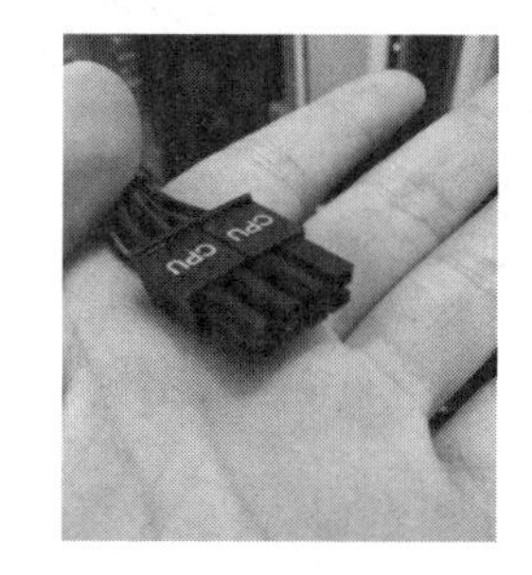

图 2-39　CPU 供电插头

8．SATA 硬盘/光驱接口

SATA 是 Serial ATA 的缩写，即串行 ATA。它是一种计算机总线，主要功能是为主板和大量存储设备（如硬盘及光盘驱动器）之间进行数据传输，具有结构简单、支持热插拔的优点。SATA 有 SATA 1.5Gb/s、SATA 3Gb/s 和 SATA 6Gb/s 共 3 种规格。目前，主板上的 SATA 接口一般有 4～6 个，如图 2-40 所示。

图 2-40　SATA 接口

9．功能插针

机箱面板插针一般位于主板的边缘，如图 2-41 所示。PWR_LED 即机箱前置电源工作指示灯插针，有+、-两个针脚，对应机箱上的 PWR_LED 接口；HDD_LED 即硬盘工作指示灯，同样有+、-两个针脚，对应机箱上的 HDD_LED 接口；PWR_SW 为机箱面板上的开关按钮，同样有两个针脚，由于开关键是通过两针短路实现的，因此没有+、-之分，只要将机箱上对应的 PWR_SW 接入正确的插针即可；RESET 是重启按钮，同样没有+、-之分，以短路方式实现；SPEAKER 是前置的蜂鸣器，分为+、-相位；普通的扬声器无论如何接都是可以发声的，但这里比较特殊。由于+项上提供了+5V 的电压值，因此必须正确安装，才能确保蜂鸣器发声。

机箱前置 USB 接口一般有多个，如图 2-42 所示。虽然连接起来相当简单，但一定要慎重。在控制按钮连接时，如果出现错误，最多也就是无法开机或重启，前置的 USB 接口却不同；如果连接错误，只要接通电源即可将主板烧毁，因此在连接这些前置的 USB 接口时一定要细心。

图 2-41　机箱面板插针

图 2-42　USB 插针

为了方便用户，在大部分机箱上都设有前置音频接口，分为音箱和耳机两个插孔。在一些中高端的机箱中，这两个扩展接口的插头被集中在了一起，只要找准主板上的前置音频插针，如图 2-43 所示，按照正确的方向插入即可。由于采用了防呆式的设计，反方向无法插入，因此一般不会出现什么问题。

图 2-43　主板音频插针

10．功能芯片

随着南桥芯片功能的增强，在主板上集成声卡芯片，如图 2-44 所示，和网卡芯片，如图 2-45 所示，已经成为主板的主流，也为主板提升集成度、节约空间创造了条件。

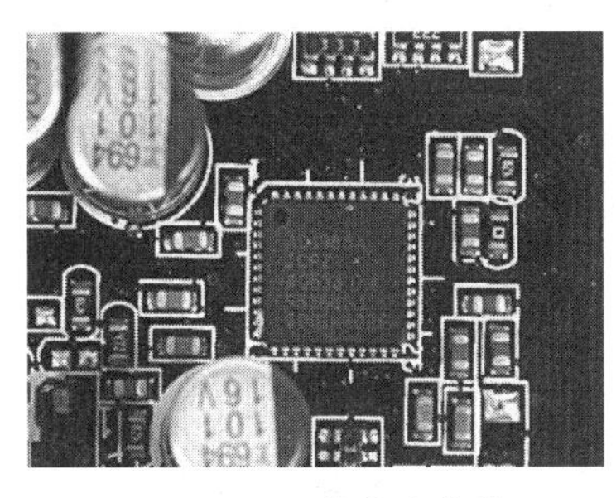

图 2-44　板载声卡芯片

图 2-45　板载网卡芯片

硬盘接口芯片一般在硬盘接口附近，如图 2-46 所示，主要用于处理计算机主板与硬盘之间的数据传输。

BIOS 芯片是一个只读的 FLASH 存储器，如图 2-47 所示，其中固化了有关的芯片程序。主流的 BIOS 分为两类，即 AWARD BIOS 和 AMI BIOS。

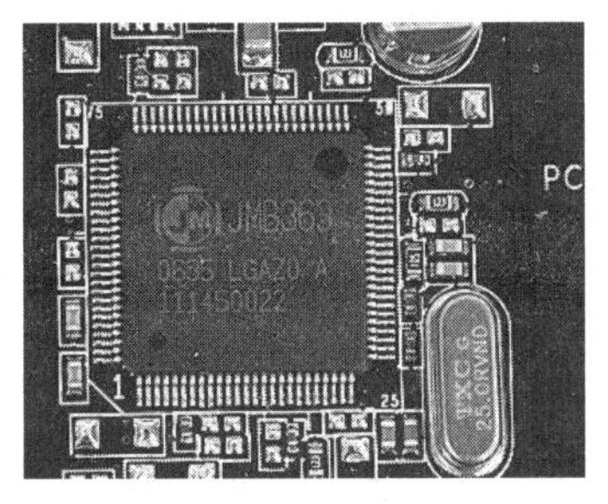

图 2-46　硬盘接口芯片

图 2-47　BIOS 芯片

11．I/O 接口

I/O 接口是在主板上用于连接机箱外部设备的各种接口，如图 2-48 所示。通过这些接口，可以把键盘、鼠标、打印机、扫描仪、移动硬盘、U 盘等连接到计算机上，实现和计算机之间的数据通信。

图 2-48　I/O 接口

2.3　存储器

存储器是计算机的重要组成部分，可分成内存储器、外存储器和高速缓存（Cache）3 种类型。内存储器在程序执行期间被计算机频繁地使用，需要外来供电维持信息的保存。外存储器通常是指硬盘、光盘、U 盘等，能长期保存信息，并且不需要外来供电维持信息保存。Cache 一般存在硬盘和 CPU 中，用来进行数据暂存。

2.3.1 内存

内存储器又称内存，其作用是暂时存放 CPU 运算数据，以及与硬盘等外部存储器进行数据交换，有多种类型。

1．ROM

只读存储器（Read-Only Memory，ROM）只能读出无法写入信息。ROM 所存数据通常是装入整机前写入的，工作过程中只能读出，不像随机存储器能快速方便地改写存储内容。ROM 所存数据稳定，断电后所存数据也不会改变，并且结构较简单，使用方便，因而常用于存储各种固定程序和数据。例如，主板 BIOS 芯片信息就是用 ROM 来保存的。

2．DRAM

DRAM（Dynamic Random Access Memory）即动态随机存储器，最为常见的就是内存。DRAM 只能将数据保持很短的时间。为了保持数据，DRAM 使用电容存储，所以必须隔一段时间刷新（refresh）一次，如果存储单元没有被刷新，存储的信息就会丢失。关机后会丢失数据。

3．SRAM

SRAM（Static Random-Access Memory）即静态随机存储器，最为常见的是 Cache。所谓的“静态”，是指这种存储器只要保持通电，里面储存的数据就可以恒常保持，所储存的数据就不需要周期性地更新。SRAM 的特点是速度快，集成度低，通常作为高速缓冲存储器使用。

通常说的内存在狭义上是指系统内存，一般使用 DRAM 芯片。它是外存与 CPU 进行沟通的桥梁，计算机中所有程序的运行都在内存中进行。内存性能的强弱影响计算机的整体性能。

4．内存的结构

内存一般由 PCB 板、SPD、金手指、内存颗粒等构成，如图 2-49 所示。

1）内存颗粒

内存颗粒是内存条的灵魂，内存的性能、速度、容量都是由内存颗粒决定的。生产内存颗粒的知名厂家是现代（Hynix，又称海力士）。

2）SPD

SPD 是内存条上面的一个可擦写的 EEPROM（Electrically Erasable

Programmable Read Only Memory，带电可擦可编程只读存储器)，在里面记录了该内存的许多重要信息，如内存的芯片及生产厂商、工作频率、工作电压、速度、容量、电压与行、列地址、带宽等参数。SPD 信息一般都是在出厂前，由厂家根据内存芯片的实际性能写入 EEPROM 芯片。

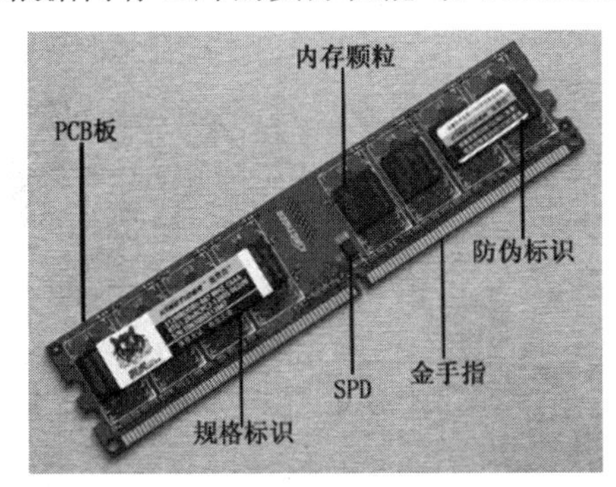

图 2-49 内存的组成

3）金手指

金手指即内存条的金黄色导电触片，因其表面镀金且导电触片排列如手指状，所以称为“金手指”。金手指实际上是在覆铜板上通过电镀工艺再覆上一层金，因为金的抗氧化性极强可以保护内部电路不受腐蚀，而且导电性也很强并不会造成信号损失，同时金具有非常强的延展性，在适当的压力下可以让触电间接触面积更大，从而降低接触电阻，提高信号传递效率。因为镀层厚度只有几十微米，所以极易磨损，因此在非必要条件下应当避免拔插带有金手指的原件以延长其使用寿命。

4）缺口

现在的内存条一般只有一个缺口，其为防呆设计，作用是防止内存插反。

5）卡槽

卡槽在内存条的两端，可以起到固定内存的作用。

5. 内存的类型

内存的类型有 SDRAM、DDR SDRAM 和 RDRAM 共 3 种。

在 3 种内存类型中，DDR SDRAM 内存占据了市场的主流，而 SDRAM 已经被淘汰。RDRAM 则始终未成为市场的主流，只有部分芯片组支持，而这些芯片组也逐渐退出了市场，所以，RDRAM 前景并不被看好。

DDR SDRAM，又称 DDR，是 Double Data Rate SDRAM（双倍速率同步动态随机存储器）的缩写。DDR 内存是在 SDRAM 内存的基础上发展而来的，SDRAM 在一个时钟周期内只传输一次数据，它是在时钟的上升期进行数据传输；而 DDR 内存则是在一个时钟周期内传输两次数据，它能够在时钟的上升期和下降期各传输一次数据，因此称为双倍速率同步动态随机存储器。DDR 内存可以在与 SDRAM 相同的总线频率下达到更高的数据传输率。

1）DDR1

DDR1 使用的电压是 2.5V，频率有 200MHz、266MHz、333MHz、400MHz，容量分别是 128MB、256MB、512MB、1GB，金手指是 184 线，现在已经淘汰。早期 DDR1 如图 2-50 所示。

图 2-50 DDR1

2）DDR2

DDR2 使用的电压是 1.8V，相对于第一代来说性能提升了一倍。它的频率分别是 533MHz、667MHz、800MHz，容量是 512MB、1GB、2GB，金手指是 240 线，单核和双核 CPU 用二代内存条的相对较多。DDR2 的内存芯片相比 DDR1 要小一些，如图 2-51 所示。

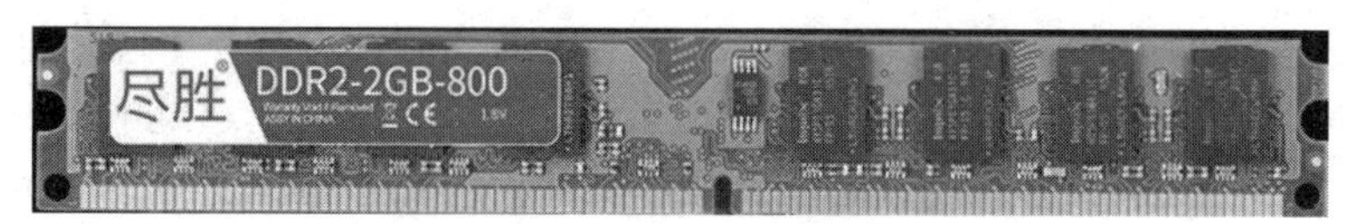

图 2-51 DDR2

3）DDR3

DDR3 使用的电压是 1.5V，频率是 1066MHz、1333MHz、1600MHz、2133MHz，容量是 1GB、2GB、4GB、8GB，它在组成双通道时使用更加流畅，金手指是 240 线，第三代内存条现在还有好多计算机在使用，如图 2-52 所示。

图 2-52 DDR3

4）DDR4

DDR4 使用的电压是 1.35V，频率是 2666MHz、3200MHz、2400MHz、2933MHz 等，内存容量有 4GB、8GB、16GB 等，金手指是 284 线。这是当前的主流产品，如图 2-53 所示。

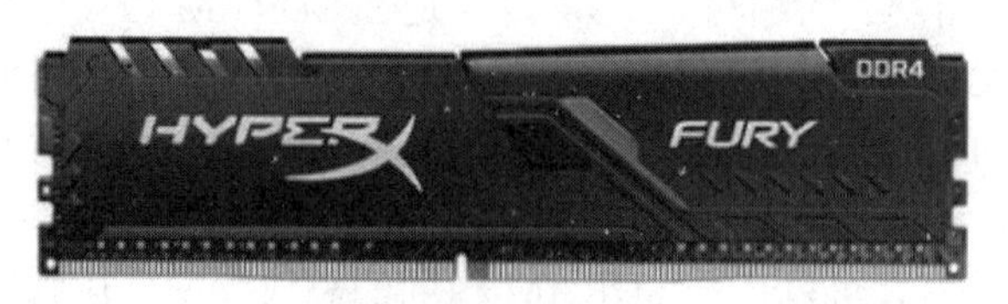

图 2-53 DDR4

6．内存的性能指标

1）容量

内存的容量当然是越大越好，但它要受到主板支持最大容量的限制。现在单条DDR内存的容量有1GB、2GB、4GB、8GB等。主板上通常至少提供两个内存插槽。

2）存取时间

它代表了读取数据所延迟的时间，存取时间越小越好。内存条的生产厂家非常多，目前还没有形成一个统一的标注规范，所以内存的性能指标不可简单地从内存芯片的标注上读出来，但可了解其速度如何，如-7或-6等数字，就表示此内存芯片的速度为7ns或6ns。

3）CAS延迟时间

指CAS（Column Address Strobe，纵向地址脉冲）的延迟时间，是在一定频率下衡量支持不同规范的内存的重要标志之一。一般内存能够运行在CAS的反应时间为2或3模式，也就是说，它们读取数据所延迟的时间既可以是2个时钟周期，也可以是3个时钟周期。

4）内存频率

内存频率通常以MHz为单位来计量，内存频率在一定程度上决定了内存的实际性能，内存频率越高，说明该内存在正常工作下的速度越快。

7．内存品牌

比较知名的内存品牌有以下5种。

1）Kingston金士顿

1987年，金士顿凭借单一产品进入市场。针对表面封装存储芯片严重短缺的问题，金士顿创始人杜纪川和孙大卫设计出内存模组，同时重新树立了未来几年的行业标准。今天的金士顿已经发展成为全球最大的独立内存产品制造商，它的全球总部设在美国加州芳泉谷。

2）ADATA威刚

威刚科技成立于2001年5月，威刚主要产品已涵盖DRAM及NAND型闪存及外围应用产品领域，包含内存、闪存盘/闪存卡、SSD固态硬盘及移动硬盘。威刚在应用产品领域取得了全球领先地位，内存模块产业于2005年已跃为全球第二大，并持续保持领先。

3）CORSAIR美商海盗船

CORSAIR成立于1994年，是世界领先的PC组件和外设供应商，提供内存、U盘、电源、机箱、散热器等高性能计算机产品。

4）Apacer宇瞻

Apacer是知名的创新型内存模组品牌，提供广泛用于数码媒体应用以及数码数据阅读与分享的内存模组产品。

5）Hynix 海力士

海力士成立于 1983 年，它是全球领先的内存芯片制造商，是以生产 IT 设备必需的 D-RAM 和 NAND 闪存为主力产品的企业。

其他内存品牌还有 Crucial 英睿达、HyperX 骇客、金泰克 tigo 等。

2.3.2 硬盘

硬盘又称温盘，是计算机中最重要的存储器。硬盘一旦发生故障，后果往往非常严重。目前硬盘分为两种类型：机械硬盘和固态硬盘。

1．机械硬盘

1956 年，IBM 发明了世界上最早的硬盘——IBM 305 RAMAC，虽然容量只有 5MB，却有 50 个 24 英寸的盘片，在当时是非常令人吃惊的计算机设备。

1973 年，IBM 推出了一种新型硬盘 IBM 3340，它有两个 30MB 的存储单元，这种硬盘拥有几个同轴的金属盘片，盘片上涂着磁性材料。它们和可以移动的磁头共同密封在一个盒子里面，磁头能从旋转的盘片上读出磁信号的变化，这就是现代硬盘的祖先。恰好当时的温彻斯特步枪 30-30 也包含两个 30。自此以后，所有使用带浮动头的高速旋转盘片的驱动器一般都称温彻斯特驱动器。

1）机械硬盘的内部结构

机械硬盘主要由磁盘盘片、磁头、电机主轴与磁头驱动装置等组成，如图 2-54 所示。数据就存放在磁盘盘片中。留声机上使用的唱片和磁盘盘片非常相似，只不过留声机只有一个磁头，而硬盘是上下双磁头，盘片在两个磁头中间高速旋转。

图 2-54 机械硬盘

2）机械硬盘参数

（1）容量。

作为计算机系统的数据存储器，容量是硬盘最主要的参数。硬盘的容量以兆字节（MB）或千兆字节（GB）为单位，但硬盘厂商在标称硬盘容量时通常取 1GB=1000MB，因此在 BIOS 中或在格式化硬盘时看到的容量会比厂家的标称值要小。

硬盘的容量指标还包括硬盘的单碟容量。所谓单碟容量是指硬盘单片盘片的容量，单碟容量越大，单位成本越低，平均访问时间也越短。前两年的主流硬盘是 320GB、500GB，而 750GB 以上的大容量硬盘亦已开始普及，目前以 1TB、2TB 的大容量硬盘居多。

（2）转速。

转速（Rotationl Speed 或 Spindle speed）是硬盘内电机主轴的旋转速度，也就是硬盘盘片在一分钟内所能完成的最大转数。转速的快慢是标示硬盘档次的重要参数之一，也是决定硬盘内部传输率的关键因素之一，在很大程度上直接影响到硬盘的速度。硬盘的转速越快，硬盘寻找文件的速度也就越快，相应的硬盘的传输速度也就得到了提高。硬盘转速以每分钟多少转来表示，单位表示为 RPM。RPM 是 Round Per Minute 的缩写，即转/每分钟。RPM 值越大，内部传输率就越快，访问时间就越短，硬盘的整体性能也就越好。

硬盘的主轴马达带动盘片高速旋转，产生的浮力使磁头飘浮在盘片上方。将所要存取资料的扇区带到磁头下方，转速越快，则等待时间也就越短。

家用的普通硬盘的转速一般有 5400rpm、7200rpm、10000rpm 3 种，高转速硬盘是台式机用户的首选；而对于笔记本用户则是以 4200rpm、5400rpm 为主，虽然已经有公司发布了 7200rpm 的笔记本硬盘，但在市场中还较为少见；服务器用户对硬盘的性能要求最高，在服务器中使用的 SCSI 硬盘转速基本都采用 10000rpm，甚至还有 15000rpm 的，性能要超出家用产品很多。较高的转速可缩短硬盘的平均寻道时间和实际读写时间，但随着硬盘转速的不断提高也带来了温度升高、电机主轴磨损加大、工作噪声增大等负面影响。笔记本硬盘转速低于台式机硬盘，一定程度上是受到这个因素的影响。由于笔记本内部空间狭小，所以笔记本硬盘的尺寸（2.5 寸）也被设计的比台式机硬盘（3.5 寸）小，转速提高造成的温度上升，对笔记本本身的散热性能提出了更高的要求；噪声变大，又必须采取必要的降噪措施，这些都对笔记本硬盘制造技术提出了更多的要求。同时转速提高，而其他规格维持不变，则意味着电机的功耗将增大，单位时间内消耗的电就越多，电池的工作时间缩短，这样笔记本的便携性就受到了影响。所以笔记本硬盘一般都采用相对较低转速的 4200rpm 硬盘。

（3）访问时间。

平均访问时间（Average Access Time）是指磁头从起始位置到达目标磁道位置，并且从目标磁道上找到要读写的数据扇区所需的时间。

平均访问时间体现了硬盘的读写速度，它包括了硬盘的寻道时间和等待时间，即平均访问时间=平均寻道时间+平均等待时间。

硬盘的平均寻道时间（Average Seek Time）是指硬盘的磁头移动到盘面指定磁道所需的时间。这个时间当然越小越好，硬盘的平均寻道时间范围通常为 8～12ms，而 SCSI 硬盘则应小于或等于 8ms。

硬盘的等待时间，又叫潜伏期（Latency），是指磁头已处于要访问的磁道，等待所要访问的扇区旋转至磁头下方的时间。平均等待时间为盘片旋转一周所需时间的一半，一般应在 4ms 以下。

（4）传输速率（Data Transfer Rate）。

硬盘的数据传输速率是指硬盘读写数据的速度，单位为兆字节每秒（MB/s）。硬盘数据传输率又包括了内部数据传输率和外部数据传输率。

内部传输率（Internal Transfer Rate）也称为持续传输率（Sustained Transfer Rate），它反映了硬盘缓冲区未用时的性能。内部传输率主要依赖于硬盘的旋转速度。

外部传输率（External Transfer Rate）也称为突发数据传输率（Burst Data Transfer Rate）或接口传输率，它标称的是系统总线与硬盘缓冲区之间的数据传输率，外部数据传输率与硬盘接口类型和硬盘缓存的大小有关。

Serial ATA 是目前主流的硬盘接口方式，它采用串行连接方式，串行 ATA总线使用嵌入式时钟信号，具备了更强的纠错能力，与以往相比其最大的区别在于能对传输指令（不仅仅是数据）进行检查，如果发现错误会自动矫正，这在很大程度上提高了数据传输的可靠性。串行接口还具有结构简单、支持热插拔的优点。

（5）缓存。

缓存（Cache memory）是硬盘控制器上的一块内存芯片，具有极快的存取速度，它是硬盘内部存储和外界接口之间的缓冲器。由于硬盘的内部数据传输速度和外部总线的传输速度不同，缓存在其中起到一个缓冲的作用。缓存的大小与速度是直接关系到硬盘的传输速度的重要因素，能够大幅度地提高硬盘整体性能。当硬盘存取零碎数据时需要不断地在硬盘与内存之间交换数据，有大缓存，则可以将那些零碎数据暂存在缓存中，减小外存系统的负荷，也提高了数据的传输速度。

3）注意事项

（1）硬盘在工作时不能突然关机。

当硬盘开始工作时，一般都处于高速旋转之中，如果中途突然关闭电源，可能会导致磁头与盘片猛烈磨擦而损坏硬盘，因此要避免突然关机。关机时一定要注意面板上的硬盘指示灯是否还在闪烁，只有在其指示灯停止闪烁、硬盘读写结束后方可关闭计算机的电源开关。

（2）防止灰尘进入。

灰尘对硬盘的损害是非常大的，这是因为在灰尘较多的环境下，硬盘很容易吸引空气中的灰尘颗粒，使其长期积累在硬盘的内部电路元器件上，会影响电路元器件的热量散发，使得电路元器件的温度上升，产生漏电或烧坏元件的情况。

另外，灰尘也可能吸收水分，腐蚀硬盘内部的电子线路，造成一些莫名其妙的问题；所以灰尘体积虽小，但对硬盘的危害不可低估。因此必须保持环境卫生，减少空气中的潮湿度和含尘量。一般计算机用户不能自行拆开硬盘盖，否则一旦空气中的灰尘进入硬盘内，在磁头进行读、写操作时就会划伤盘片或磁头。

（3）要防止温度和湿度过高或过低。

温度对硬盘的寿命也有影响。在硬盘工作时会产生一定热量，所以使用中存在散热问题。温度以 20～25℃为宜，过高或过低都会使晶体振荡器的时钟主频发生改变。温度还会造成硬盘电路元器件失灵，磁介质也会因热胀效应而造成记录错误。温度过低，空气中的水分会被凝结在集成电路元器件上，造成短路；在湿度过高时，电路元器件表面可能会吸附一层水膜，导致氧化、腐蚀电子线路，从而造成接触不良，甚至短路，还会使磁介质的磁力发生变化，造成数据的读写错误；在湿度过低时，容易积累大量的因机器转动而产生的静电荷，从而烧坏 CMOS 电路，吸附灰尘而损坏磁头、划伤磁盘片。另外，尽量不要使硬盘靠近强磁场，如音箱、喇叭、电机、电台、手机等，以免硬盘所记录的数据因磁化而损坏。

2. 固态硬盘

固态硬盘（Solid State Disk 或 Solid State Drive，SSD）和传统的机械硬盘最大的区别就是不再采用盘片进行数据存储，而采用存储芯片进行数据存储。

1）芯片类型

（1）SLC，全称为 Single-Level Cell，即 1bit/cell。其特点是速度快、寿命长，价格贵（约 MLC 3 倍以上的价格），约 10 万次擦写寿命。SLC 颗粒多数用于企业级高端产品中。

（2）MLC，全称为 Multi-Level Cell，即 2bit/cell。其特点是速度高、寿命长，价格贵，约 3000～10000 次擦写寿命。成本相对较高，但是对于个人消费级来说也可以接受，多用于家用级高端产品中。

（3）TLC，全称为 Trinary-Level Cell，即 3bit/cell，也有 Flash 厂家叫作 8LC。其特点是速度一般、寿命一般，价格稍贵，约 500～1000 次擦写寿命。大容量的 SSD 一般使用此闪存颗粒。

（4）QLC，全称为 Quad-Level Cell，4 层式存储单元，QLC 闪存颗粒拥有比 TLC 更高的存储密度。其特点是成本上相比 TLC 更低，优势就是可以将容量做的更大，成本上更低，但理论擦写次数仅 150 次。

2）固态硬盘的接口类型

固态硬盘的接口在规范和定义、功能及使用方法上与普通硬盘几近相同，外形和尺寸也基本与普通的 2.5 英寸硬盘一致，但新兴的 U.2、M.2 等形式的固态硬盘尺寸和外形与 SATA 机械硬盘完全不同。

固态硬盘的接口类型有 M.2 接口、PCI-E 接口、SATA 接口等，如图 2-55～图 2-57 所示。

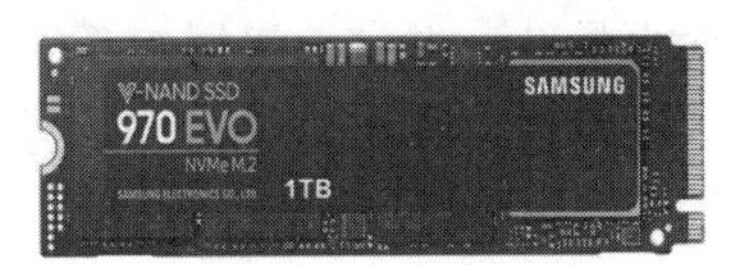

图 2-55　M.2 接口

图 2-56　PCI-E 接口

图 2-57　SATA 接口

3）固态硬盘的优点

（1）读写速度快。

采用闪存作为存储介质，读取速度相对机械硬盘更快。固态硬盘不用磁头，寻道时间几乎为 0。近年来的 NVMe 固态硬盘的数据传输率可达到 2000MB/s 左右，甚至 4000MB/s 以上。固态硬盘的存取时间非常短，最常见的 7200 转机械硬盘的寻道时间一般为 12～14ms，而固态硬盘可以轻易达到 0.1ms 甚至更低。

（2）良好的防震抗摔性。

传统硬盘都是磁碟型的，数据储存在磁碟扇区里。而固态硬盘是使用闪存颗粒（即 MP3、U 盘等存储介质）制作而成，所以 SSD 固态硬盘内部不存在任何机械部件，这样即使在高速移动甚至伴随翻转倾斜的情况下也不会影响到正常使用，而且在发生碰撞和震荡时能够将数据丢失的可能性降到最小。相较传统硬盘，固态硬盘占有绝对优势。

（3）低功耗。

固态硬盘的功耗上要低于传统硬盘。

（4）无噪声。

固态硬盘没有机械马达和风扇，工作时噪声值为 0 分贝。

（5）发热量低。

基于闪存的固态硬盘在工作状态下发热量较低（但高端或大容量产品能耗会较高）。由于固态硬盘采用无机械部件的闪存芯片，所以具有发热量小、散热快等特点。

（6）工作温度范围大。

典型的硬盘驱动器只能在 5～55℃工作。而大多数固态硬盘可在-10～70℃工作。

（7）体积小，重量轻。

固态硬盘在重量方面更轻，与常规 1.8 英寸硬盘相比，重量轻 20～30 克。

4）固态硬盘的缺点

（1）寿命限制。

固态硬盘闪存具有擦写次数限制的问题。闪存完全擦写一次叫作 1 次 P/E，因此闪存的寿命就以 P/E 作为单位。34nm 的闪存芯片寿命约是 5000 次 P/E，而 25nm 的寿命约是 3000 次 P/E。随着 SSD 固件算法的提升，新款 SSD 都能提供更少的不必要写入量。

虽然固态硬盘的每个扇区可以重复擦写 10 万次（SLC），但某些应用，例如，安装操作系统时，可能会对某一扇区进行多次反复读写，这种情况下，会影响固态硬盘的实际寿命。SLC 可以擦写 10 万次，MLC 可以擦写 3000～5000 次，而 QLC 闪存则更是只可擦写 150 次。

（2）售价高。

截至 2021 年 1 月，在市场上采用 TLC 存储单元的 256GB 固态硬盘的价格大约为 240 元人民币左右（采用 SATA 接口+TLC 颗粒），而 1TB 固态硬盘产品的价格大约在 650 元人民币左右（NVMe 接口+TLC 颗粒）。计算下来每 GB 大约 0.6～1 元。相比每 GB 仅为 0.2 元的机械硬盘高出不少。

2.3.3　光盘

光盘是以光信息作为存储的载体并用来存储数据的一种物品，可以存放各种文字、声音、图形、图像和动画等多媒体数字信息。按照光盘结构分，可以分为 CD、DVD 光盘。

CD、DVD 光盘的外径为 120mm、内径为 15mm，厚度为 1.2mm。CD 容量为 650MB、700MB、800MB、890MB，DVD 容量为 4.7GB、8.6GB。

1．结构

从结构上看，光盘分为 5 层，即基板、记录层、反射层、保护层、印刷层。

1）基板

基板是无色透明的聚碳酸酯板，在整个光盘中，它不仅是沟槽等的载体，更是整个光盘的物理外壳。如果把光盘比较光滑的一面（激光头面向的一面）面向自己，那最表面的一面就是基板。

2）记录层

记录层是烧录时刻录信号的地方，其主要的工作原理是在基板上涂抹上专用的有机染料，以供激光记录信息。由于烧录前后的反射率不同，经由激光读取不同长度的信号时，通过反射率的变化形成 0 与 1 信号，借以读取信息。

3）反射层

反射层是光盘的第 3 层，它是反射光驱激光光束的区域，借反射的激光光束读取光盘片中的资料，其材料为纯度 99.99%的纯银金属。

4）保护层

保护层用来保护光盘中的反射层及染料层，作用是防止信号被破坏。

5）印刷层

印刷层是印刷盘片的客户标识、容量等相关资讯的地方，就是光盘的背面。其实，它不仅可以标明信息，还可以起到一定的保护光盘的作用。

2. 保护方法

（1）光盘因受天气、温度的影响，表面有时会出现水气凝结，使用前应取干净柔软的棉布将光盘表面轻轻擦拭。

（2）光盘放置应尽量避免落上灰尘并远离磁场。取用时以手捏光盘的边缘和中心为宜。

（3）光盘表面如发现污渍，可用干净棉布蘸上专用清洁剂由光盘的中心向外边缘轻揉，切勿使用汽油、酒精等含化学成分的溶剂，以免腐蚀光盘内部的精度。

（4）光盘在闲置时严禁用利器接触光盘，以免划伤。若光盘被划伤会造成激光束与光盘信息输出不协调及信息失落现象，如果有轻微划痕，可用专用工具打磨恢复原样。

（5）光盘在存放时因厚度较薄、强度较低，在叠放时以 10 张之内为宜，超之则容易使光盘变形影响播放质量。

（6）光盘若出现变形，可将其放在纸袋内，上下各夹玻璃板，在玻璃板上方压 5 公斤的重物，36 小时后可恢复光盘的平整度。

（7）对于需长期保存的重要光盘，选择适宜的温度尤为重要。温度过高或过低都会直接影响光盘的寿命，保存光盘的最佳温度以 20℃左右为宜。

2.3.4 移动存储设备

常见的移动存储设备有移动硬盘、U 盘、闪存卡等。

1. 移动硬盘

移动硬盘主要指采用 USB 或 IEEE1394 接口，小巧而便于携带的硬盘存储器，如图 2-58 所示。可以较高的速度与系统进行数据传输，其主要由外壳、电路板和硬盘 3 部分组成。按照尺寸，主要分为 2.5 英寸和 1.8 英寸两种。

移动硬盘具有容量大、体积小、速度高、使用方便、安全可靠的特点。

2. U 盘

U 盘全称 USB 闪存驱动器，英文名 USB flash disk，如图 2-59 所示。

它是一种使用 USB 接口的无须物理驱动器的微型高容量移动存储产品，通过 USB 接口与计算机连接实现即插即用。U 盘的称呼最早来源于朗科科技生产的一种新型存储设备，名曰“优盘”，使用 USB 接口进行连接。

图 2-58　移动硬盘

图 2-59　U 盘

U 盘通常使用 ABS 塑料或金属外壳，内部含有一张小的印刷电路板，大多数的 U 盘使用标准的 Type-A USB 接头，这使得它们在使用时可以直接插入个人计算机上的 USB 端口中。

U 盘按照功能划分，可以分为无驱型、加密型、启动型等。

1）无驱型

在 Windows XP 以后的所有 Windows 系统中均支持无驱 U 盘，在 Linux、Mac OS 等系统下也可正常使用，真正体现了 USB 设备“即插即用”的特点。市场上的大多数 U 盘都是无驱动型，用户有很大的选择余地，爱国者、联想、金邦、朗科等公司的 U 盘都是不错的选择。

2）加密型

加密型 U 盘除了可以对存储的内容进行加密之外，也可以当作普通 U 盘使用。主要有两种类型：一种是硬件加密，如指纹识别加密 U 盘，这种 U 盘的价格较高，主要针对特殊部门的用户，一般来说，采用硬件加密方式的安全性更好；另一种是软件加密，软件加密可以在 U 盘中专门划分一个隐藏分区（加密分区）来存放要加密的文件，也可以不划分区只对单个文件加密，没有密码就不能打开加密分区或加密的单个文件，从而起到保密的作用。

3）启动型

启动型 U 盘加入了引导系统的功能，弥补了加密型及无驱型 U 盘不可启动系统的缺陷。正是这种产品的出现，加速了软驱被淘汰的进程。要进行系统引导，U 盘必须模拟一种 USB 外设来实现。例如，现在市场上的可启动型 U 盘主要是靠模拟 USB_HDD 方式来实现系统引导的。通过模拟 USB_HDD 方式引导系统有一个好处，即在系统启动之后，U 盘就被认作一个硬盘，用户可以最大限度地使用 U 盘的空间。

3. 闪存卡

闪存卡（Flash Card）是利用闪存（Flash Memory）技术达到存储电子信息的存储器，一般应用在数码相机、掌上电脑、MP3 等小型数码产品中作为存储介质，因样子小巧，有如一张卡片，所以称为闪存卡。根据不同的生产厂商和不同的应用，闪存卡大概有 Compact Flash（CF 卡）、MultiMediaCard（MMC 卡）、Secure Digital（SD 卡）、Smart Media（SM 卡）、xD-Picture Card（xD 卡）、Memory Stick（记忆棒）等。

1）CF 卡

CF 卡（Compact Flash）是 1994 年由 SanDisk 最先推出，如图 2-60 所示。重量只有 14g，是一种固态产品，具有很高的可靠性，大多数数码相机选择 CF 卡作为其首选存储介质。

2）MMC 卡

MMC 卡（MultiMedia Card）由西门子公司和首推 CF 的 SanDisk 于 1997 年推出，如图 2-61 所示。MMC 的发展目标主要是针对数码影像、音乐、手机、PDA、电子书、玩具等产品，是目前世界上最小的 Flash Memory 存储卡，尺寸只有 32mm×24mm×1.4mm。

3）SD 卡

SD 卡（Secure Digital Memory Card）是一种基于半导体快闪记忆器的新一代记忆设备，如图 2-62 所示。SD 卡由日本松下、东芝及美国 SanDisk 公司于 1999 年 8 月共同开发研制，重量只有 2g，但却拥有高记忆容量、快速数据传输率、极大的移动灵活性以及很好的安全性等优点。

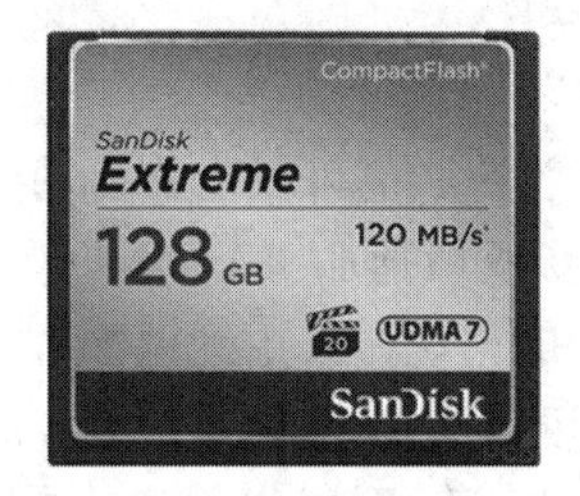

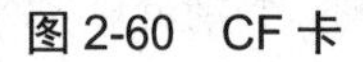
图 2-60 CF 卡

图 2-61 MMC 卡

图 2-62 SD 卡

4）SM 卡

SM 卡（Smart Media）是由东芝公司在 1995 年 11 月发布的存储卡，三星公司在 1996 年购买了生产和销售许可，这两家公司成为主要的 SM 卡厂商，如图 2-63 所示。它一度在 MP3 播放器上非常流行。

5）xD 卡

xD 卡全称为 xD-Picture Card，是由富士和奥林巴斯联合推出的专为数码相机使用的小型存储卡，如图 2-64 所示。它采用单面 18 针接口，是目前体积最小的存储卡。

6）记忆棒

记忆棒（Memory Stick）是 Sony 公司开发研制的，如图 2-65 所示。采用精致醒目的外壳，并具有写保护开关。和很多 Flash Memory 存储卡不同，Memory Stick 的规范是非公开的，没有什么标准化组织；它采用了 Sony 自己设计的外型、协议、物理格式和版权保护技术，要使用它的规范需要和

Sony 谈判签订许可。

图 2-63　SM 卡

图 2-64　xD 卡

图 2-65　记忆棒

2.4　显示设备

计算机的显示设备主要是指显卡和显示器。

2.4.1　显卡

显卡（Display card）又称视频卡（Video card），是计算机重要的基础组成部分之一，它将需要输出的信息进行转换后发送至显示器，是连接显示器和主板的重要组件。显卡主要有 3 种形式，即集成显卡、独立显卡和核芯显卡。如图 2-66 所示，是一款独立显卡。

图 2-66　独立显卡

1．集成显卡

集成显卡是将显示芯片、显存及其相关电路都集成在主板上，与其融为一体的元件；集成显卡的显示芯片有单独的，但大部分都集成在主板的北桥芯片中；一些主板集成的显卡也在主板上单独安装了显存，但其容量较小。集成显卡的显示效果与处理性能相对较弱，不能对显卡进行硬件升级，但可以通过 CMOS 调节频率或刷入新 BIOS 文件实现软件升级来挖掘显示芯片的潜能。集成显卡的优点是功耗低、发热量小，部分集成显卡的性能已经可以媲美入门级的独立显卡。集成显卡的缺点是性能相对略低，且固化在主板或 CPU 上，本身无法更换，如果必须换，就只能换主板。

2. 独立显卡

独立显卡是指将显示芯片、显存及其相关电路单独做在一块电路板上，自成一体而作为一块独立的板卡存在，它需占用主板的扩展插槽（AGP 或 PCI-E）。独立显卡的优点是单独安装有显存，一般不占用系统内存，在技术上也较集成显卡先进得多，容易进行显卡的硬件升级。独立显卡的缺点是系统功耗有所加大，发热量也较大，需额外花费购买显卡的资金，同时（特别是对笔记本电脑）占用更多空间。由于显卡性能的不同对于显卡的要求也不一样，独立显卡实际分为两类，一类是专门为游戏设计的娱乐显卡，一类则是用于绘图和 3D 渲染的专业显卡。

3. 核芯显卡

核芯显卡是 Intel 产品新一代图形处理核心，和以往的显卡设计不同，Intel 凭借其在处理器制程上的先进工艺以及新的架构设计，将图形核心与处理核心整合在同一块基板上，构成一个完整的处理器。智能处理器架构这种在设计上的整合大大缩减了处理核心、图形核心、内存及内存控制器间的数据周转时间，有效提升了处理效能并大幅降低芯片组整体功耗，有助于缩小核心组件的尺寸，为笔记本、一体机等产品的设计提供了更大的选择空间。

需要注意的是，核芯显卡和传统意义上的集成显卡并不相同。笔记本平台采用的图形解决方案主要有“独立”和“集成”两种，前者拥有单独的图形核心和独立的显存，能够满足复杂而庞大的图形处理需求，并提供高效的视频编码应用；集成显卡则将图形核心以单独芯片的方式集成在主板上，并且动态共享部分系统内存作为显存使用，因此能够提供简单的图形处理能力，以及较为流畅的编码应用。

相对于独立显卡和集成显卡，核芯显卡则将图形核心整合在处理器中，进一步加强了图形处理的效率，并把集成显卡中的“处理器+南桥+北桥（图形核心+内存控制+显示输出）”三芯片解决方案精简为“处理器（处理核心+图形核心+内存控制）+主板芯片（显示输出）”的双芯片模式，有效降低了核心组件的整体功耗，更利于延长笔记本的续航时间。

功耗低是核芯显卡的最主要优势，由于新的精简架构及整合设计，核芯显卡对整体能耗的控制更加优异，高效的处理性能大幅缩短了运算时间，进一步缩减了系统平台的能耗。高性能也是它的主要优势，核芯显卡拥有诸多优势技术，可以带来充足的图形处理能力，相较前一代产品其性能的进步十分明显。

4. 显卡的结构

1）显存

显存负责存储显示芯片需要处理的各种数据，其容量的大小，性能的高低，直接影响着计算机的显示效果。新显卡均采用 DDR6/DDR5 的显存，主流显存容量一般为 2～4GB。

2）显示芯片及风扇

显示芯片（Video chipset）又称图形处理单元（Graphic Processing Unit，GPU）。它负责显卡绝大部分的计算工作，相当于 CPU 在计算机中的作用。主流显卡的显示芯片主要由 NVIDIA（英伟达）和 AMD（超微半导体）两大厂商制造，采用 NVIDIA 显示芯片的显卡称为 N 卡，采用 AMD 显示芯片的显卡称为 A 卡。显卡所支持的各种 3D 特效由显示芯片的性能决定，采用什么样的显示芯片大致决定了这块显卡的档次和基本性能，GPU 风扇的作用是给 GPU 散热。

3）显卡 BIOS

显卡 BIOS 主要用于存放显示芯片与驱动程序之间的控制程序，另外还存有显卡的型号、规格、生产厂家及出厂时间等信息。打开计算机时，通过显示 BIOS 内的一段控制程序，将这些信息反馈到屏幕上。

4）显卡接口

通常被叫作金手指，可分为 PCI、AGP 和 PCI Express 3 种，PCI 和 AGP 显卡接口都已基本被淘汰，现在市面上主流显卡是采用 PCI Express 的显卡。

5）外设接口

显卡外设接口担负着显卡的输出任务，包括一个传统 VGA 模拟接口和一个或多个数字接口（DVI、HDMI 和 DP）。

5. 显卡的性能指标

显卡的性能指标主要有核心频率、显存频率、显示存储器、显示位宽。

1）核心频率

核心频率是指显示核心的工作频率，其工作频率在一定程度上可以反映出显示核心的性能。在显示核心相同的情况下，核心频率高代表此显卡性能强劲。

2）显存频率

显存频率在一定程度上反映了该显存的速度，显存频率的高低与显存类型有非常大的关系。显存频率与显存时钟周期是相关的，二者成倒数关系。

3）显示存储器

显示存储器，也称为帧缓存，其主要功能就是暂时储存显示芯片处理过或即将提取的渲染数据，类似于主板的内存，是衡量显卡的主要性能指标之一。

4）显示位宽

显示位宽指的是一次可以读入的数据量，即表示显存与显示芯片之间交换数据的速度。位宽越大，显存与显示芯片之间数据的交换就越顺畅。

2.4.2 显示器

显示器是计算机的一种重要输出设备，是人机交互的主要界面。一台质量好的显示器对人的视力和身心健康都有好处。目前能见到的绝大部分是LCD显示器、LED显示器，另外还有新一代的显示设备拼接屏。

1. LCD显示器

LCD显示器也称液晶显示器，如图2-67所示。其工作原理是在电场的作用下，利用液晶分子的排列方向发生变化，使外光源透光率改变，完成电光变换，再利用R、G、B三基色信号的不同激励，通过红、绿、蓝三基色滤光膜，完成时域和空间域的彩色重显。LCD主要参数如下。

图2-67 液晶显示器

1）亮度

液晶显示器的最大亮度，通常由背光源来决定，在技术上可以达到高亮度；但是这并不代表亮度值越高越好，因为亮度太高的显示器有可能使使用者眼睛受伤。LCD是一种介于固态与液态之间的物质，本身是不能发光的，须借助额外的光源才行。因此，灯管数目关系着液晶显示器的亮度。

2）分辨率

分辨率是指单位面积显示像素的数量。液晶显示器的物理分辨率是固定不变的，对于CRT显示器而言，只要调整电子束的偏转电压，就可以改变不同的分辨率。但是液晶显示器必须要通过运算来模拟出显示效果，实际上的分辨率是没有改变的。由于并不是所有的像素同时放大，这就存在着缩放误差。当液晶显示器在非标准分辨率下使用时，文本显示效果就会变差，文字的边缘会被虚化。

3）色彩度

色彩度是液晶显示的一个重要参数。自然界的任何一种色彩都是由红、绿、蓝3种基本色组成的，例如，分辨率1024×768的LCD面板是由1024×768个像素点组成显像，每个独立的像素色彩是由红、绿、蓝（R、G、B）

3 种基本色来控制。大部分厂商生产出来的液晶显示器，每个基本色（R、G、B）达到 6 位，即 64 种表现度，那么每个独立的像素就有 64×64×64=262144 种色彩。也有不少厂商使用了所谓的 FRC（Frame Rate Control）技术以仿真的方式来表现出全彩的画面，也就是每个基本色（R、G、B）能达到 8 位，即 256 种表现度，那么每个独立的像素就有高达 256×256×256=16777216 种色彩。

4）对比度

对比度是定义最大亮度值（全白）除以最小亮度值（全黑）的比值。LCD 在制造时选用的控制 IC、滤光片和定向膜等配件，都与面板的对比度有关。

5）响应时间

响应时间指的是液晶显示器对于输入信号的反应速度，也就是液晶由暗转亮或由亮转暗的反应时间，通常是以 ms 为单位。此值当然是越小越好。如果响应时间太长，就有可能使液晶显示器在显示动态图像时，有尾影拖曳的感觉。

6）可视角度

液晶显示器的可视角度左右对称，而上下则不一定对称。一般来说，上下角度要小于或等于左右角度。如果可视角度为左右 80 度，表示在始于屏幕法线 80 度的位置时可以清晰地看见屏幕图像。但是，由于人的视力范围不同，如果没有站在最佳的可视角度内，所看到的颜色和亮度将会有误差。

7）可视面积

液晶显示器所标示的尺寸就是实际可以使用的屏幕范围。例如，一个 15.1 英寸的液晶显示器约等于 17 英寸 CRT 屏幕的可视范围。

液晶显示器目前已经基本被淘汰，取而代之的是新一代显示器——LED 显示器。

2. LED 显示器

LED 显示器是目前市场上最常见的显示器，它是一种通过控制半导体发光二极管的显示方式，用来显示文字、图形、图像、动画、视频、录像信号等各种信息的显示屏幕。

主流的台式机 LED 显示器尺寸有 15 英寸、17 英寸、19 英寸、21.5 英寸、22.1 英寸、23 英寸、24 英寸等，笔记本显示器尺寸有 10.1 英寸、12.2 英寸、13.3 英寸、14.1 英寸、15.4 英寸、17 英寸等。

LED 显示器的主要参数如下。

1）像素失控率

像素失控率是指显示屏工作不正常的像素所占的比例。像素失控有两种模式：一是盲点，也就是瞎点，在需要亮的时候它不亮，称之为瞎点；二是常亮点，在需要不亮的时候它反而一直在亮着，称之为常亮点。

一般来说，LED 显示屏用于视频播放，指标要求控制在 1/104 之内可以接受，若用于简单的字符信息发布，指标要求控制在 12/104 之内也是合理的。

2）灰度等级

LED 显示屏的灰色等级主要是用来对其色彩现实程度进行评价，通过对最暗单基色亮度到最亮之间进行亮度等级判断，以灰度等级为标准进行显示屏显示色彩的评估。当灰度等级较高时，其显示色彩丰富艳丽；当其灰度等级较低时，颜色变化单一。

3）对比度

显示屏幕的对比度影响着视觉的成像效果，高对比度可提升画面清晰度，使颜色鲜亮，并可有效地提升图像画质的细节质感、清晰程度、灰度等级。此外，对比度还对动态视频的分辨转换带来一定影响，高对比度可使肉眼更易于分辨动态图中的明暗转换过程。

4）刷新频率

LED 显示屏其每秒内容可重复显示的次数被称之为刷新频率。当刷新频率较低时，会出现图像闪烁，尤其是在视频拍摄的过程中闪烁过于明显，因此必须要最大限度地提升刷新频率，保证显示画面的稳定性。

5）点间距、像素密度与信息容量

点间距是指两两像素间的距离，通过点间距反映像素密度。点间距越小，像素密度越高，信息容量越多，适合观看的距离越近。点间距越大，像素密度越低，信息容量越少，适合观看的距离越远。

6）分辨率

LED 显示屏像素的行列数称为 LED 显示屏的分辨率。分辨率是显示屏的像素总量，它决定了一台显示屏的信息容量。

7）亮度及可视角度

室内全彩屏的亮度要在 800cd/m^{2}以上（发光二极管的亮度一般用发光强度表示，单位是坎德拉 cd），室外全彩屏的亮度要在 1500cd/m^{2}以上，才能保证显示屏的正常工作，否则会因为亮度太低而看不清所显示的图像。亮度的大小主要由 LED 管芯的好坏决定。

可视角度的大小直接决定了显示屏受众的多少，故而越大越好。可视角度的大小主要由管芯的封装方式来决定。

3. 拼接屏

拼接屏是新一代的显示设备，如图 2-68 所示。其显著优点是亮度高和超大的显示画面。拼接屏目前分为曲面液晶拼接屏、液晶拼接屏、等离子拼接屏等，可搭配拼接处理器、中控式 HDMI 矩阵、HDMI 分配器等辅材供整个系统使用。

图 2-68　拼接屏

拼接屏是完整的成品，即挂即用，安装非常简单。液晶拼接屏四周边缘仅有几毫米的宽度，表面还带钢化玻璃保护层、拼接屏内置智能温控报警电路及特有的“快散”散热系统。拼接屏应有尽有，不仅适应数字信号输入，对模拟信号的支持也非常独到，另外拼接屏信号接口多，利用拼接屏技术实现了模拟信号与数字信号同时接入，最近的一种 BSV 拼接屏技术还可以实现 3D 智能效果。拼接屏系列产品采用独有的以及世界最前沿的数字处理技术，可以让用户真正体验全高清大屏幕效果。

2.5　其他常用设备

1. 网卡

网卡（network interface card，NIC，也叫网络适配器）是局域网中最基本的部件之一，无论是双绞线连接、同轴电缆连接还是光纤连接，都必须借助网卡才能实现与计算机的通信。

网卡的功能主要有两个：一是将数据封装为帧，并通过网线（对无线网络来说就是电磁波）将数据发送到网络中去；二是接收网络中其他设备传过来的帧，并将帧重新组合成数据，发送到所在的计算机中。网卡能接收所有在网络上传输的信号，但正常情况下只接收发送到该计算机的帧和广播帧，将其余的帧丢弃。然后，传送到系统 CPU 做进一步处理。当计算机发送数据时，网卡等待合适的时间将数据分组插入数据流中。接收系统通知计算机消息是否完整地到达，如果出现问题，将要求对方重新发送。

每块网卡都有一个唯一的网络节点地址，它是网卡生产厂家在生产时写入 ROM（只读存储芯片）中的，把它叫作 MAC 地址（物理地址），且保证其绝对不会重复，从而为网络数据传输提供了保障。

按照网卡支持的计算机种类分类，主要分为标准以太网卡和 PCMCIA 网卡。标准以太网卡就是台式机网卡，如图 2-69 所示；而 PCMCIA 网卡用于笔记本电脑，如图 2-70 所示。

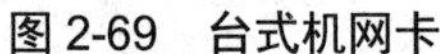
图 2-69 台式机网卡

图 2-70 笔记本网卡

按照网卡支持的传输速率分类，主要分为 10Mbps 网卡、100Mbps 网卡、10/100Mbps 自适应网卡和 1000Mbps 网卡 4 类。根据传输速率的要求，10Mbps 和 100Mbps 网卡仅支持 10Mbps 和 100Mbps 的传输速率，在使用非屏蔽双绞线 UTP 作为传输介质时，通常 10Mbps 网卡与 3 类 UTP 配合使用，而 100Mbps 网卡与 5 类 UTP 相连接。10/100Mbps 自适应网卡是由网卡自动检测网络的传输速率，保证网络中两种不同传输速率的兼容性。随着局域网传输速率的不断提高，1000Mbps 网卡大多被应用于高速的服务器中。

2. 声卡

声卡（Sound Card）也叫音频卡，是计算机多媒体系统中最基本的组成部分，是实现声波/数字信号相互转换的一种硬件。声卡的基本功能是把来自话筒、磁带、光盘的原始声音信号加以转换，输出到耳机、扬声器、扩音机、录音机等声响设备，或通过音乐设备数字接口（MIDI）发出合成乐器的声音。声卡还可以从话筒中获取声音模拟信号，通过模数转换器（ADC），将声波振幅信号采样转换成一串数字信号，存储到计算机中。

声卡发展至今，主要分为板卡式、集成式、外置式 3 种接口类型，以适用不同用户的需求。

1）板卡式

板卡式声卡是现今市场上的中坚力量，产品涵盖低、中、高各档次，售价从几十元至上千元不等。其接口类型主要是 PCI 接口，如图 2-71 所示。

图 2-71 板卡式声卡

2）集成式

集成式声卡集成在主板上，具有不占用 PCI 接口、成本更为低廉、兼容性更好等优势，能够满足普通用户的绝大多数音频需求。而且集成声卡的技术也在不断进步，PCI 声卡具有的多声道、低 CPU 占有率等优势也相继出现在集成声卡上，它也由此占据了声卡市场的大半壁江山。

3）外置式

外置式声卡是创新公司独家推出的一个新兴事物。它通过 USB 与 PC 相连，具有使用方便、便于移动等优点。它主要用于特殊环境，如连接笔记本实现更好的音质等。

3. 音箱

随着计算机的日益普及，人们对计算机也提出了越来越高的要求。例如，计算机除了要实现设计、计算、文字和图像处理功能外，还要实现电视、电话、传真、音响设备等常见家庭信息设备的功能，除此之外还需要实现网上聊天、视频电话、网络游戏等功能。因此，音箱在多媒体计算机中也占据了重要的位置。

1）音箱种类

按照音箱的功能，可以分为有源音箱和无源音箱。

有源音箱同时也被叫作“主动式音箱”，即具有功率放大器的音箱，例如，有源超低音箱，与一些家庭影院有源音箱等。有源音箱里面安装了功放电路，操纵者不需要思考和放大器是否匹配的问题，同时也便于用较低电平的音频信号直接驱动。有源音箱通常标注了内置放大器的输出功率、输入阻抗和输入信号电平等参数。

无源音箱就是人们口中经常说的“被动式音箱”。这种音箱应用比较广泛，是音箱里面没有安装功放电路的普通音箱。尽管这类音箱里面不带放大器，但普遍带有阻抗补偿电路。

2）技术指标

音箱的技术指标主要有 6 项：频率响应、信噪比、动态范围、失真度、立体声分离度、立体声平衡度。

（1）频率响应。频率响应表示音响设备重放时的频率范围以及声波的幅度随频率的变化关系。检测此项指标以 1000Hz 的频率幅度为参考，并用对数以分贝（dB）为单位表示频率的幅度。

音响系统的总体频率响应理论上要求为 20～20000Hz。在实际使用中由于电路结构、元件的质量等原因，往往不能够达到该要求，但一般至少要达到 32～18000Hz。

（2）信噪比。信噪比表示音响系统对音源软件的重放声与整个系统产生的新的噪声的比值。其噪声主要有热噪声、交流噪声、机械噪声等。检测此项指标以重放信号的额定输出功率与无信号输入时系统噪声输出功率的对数比值来表示，单位为分贝（dB）。音响系统的信噪比需在 85dB 以上。

（3）动态范围。动态范围表示音响系统重放时最大不失真输出功率与静态时系统噪声输出功率之比的对数值，单位为分贝（dB）。性能较好的音响系统的动态范围在 100dB 以上。

（4）失真度。失真度表示音响系统对音源信号进行重放后，使原音源信号的某些部分（波形、频率等）发生了变化。音响系统的失真主要有谐波失真、互调失真、瞬态失真。

（5）立体声分离度。立体声分离度表示立体声音响系统中左、右两个声道之间的隔离度，它实际反映了左、右两个声道相互串扰的程度。如果两个声道之间串扰较大，那么重放声音的立体感将减弱。

（6）立体声平衡度。立体声平衡度表示立体放音系统中左、右声道增益的差别，如果不平衡度过大，重放的立体声的声像定位将产生偏移。一般高品质音响系统的立体声平衡度应小于 1dB。

3）音箱的选购

选购音箱的基本规则如下。

（1）音箱容积买大不买小。音箱质量买重不买轻。

（2）单元口径买大不买小。箱体深度买厚不买薄。

（3）输出功率买大不买小。信噪比买高不买低。

（4）音色买柔不买刚。

4．机箱

1）机箱的作用

（1）防尘。计算机长期使用携带静电，带电体吸引轻小物体，所以计算机使用的时间越长，灰尘越多。由于计算机里精密元件较多，如果堆积太多灰尘很容易造成短路现象。

（2）散热。机箱内部的散热功能越好，运行就越稳定，一般来说主机内部最少有 3 个风扇，1 个在 CPU 上，1 个在显卡上，1 个就在机箱上，如果机箱上预留了更多的散热风扇的位置就可以安装更多的风扇，提供更好的散热性。

（3）防辐射。机箱的厚度影响防辐射效果，但最重要的是材质，用防辐射金属制作机箱，并且要对机箱进行优化设计。这需要有很高的生产工艺，而且此类机箱价格很高。

2）机箱种类

（1）全塔机箱。全塔机箱主要适合对水冷有需求的计算机，如图 2-72 所示。因为水冷散热要安装管道，对空间要求很高，而全塔机箱的尺寸非常宽大，可以兼容更多高端硬件，同时在散热能力、接口配置等方面也都更为出色，能够在空间、散热、功能等多方面为发烧玩家提供支持。同样，市面上很多全塔机箱造型非常庞大炫酷，深受广大用户喜爱。

（2）中塔机箱。中塔机箱是运用最广泛、也是最常见的机箱，如图 2-73 所示。家用的台式计算机、办公室里的计算机都用的是中塔机箱，它能够满足一般用户的需求。

图 2-72　全塔机箱

图 2-73　中塔机箱

（3）mini 机箱。这种机箱体积小重量轻，方便搬运，平时放在桌子上即可。

3）生产厂家

机箱生产厂家主要有酷冷至尊、爱国者、金河田、海盗船、昂达、航嘉等。

5. 电源

电源是一种安装在主机箱内的封闭式独立部件，如图 2-74 所示。它的作用是将交流电变换为+5V、−5V、+12V、−12V、+3.3V、−3.3V 等不同电压、稳定可靠的直流电，供给主机箱内的系统板、各种适配器和扩展卡、硬盘驱动器、光盘驱动器等系统部件及键盘和鼠标使用。

图 2-74　电源

目前最流行的是 ATX 电源，从外观上看，它是一个带有很多引线的铁盒子。它取消了显示器插座，并在此位置上安装了电源开关，这是一个真正的物理电源切断开关，与 ATX 机箱前的 POWER 键有本质的区别。

ATX 电源除了在线路上做了一些改进外，最重要的是增加了一个电源管理功能，称为 Stand-By。它可以让操作系统直接对电源进行管理。通过此功能，用户就可以直接通过 Windows 实现网络电源管理。

ATX 电源提供了多组插头，其中主要是 20 芯的主板插头、4 芯的驱动器插头和 4 芯小驱专用插头。20 芯的主板插头具有方向性，可以有效地防止误插，插头上还带有固定装置可以钩住主板上的插座，不至于因为接头松动而导致主板在工作状态下突然断电。4 芯的驱动器电源插头用处最广泛，所有的 CD-ROM、DVD-DOM、CD-RW、硬盘甚至部分风扇都要用到它。4 芯插头提供了+12V 和+5V 两组电压，一般黄色电线代表+12V 电源，红色电线代表+5V 电源，黑色电线代表 0V 地线。这种 4 芯插头电源提供的数量是最多的，如果用户还不够用，可以使用一转二的转接线。4 芯小驱专用插头原理和普通 4 芯插头是一样的，只是接口形式不同，是专为传统的小驱供电设计的。

ATX 电源的种类有 ATX1.0、ATX1.1、ATX2.01、ATX2.02 等，以 ATX2.01 为主，对于高档的机箱配套或单买的高档电源有 ATX2.02 版本的产品。

电源品牌有航嘉、长城、酷冷至尊、华硕、金河田等。

6. 键盘

键盘是计算机重要的输入部件，它被用来将命令和数据输入到系统中。现在流行的键盘一般都是 101 键和 104 键。

常见的键盘主要可分为机械式和电容式两类，当前的键盘大多都是电容式键盘。

电容式键盘是基于电容式开关的键盘，原理是通过按键改变电极间的距离产生电容量的变化，暂时形成震荡脉冲允许通过的条件。这种开关是无触点非接触式的，磨损率极小甚至可以忽略不计，也没有接触不良的隐患，具有噪声小，容易控制的手感，可以制造出高质量的键盘，但工艺较机械式键盘复杂。

机械式键盘是最早被采用的结构，一般类似金属接触式开关的原理使触点导通或断开，具有工艺简单、维修方便、手感一般、噪声大、易磨损的特性。大部分廉价的机械键盘采用铜片弹簧作为弹性材料，铜片易折易失去弹性，使用时间一长故障率便会升高，如今已基本被淘汰。

7. 鼠标

鼠标是计算机的一种外接输入设备，也是计算机显示系统纵横坐标定位的指示器，英文名称 Mouse，鼠标的使用使得计算机的操作更加简便快捷。

常见的鼠标工作方式有滚轮式和光电式两种类型。

1）滚轮式鼠标

按照工作原理又可分为第一代的纯机械式和第二代的光电机械式（简称光机式）。

（1）纯机械式。纯机械式鼠标，现在世面上已经很少见到了。在它的底部有一个滚球，当推动鼠标时，滚球就会不断触动旁边的小滚轮，产生不同强度的脉波，通过这种连锁效应，计算机才能运算出游标的正确位置。

（2）光机式。这就是平常所说的机械式鼠标，它是一种光电和机械相结合的鼠标。它的原理是紧贴着滚动橡胶球有两个互相垂直的传动轴，轴上有一个光栅轮，光栅轮的两边对应着发光二极管和光敏三极管。当鼠标移动时，橡胶球带动两个传动轴旋转，而这时光栅轮也在旋转，光敏三极管在接收发光二极管发出的光时被光栅轮间断地阻挡，从而产生脉冲信号，通过鼠标内部的芯片处理之后被 CPU 接收，信号的数量和频率对应着屏幕上的距离和速度。

2）光电式

第一代光电鼠标由光断续器来判断信号，最显著的特点就是需要使用一块特殊的反光板作为鼠标移动时的垫。这块垫的主要特点是，其中微细的一黑一白相间的点。原因是在光电鼠标的底部，有一个发光的二极管和两个相互垂直的光敏管，当发光的二极管照射到白点与黑点时，会产生折射和不折射两种状态，而光敏管对这两种状态进行处理后便会产生相应的信号。从而使计算机做出反应，一旦离开那块垫，光电鼠标就无法使用。

目前在市场上见到的基本都是第二代光电鼠标。它可在任何不反光、不透明的物体表面使用，使用它最大的好处就是不像机械式鼠标那样需要常常清洁鼠标球，而且其分辨率和刷新率都比机械式鼠标高得多，高档光电鼠标定位非常精确。

8. 打印机

打印机作为计算机最重要的输出设备之一，随着计算机技术的飞速发展和与日俱增的用户需求而得到较大的发展。尤其是近年来，计算机技术取得了较大的进展，各种新型实用的打印机应运而生，一改以往针式打印机一统天下的局面。目前，在打印机领域出现了针式打印机、喷墨打印机、激光打印机三足鼎立的局面。它们发挥各自的优点，满足各种用户的不同需求。

目前，绝大部分用户使用的都是激光打印机和喷墨打印机。就这两种打印机而言，它们的主要技术指标如下。

1）分辨率

分辨率对输出质量有至关重要的影响，同时也是判别同类型打印机档次的主要依据。其计算单位是 dpi（Dot Per Inch），是指打印机输出时，在每英寸介质上能打印出的点数。早期针式打印机一般只能达到 180dpi 左右，而随后出现的喷墨、激光、热转换这 3 类产品，输出分辨率已提高到 300～720dpi，高档喷墨打印机已达到 1440dpi 以上。

2）色彩饱和度

色彩饱和度是指打印输出一个点（Dot）内彩色的满程度。该指标直接影响打印输出时的色彩质量。色彩饱和度不仅与打印机的设计结构密切相关，而且还与所使用的打印介质（纸张等）的质量有一定关系。例如，对喷墨打印机来说，它使用的是液体墨水，所以当打印介质质量不佳时就会出现渗透、扩散等现象，从而影响输出效果。只有选用合适的打印介质，喷墨打印机才能达到较好的色彩饱和度。对于激光打印机，由于它是将极为精细的墨粉热熔（或是热压）于打印纸上，因而能够很容易实现较好的色彩饱和度。

3）打印速度

不同类型打印机的输出速度相差甚远，一般来讲，激光式打印机最快，热转换式打印机次之，喷墨式打印机最慢。

4）打印幅面

打印幅面指的是打印机能够打印的最大纸张面积。目前，喷墨打印机和激光打印机可以打印 A3 和 A4 两种幅面，其中 A4 是主流，A3 适用于一些特殊用户。

9．扫描仪

扫描仪（scanner）是一种捕获影像的装置，作为一种光机电一体化的计算机外设产品，扫描仪是继鼠标和键盘之后的第三大计算机输入设备，它可将影像转换为计算机可以显示、编辑、存储和输出的数字格式，是功能很强的一种输入设备。

扫描仪的性能指标主要有以下 5 项。

1）分辨率

分辨率表示扫描仪对图像细节的表现能力，通常用每英寸长度上扫描图像所含的像素点的多少来表示，即 dpi（Dot Per Inch）。

2）灰度级

灰度级表示灰度图像的亮度层次范围。级数越多说明扫描仪图像亮度范围越大、层次越丰富。

3）色彩数

色彩数表示彩色扫描仪所能产生颜色的范围。通常用表示每个像素点颜色的数据位数即比特位（bit）表示。例如，36bit，就是表示每个像素点上有 2^{36} 种颜色。

4）扫描速度

扫描速度通常用一定分辨率和图像尺寸下的扫描时间表示。

5）扫描幅面

扫描幅面表示扫描图稿尺寸的大小，常见的有 A4 幅面，其他有 A3、A0 幅面等。

10．摄像头

摄像头（CAMERA 或 WEBCAM）又称为电脑相机、电脑眼、电子眼等，是一种视频输入设备，被广泛地运用于视频会议、远程医疗及实时监控等方面。

摄像头可分为数字摄像头和模拟摄像头两大类。数字摄像头可以将视频采集设备产生的模拟视频信号转换成数字信号，进而将其储存在计算机里。模拟摄像头捕捉到的视频信号必须经过特定的视频捕捉卡将模拟信号转换成数字模式，并加以压缩后才可以转换到计算机上运用。数字摄像头可以直接捕捉影像；然后通过串、并口或者 USB 接口传送到计算机里。计算机市场上的摄像头基本以数字摄像头为主，而数字摄像头中又以使用新型数据传输接口的 USB 数字摄像头为主。

练习与提高

一、填空题

1. CPU 的外频是 100MHz，倍频是 17，那么 CPU 的工作频率（即主频）是________GHz。

2. 系统总线是 CPU 与其他部件之间传送数据、地址等信息的公共通道。根据传送内容的不同，可分为________总线、________总线和________总线。

3. SDRAM 内存条的金手指通常是________线，DDR SDRAM 内存条的金手指通常是________线，DDR2 和 DDR3 内存条的金手指通常是________线，DDR4 内存条的金手指通常是________线。

4. 在主板系统中，起重要作用的是主板上的________。

5. 电源向主机系统提供的电压一般为________V、________V 和________V。

6. 给 CPU 加上散热片和风扇的主要目的是为了________________。

二、选择题

1. 硬盘的数据传输率是衡量硬盘速度的一个重要参数。它是指计算机从硬盘中准确找到相应数据并传送到内存的速率，分为内部和外部传输率，其内部传输率是指（　　）。

A. 硬盘的高速缓存到内存　　B. CPU 到 Cache
C. 内存到 CPU　　D. 硬盘的磁头到硬盘的高速缓存

2. 下面 CPU 指令集中，（　　）是多媒体扩展指令集。

A. SIMD　　B. MMX
C. 3Dnow!　　D. SSE

3. 下列厂商中，（　　）是 Celeron（赛扬）CPU 的生产厂商。

A. AMD　　B. INTEL
C. SIS　　D. VIA

4. 下列（　　）不属于北桥芯片管理的范围之列。

A. 处理器　　B. 内存
C. AGP 接口　　D. IDE 接口

5. 目前流行的显卡的接口类型是（　　）。

A. PCI　　B. PCI-E×1

C．PCI-E×16　　D．ISA

6．内存 DDR1600 的另一个称呼是（　　）。

A．PC1600　　B．PC800

C．PC12800　　D．PC3200

7．ROM 的意思是（　　）。

A．软盘驱动器　　B．随机存储器

C．硬盘驱动器　　D．只读存储器

8．在计算机系统中，（　　）的存储容量最大。

A．内存　　B．软盘

C．硬盘　　D．光盘

9．下列存储器中，属于高速缓存的是（　　）。

A．EPROM　　B．Cache

C．DRAM　　D．CD-ROM

三、问答题

1．CPU 的主要技术指标有哪些？

2．固态硬盘和机械硬盘相比较，有哪些优点、哪些缺点？

计算机硬件组装及 BIOS 设置

学习目标

- ❑ 了解装机常用工具和配件。
- ❑ 了解装机注意事项。
- ❑ 了解验机测试的步骤和流程。
- ❑ 掌握计算机组装步骤和流程。
- ❑ 了解 BIOS 分类及 UEFI。
- ❑ 掌握 ASUS BIOS 设置方法。

3.1 装机前的准备工作

3.1.1 组装工具和配件

组装计算机是一项细致而严谨的工作，不仅需要了解相关的计算机知识，还应当在组装前做好充分的准备工作。

1. 准备工具

一般情况下，组装计算机需要用到螺钉旋具、尖嘴钳、镊子和导热硅脂等工具。

1）螺钉旋具

螺钉旋具（又称螺丝起子或改锥）是安装和拆卸螺丝钉的专用工具，建议准备两把，一把十字螺钉旋具，一把一字螺钉旋具（又称平口螺钉旋具），如图 3-1 所示。装

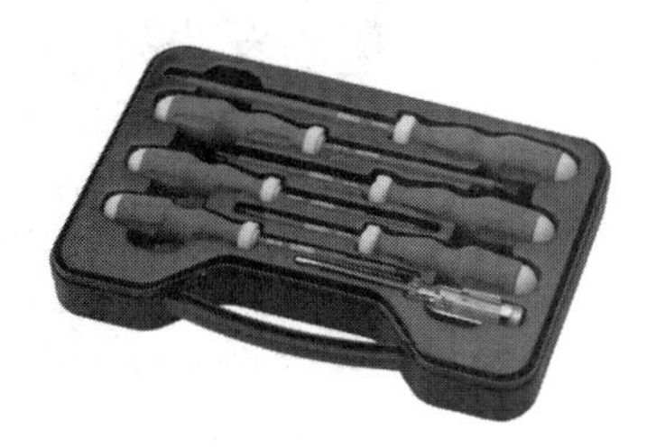

图 3-1 螺钉旋具

机时主要使用十字螺钉旋具，一字螺钉旋具主要用来拆卸产品包装盒或包装封条等。

◉ **提示：**螺钉旋具应准备带有磁性的，这样便可以吸住螺丝钉，从而便于安装和拆卸螺丝钉。

2）尖嘴钳

准备尖嘴钳的目的是拆卸机箱上的各种挡板或挡片，以免机箱上的各种金属挡板划伤皮肤，如图 3-2 所示。

3）镊子

在组装计算机的过程中，经常会遇到不小心将小螺丝钉掉入主板中的情况，此时便需要使用镊子来夹取螺丝钉。另外，还可以使用镊子夹取跳线帽和其他的一些小零件，如图 3-3 所示。

图 3-2 尖嘴钳　　图 3-3 镊子

◉ **提示：**主板或其他板卡上大都会有一些由 2 根或 3 根金属针组成的针式开关结构，这些针式的开关结构便称为跳线，而跳线帽则是安装在这些跳线上的帽形连接器。

4）导热硅脂

导热硅脂（或散热膏）是安装 CPU 时必不可少的用品，其功能是填充 CPU 与散热器间的缝隙，以帮助 CPU 更好地进行散热，如图 3-4 所示。

◉ **提示：**导热硅脂的作用是填满 CPU 与散热器之间的空隙，以便 CPU 发出的热量能够尽快传至散热片。

2. 了解机箱内的配件

每个新购买的机箱内都会带有一个小塑料包，里面装有组装计算机时需要用到的各种螺丝钉，如图 3-5 所示。

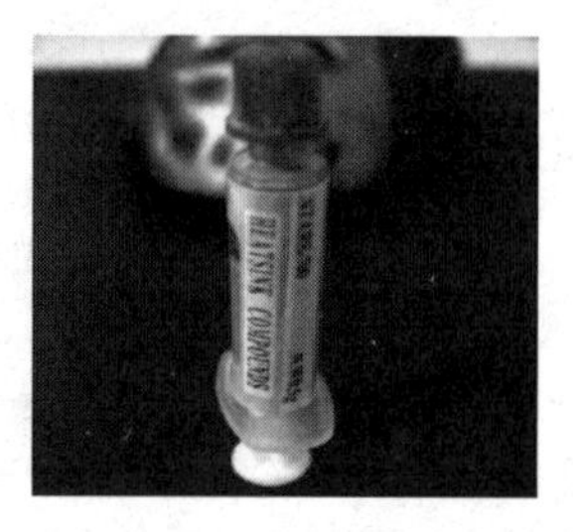

图 3-4 导热硅脂

图 3-5 各种螺丝钉

1）铜柱

铜柱安装在机箱底板上，主要用于固定主板。部分机箱在出厂时就已经将铜柱安装在了底板上，并按照常用主板的结构添加了不同的使用提示。

2）粗牙螺丝钉

粗牙螺丝钉主要用于固定机箱两侧的面板和电源，部分板卡也需要使用粗牙螺丝钉进行固定。

3）细牙螺丝钉（长型）

长型细牙螺丝钉主要用于固定声卡、显卡等安装在机箱内部的各种板卡配件。

4）细牙螺丝钉（短型）

在固定硬盘、光驱等存储设备时，必须使用较短的短型细螺丝钉，以避免损伤硬盘、光驱等配件内的电路板。

3.1.2　装机注意事项

组装计算机是一项比较细致的工作，任何不当或错误的操作都有可能使组装好的计算机无法正常工作，严重时甚至会损坏计算机硬件。因此，在装机前需要简单了解一下组装计算机时的注意事项。

1. 释放静电

静电对电子设备的伤害极大，它们可以将集成电路内部击穿造成设备损坏。因此，在组装计算机前，最好用手触摸一下接地的导体或通过洗手的方式来释放身体所携带的静电荷。

2. 防止液体流入计算机内部

多数液体都具有导电的能力，所以在组装计算机的过程中，必须防止液体进入计算机内部，以免造成短路而使配件损坏。因此在组装计算机时，不要将水、饮料等液体摆放在计算机附近。

3. 避免粗暴安装

必须遵照正确的安装方法来组装各配件，严禁强行安装，以免因用力不当而造成配件损坏。此外，对于安装后位置有偏差的设备不要强行使用螺丝钉固定，以免引起板卡变形，严重时还会发生断裂或接触不良等问题。

4. 检查零件

将所有配件从盒子内取出后，按照安装顺序排好，并查看说明书，了解是否有特殊安装需求。

3.1.3　组装步骤

组装计算机的步骤主要有如下 7 步。

（1）安装 CPU 及风扇。
（2）安装内存。
（3）安装主板。
（4）安装电源。
（5）安装各类板卡。
（6）安装外部设备。
（7）连接外部设备。

3.2 计算机硬件组装

3.2.1 安装 CPU

CPU 是计算机的核心部件，也是计算机中最为脆弱的部件之一。在安装时必须格外小心，以免因用力过大或其他原因而损坏 CPU。

在安装之前，需要确认主板上的 CPU 插座。在这里，所使用的主板采用了 AMD 公司推出的 AM2 CPU 插座，其针孔数量与 CPU 的针脚数量相对应，如图 3-6 所示。

安装 CPU 时，首先将固定拉杆拉起，使其与插座之间呈 90°，如图 3-7 所示。

图 3-6 CPU 插座和针脚

图 3-7 拉起压力杆

提示：目前 CPU 插座上的压力杆统一采用了 ZIF（零插拔力插座），以便用户更为轻松地安装或拆卸 CPU。

然后，对齐 CPU 与插座上的三角标志后，将 CPU 放至插座内，并确认针脚已经全部插入插孔内，如图 3-8 所示。

待 CPU 完全放入插座后，将固定压力杆压回原来的位置即可完成 CPU 的安装，如图 3-9 所示。

接下来，在 CPU 表面均匀涂抹少许导热硅脂，如图 3-10 所示。导热硅脂并不是涂得越多越好，而是在填满 CPU 与散热器之间缝隙的前提下，涂得越薄越好。

图 3-8　对齐 CPU 标志

图 3-9　压回压力杆

图 3-10　涂抹导热硅脂

3.2.2　安装 CPU 散热风扇

涂好导热硅脂后，将 CPU 散热器放置在支撑底座的范围内，并将散热器固定卡扣的一端扣在支撑底座上，如图 3-11 所示。然后，将散热器固定卡扣的另一端也扣在支撑底座上。

提示： 在安装 AM2 插座 CPU 的散热器时，必须先固定没有把手的一端，再固定有把手的另一端。

接下来，沿顺时针方向旋转固定把手，锁紧散热器，确保散热器紧密接触 CPU，如图 3-12 所示。

图 3-11　固定卡扣

图 3-12　锁紧散热器

完成上述操作后，检查 CPU 散热器是否牢固。然后，将 CPU 风扇的电源接头插在 CPU 插座附近的 3 针电源插座上。

3.2.3 安装内存条

完成 CPU 及其散热器的安装后，便可以安装计算机内的另一个重要配件——内存。安装时，需要首先掰开内存插槽两端的卡扣，如图 3-13 所示。

然后，将内存条金手指处的凹槽对准内存插槽中的凸起隔断，并向下轻压内存。在合拢插槽两侧的卡扣后，便可将内存条牢固地安装在内存插槽中。内存插槽中的凸起隔断将整个插槽分为长短不一的两段，其作用是防止用户将内存插反，如图 3-14 所示。

图 3-13 掰开内存卡扣

图 3-14 安装内存条

提示：在安装相同规格的第二条内存时，将其安装在与第一条内存相同颜色的内存插槽上，即可打开双通道功能，从而提高系统性能。

3.2.4 安装主板

在安装主板前，首先将机箱背面 I/O 接口区域的接口挡片拆下，并换上主板盒内的接口挡片，如图 3-15 所示。

图 3-15 更换挡片

提示：由于主板自带接口挡板上的开口完全依照主板的 I/O 接口进行设计，所以较机箱上的 I/O 接口板具有更好的易用性，安装也更为方便。

在完成这一工作后，观察主板螺丝孔的位置，并在机箱内的相应位置处安装铜柱后，使用尖嘴钳将其拧紧，如图 3-16 所示。

固定好铜柱后，将安装有 CPU 和内存的主板放入机箱中。然后，调整主板位置，以便将主板上的I/O端口与机箱背面挡板上的端口空位对齐，如图3-17所示。

图3-16 安装铜柱

图3-17 放入主板

提示： 在安装主板时应该使主板呈水平状向下放置，并避免因磕碰等问题而造成的硬件损伤。

接下来，使用长型细牙螺丝钉将主板固定在机箱底部的铜柱上，即可完成主板的安装，如图3-18所示。此时，螺丝钉应拧到松紧适中的程度，太紧容易使主板变形，造成永久性的损伤；太松则有可能导致螺丝钉脱落，造成短路、烧毁计算机等情况的发生。

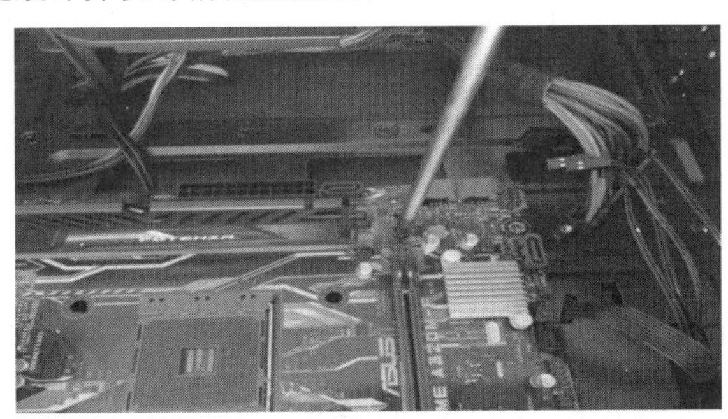

图3-18 拧上固定螺丝

3.2.5 安装机箱和电源

机箱和电源的安装，主要是对机箱进行拆封，并将电源安装在机箱内。机箱上的免工具拆卸螺丝钉可以直接用手将其拧下，在拧下机箱背面的4颗免工具拆卸螺丝钉后，向后拉动机箱侧面板即可打开机箱，如图3-19所示。

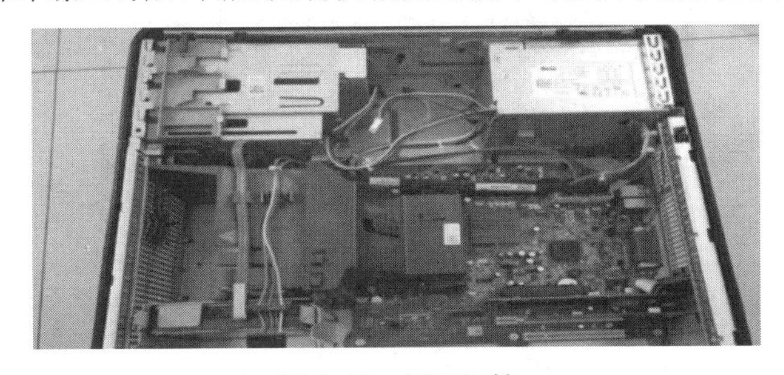

图3-19 拆开机箱

卸下机箱侧面板后，将机箱平放，并将电源摆放至机箱左上角的电源仓位处。然后，使用粗牙螺丝钉将其与机箱固定在一起，如图 3-20 所示。在将电源放入机箱时，要注意电源放入的方向。部分电源拥有两个风扇或排风口，在安装此类电源时应将其中的一个风扇或排风口朝向主板。

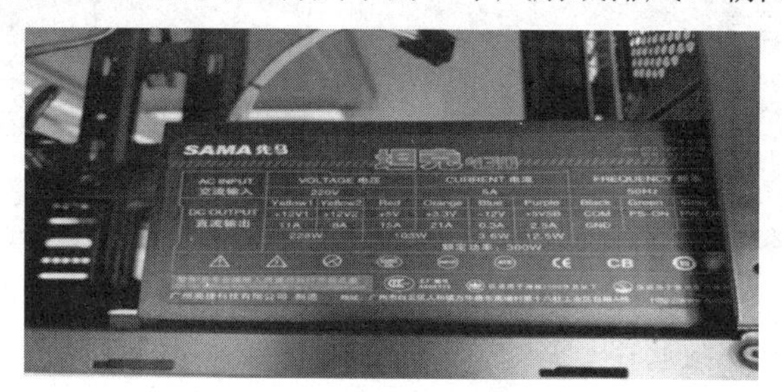

图 3-20　安装电源

3.2.6　安装各类板卡

在各类板卡中，最常用的就是显卡。下面以显卡为例，介绍如何安装板卡。如今的主流显卡已经全部采用了 PCI-E 16X 总线接口，其高效的数据传输能力暂时缓解了图形数据的传输瓶颈。与之相对应的是，主板上的显卡插槽也已全部更新为 PCI-E 16X 插槽，该插槽大致位于主板中央，较其他插槽要长一些，如图 3-21 所示。另外，部分主板会提供两条 PCI-E 16X 插槽。

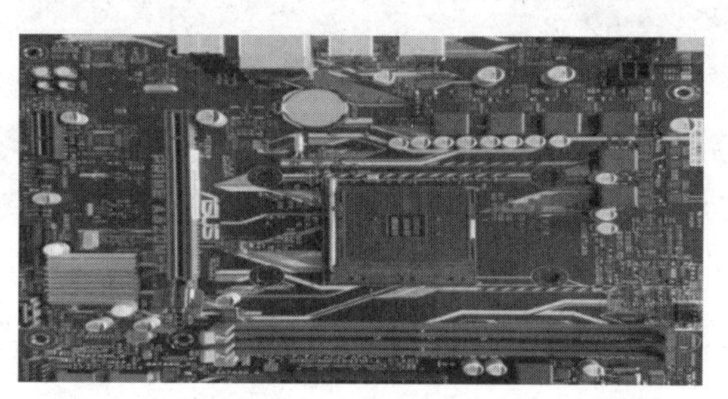

图 3-21　显卡插槽

此时，可以看到 PCI-E 16X 插槽被一个凸起隔断分成长短不一的两端，而 PCI-E 16X 显卡中间也有一个与之相对应的凹槽，如图 3-22 所示。

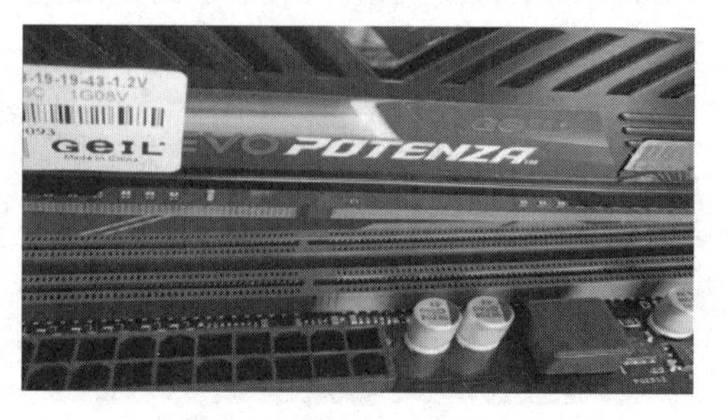

图 3-22　PCI-E 16X 显卡

安装显卡时，要先卸下机箱背面在显卡处的挡板。然后，将显卡金手指处的凹槽对准插槽处的凸起隔断，并向下轻压显卡，使金手指全部插入显卡插槽内。接下来，将显卡挡板上的定位孔对准机箱上的螺丝孔，并使用长型细牙螺丝钉固定显卡。拧紧螺丝钉后，便完成了显卡的安装。使用相同的方法，便可安装声卡、网卡等其他板卡类设备，在此不再赘述。

3.2.7　安装外部设备

硬盘是计算机中的重要外部设备，存储着大量的数据。下面以硬盘为例，介绍如何安装外部设备。

硬盘的安装过程是在机箱内部进行的，用户需要将硬盘放入机箱内部的 3.5 英寸驱动器托架上，如图 3-23 所示。

然后，调整硬盘在驱动器托架上的位置，使其两侧的螺丝孔与托架上的螺丝孔对齐后，即可使用短型细牙螺丝钉进行固定，如图 3-24 所示。固定硬盘与固定光驱一样，最少也需要拧上两颗螺丝钉，但为了使硬盘更加稳固，最好拧紧所有的螺丝钉。

图 3-23　放入硬盘

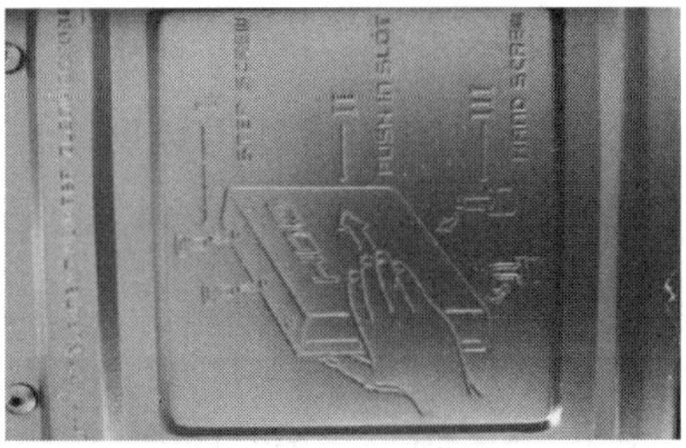

图 3-24　固定硬盘

提示：如果需要安装多个光驱或硬盘，重复上述操作即可。不过，安装时需要避免两个设备之间的距离过近，以免影响设备的散热。

1. 连接外部设备

设备安装在机箱内部以后，还需要连接相应的线缆。线缆主要分为数据线、电源线和信号线 3 种类型。

1）数据线

常见光驱和硬盘上的数据接口主要分为两种类型：一种是 SATA 接口，另一种是 IDE 接口，与其相对应的数据线也有所差别。其中，IDE 数据线较宽，插头由多个针孔组成，插头的一侧有一个凸起的塑料块，且数据线上会有一根颜色不同的细线。相比之下，SATA 数据线较窄，其接头内部采用了 L 型防插错设计，如图 3-25 所示。

2）电源线

根据设备的不同，主机内的电源接头主要分为 4 种不同的样式，分别为主板电源接头、CPU 电源接头、IDE 设备电源接头、SATA 设备电源接头，如图 3-26 所示。

图 3-25 SATA 数据线

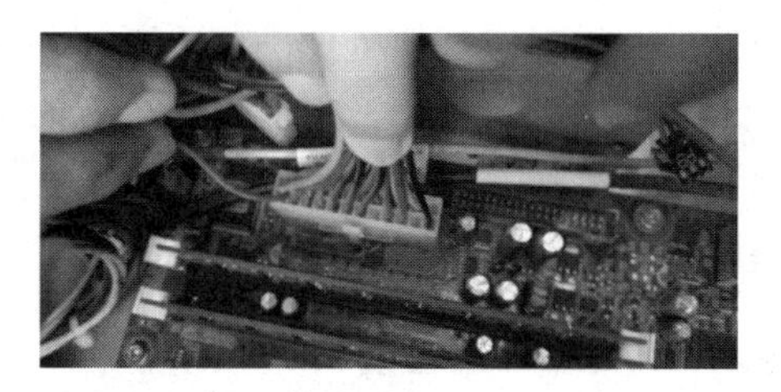

图 3-26 电源线

3）信号线

信号线主要包括主机与机箱指示灯、机箱喇叭和开关进行连接时的线缆，以及前置 USB 接口线缆与前置音频接口线缆等，如图 3-27 所示。

2．连接主板与 CPU 的电源线

主板电源接头的一侧设计有一个塑料卡，其作用是与主板电源插座上的突起卡合后固定电源插头，防止电源插头脱落。在安装时，捏住电源插头上的塑料卡，并将其对准电源插座上的突起。然后，平稳地下压电源插头，完成主板电源的连接。运用相同的方法，即可完成 CPU 电源的连接。

3．连接硬盘电源线与数据线

将 SATA 专用电源接头插入 SATA 硬盘上的电源接口处。然后，将 SATA 数据线的两端分别插入硬盘和主板上的 SATA 插座即可，如图 3-28 所示。

图 3-27 信号线

图 3-28 连接硬盘数据线

提示：在安装 SATA 硬盘电源线和数据线时，应先安装内侧的电源线，然后再安装外侧的数据线；在为 IDE 硬盘安装电源线和数据线时，安装顺序与此相反。

4．连接其他信号线

在连接前，应充分熟悉插头标识的含义、了解信号线插座的结构，在必要时可通过阅读说明书来进行连接。

5．安装机箱侧面板

首先平放机箱，分清两块侧面板在机箱上的位置，带有 CPU 导风管的为机箱左侧的面板，另一块为右侧的面板。然后，将侧面板平置于机箱上，

并在侧面板上的挂钩落入相应挂钩孔内后，向机箱前面板方向轻推侧面板；当侧面板四周没有空隙后即表明侧面板已安装到位。最后，使用相同的方法安装另一块侧面板，并使用螺丝钉将它们牢牢地固定在机箱上，如图3-29所示。

图3-29　安装机箱侧面板

6．连接主机与外部设备

1）连接显示器

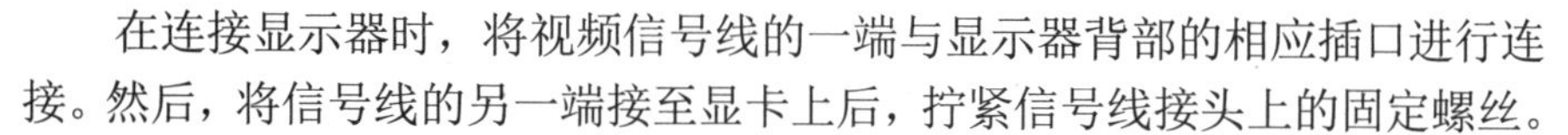

在连接显示器时，将视频信号线的一端与显示器背部的相应插口进行连接。然后，将信号线的另一端接至显卡上后，拧紧信号线接头上的固定螺丝。

2）连接键盘与鼠标

鼠标和键盘这两种设备最常使用的接口是USB接口，部分是PS/2接口。连接时将PS/2接头内的定位柱对准相同颜色PS/2接口中的定位孔后，将接头轻轻推入接口内，即可完成鼠标或键盘的连接。

3）连接音箱

随着多媒体概念的不断普及，音箱成为组装计算机必不可少的一个组成部分。

常见的多媒体音箱分为2.0音箱、2.1音箱、5.1音箱等多种类型，其主音箱背后的接口数量也随整套音箱数量的不同而有所差别。

在连接音箱时，首先要将卫星音箱上的音频接头连接在主音箱背面的音频输出接口上。然后，将主音箱连接线的两端分别插在主音箱上的音频输入接口与主板上的音频输出接口中，即可完成音箱的连接。

3.2.8　开机测试和收尾工作

在检查完毕每个配件的安装与连接情况后，便可进行开机测试。开机测试主要通过POST自检程序完成。在按下机箱上的Power电源开关后，如果显示器出现开机画面，并听到“滴”的一声，便说明各个硬件的连接无误，如图3-30所示。

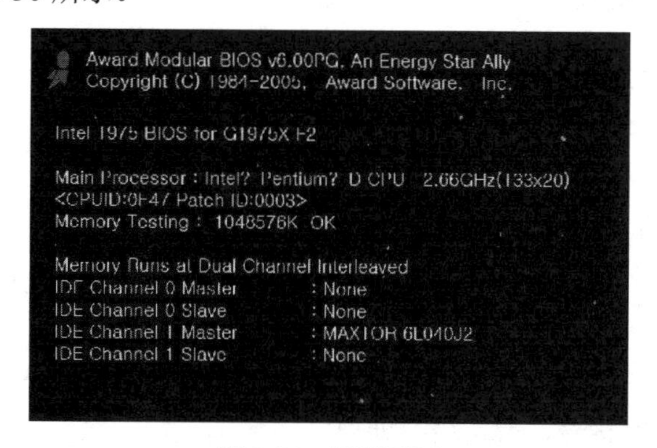

图3-30　开机画面

提示：每当计算机启动后，基本输入/输出系统都会执行一次 POST 自检，这是一项检查显卡、CPU、内存、IDE 和 SATA 设备以及其他重要部件能否正常工作的系统性测试。

但是，如果在打开主机电源开关后，没有任何反应，也没有提示音，则表明计算机的组装过程出现了问题（在配件无误情况下）。此时，用户可以按照以下顺序进行检查，以便迅速确认问题原因并排除故障。

（1）确认交流电能正常工作，检查电压是否正常。

（2）确认已经给主机电源供电。

（3）检查主板供电插头是否安装好。

（4）检查主板上的 POWER SW 接线是否正确。

（5）检查内存安装是否正确。

（6）检查显卡安装是否正确。

（7）确认显示器信号线连接正确，检查显示器是否供电。

（8）用替换法检查显卡是否有问题（在另一台正常的计算机中使用该显卡）。

（9）用替换法检查显示器是否有问题。

3.3 初识 BIOS

3.3.1 BIOS 的基本概念

BIOS 是 Basic Input Output System（基本输入/输出系统）的缩写，就是被“固化”在计算机硬件中的一组程序。它负责开机时对系统的各项硬件进行初始化设置和测试，以确保系统能够正常工作。若硬件不正常则立即停止工作，并把出错的设备信息反馈给用户。BIOS 包含了系统加电自检（POST）程序模块、系统启动自检程序模块，这些程序模块主要负责主板与其他计算机硬件设备通信的自检。

3.3.2 BIOS 的功能

BIOS 实际上相当于计算机硬件与软件程序之间的一座桥梁，它本身其实就是一个程序，也可以说是一个软件，其主要功能如下。

1. 自检

计算机刚接通电源时对硬件部分的检测，也叫作加电自检，一旦在自检中发现问题，系统将给出提示信息或鸣笛警告。自检中如发现有错误，将按两种情况处理：对于严重故障（致命性故障）则停机，此时由于各种初始化操作还没完成，不能给出任何提示或信号；对于非严重故障则给出提示或声音报警信号，等待用户处理。

2. 初始化

初始化包括创建中断向量、设置寄存器、对一些外部设备进行初始化和检测等。其中很重要的一部分是 BIOS 设置，主要是对硬件设置的一些参数，当计算机启动时会读取这些参数，并和实际的硬件设置进行比较，如果不符合，会影响系统的启动。

3. 引导

这部分完成引导操作系统。BIOS 硬盘的开始扇区读取引导记录，如果没有找到，则会在显示器上显示没有引导设备；如果找到引导记录会把计算机的控制权转给引导记录，由引导记录把操作系统装入计算机，在计算机启动成功后，BIOS 的任务即已完成。

3.3.3 BIOS 的常见类型

目前常见的主板 BIOS 有 Award BIOS、AMI BIOS 和 Phoenix BIOS 3 种类型。

1. Award BIOS

Award BIOS 是由 Award Software 公司开发的 BIOS 产品，其设置主界面如图 3-31 所示。在 Phoenix 公司与 Award 公司合并前，Award BIOS 便被大多数台式机主板采用。两家公司合并后，Award BIOS 也被称为 Phoenix-Award BIOS。但由于 Award BIOS 里面的信息都是基于英文且需要用户对相关专业知识的理解相对深入，使得普通用户设置起来感到非常困难。

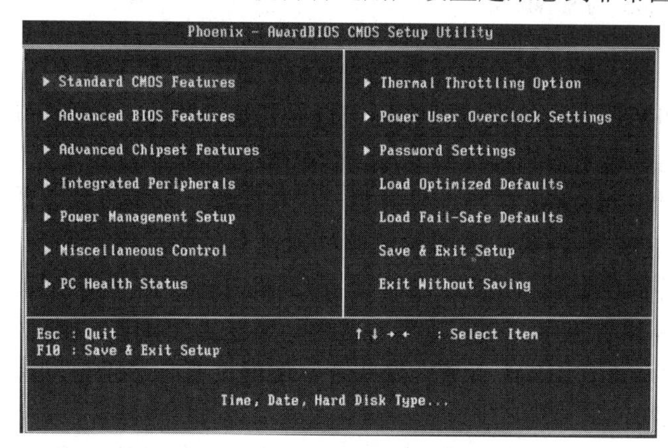

图 3-31 Award BIOS 主界面

2. AMI BIOS

AMI 公司成立于 1985 年，早期的计算机大多采用 AMI BIOS，它对各种软件、硬件的适应性好，能保证系统性能的稳定性；但后来逐渐被 Award BIOS 取代。

3. Phoenix BIOS

从性能和稳定性看，Phoenix BIOS 要优于 Award BIOS 和 AMI BIOS，因此被广泛应用于服务器系统、品牌机和笔记本电脑上。Phoenix BIOS 的设置主界面如图 3-32 所示。

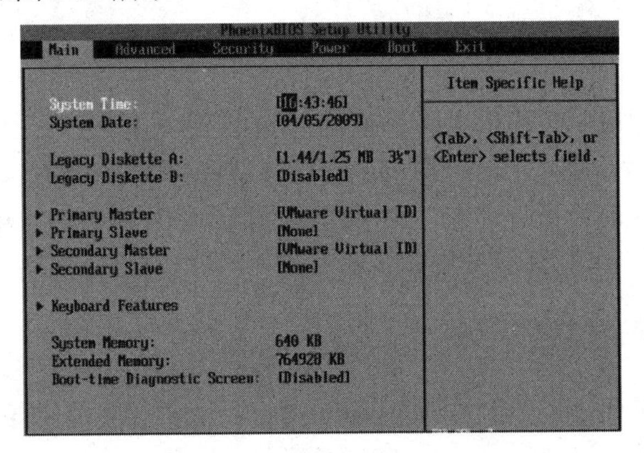

图 3-32　Phoenix BIOS 主界面

提示：除主板外，计算机的其他硬件，如显卡、网卡、硬盘等也有 BIOS。但是，如果每种硬件都安装自己的 BIOS，不但会增加成本，还会导致系统兼容性差；因此，一般都将其他硬件的 BIOS 整合到主板 BIOS 内。只有某些特殊硬件，如显卡，才以外部 BIOS 的形式出现。显卡 BIOS 固化在显卡的 BIOS ROM 芯片上，通过它可升级显卡。

3.3.4　BIOS 与 CMOS

CMOS 是主板上的一块可读写的 RAM 芯片，主要用来保存当前系统的硬件配置和某些参数的设定。它由一块后备电池供电，因此无论是在关机状态中，还是遇到系统掉电的情况，CMOS 信息都不会丢失。

由于 CMOS RAM 芯片本身只是一块存储器，只具有保存数据的功能，所以对 CMOS 中各项参数的设定都要通过专门的程序。现在多数厂家将 CMOS 设置程序做到了 BIOS 芯片中，在开机时通过按下某个特定的键就可进入 CMOS 设置程序，从而非常方便地对系统进行设置，因此这种 CMOS 设置通常又被叫作 BIOS 设置。这些特定按键主要有 Delete、Esc、F1、F2、F11、F12 等。

BIOS 与 CMOS 既相关又不同，BIOS 中的系统设置程序是完成 CMOS 参数设置的手段，CMOS RAM 既是 BIOS 设置系统参数的存放场所，又是 BIOS 设置系统参数的结果。因此，完整的说法是“通过 BIOS 设置程序对 CMOS 参数进行设置”。由于 BIOS 和 CMOS 都跟系统设置密切相关，所以在实际使用过程中造成了 BIOS 设置和 CMOS 设置的说法，其实指的是同一事物，但 BIOS 与 CMOS 却是两个完全不同的概念。

3.4　初识 UEFI

3.4.1　什么是 UEFI

UEFI（Unified Extensible Firmware Interface）又称统一可扩展固件接口。它是一种个人计算机系统规格，用来定义操作系统与系统固件之间的软件界面，作为 BIOS 的替代方案。

可扩展固件接口负责加电自检（POST）、连接操作系统以及提供连接操作系统与硬件的接口。这种接口用于操作系统自动从预启动的操作环境加载到一种操作系统上，从而使开机程序化繁为简，节省时间。

从图 3-33 所示的两种开机流程可以看出，UEFI 启动大大简化了开机流程，节约了启动时间，目前基本上已经成为主流的 BIOS 启动方式。

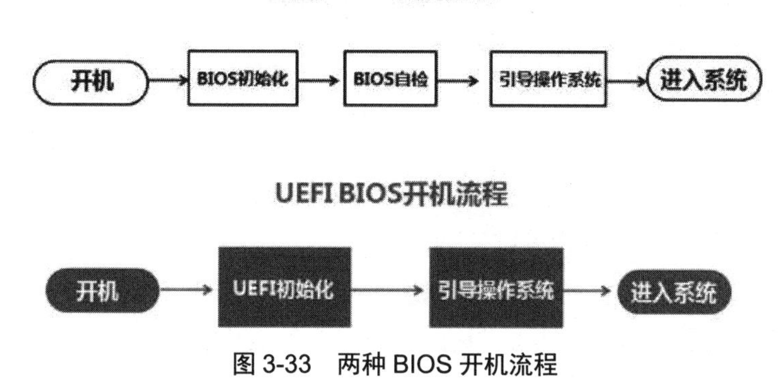

图 3-33　两种 BIOS 开机流程

3.4.2　开启 UEFI 模式

开机按快捷键进入 BIOS，选择 Boot 命令，可以看到有 LEGACY only、UEFI only 和 UEFI and LEGACY 3 种选项，若是单一的 UEFI 启动环境，选择 UEFI only 命令即可；若想支持 UEFI，又想支持传统 BIOS 启动，选择 UEFI and LEGACY 命令即可。

3.4.3　UEFI Boot 启动流程

UEFI Boot 启动流程遵从 PI 标准，分为 7 个阶段，如图 3-34 所示。

1．SEC 阶段（安全验证）

（1）接收系统的启动、重启、异常信号。

（2）Cache AS RAM（CAR），在 Cache 上开辟一段空间作为内存使用（此时内存还没初始化，相关 C 语言运行需要内存和栈的空间）。

（3）传递系统参数给 PEI 阶段。

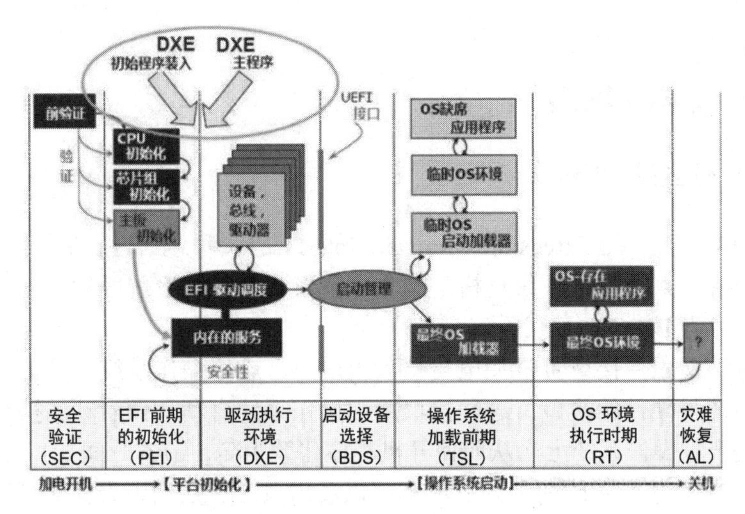

图 3-34　UEFI boot 启动详细流程

2．PEI 阶段（EFI 前期的初始化）

此阶段主要是为 DXE 阶段做相关准备工作。

（1）做 CPU 和相关硬件的初始化，最主要的是内存初始化。

（2）将 DXE 阶段需要的参数以 HOB 列表形式进行封装，并传递给 DXE 阶段。

3．DXE 阶段（驱动执行环境）

此阶段主要是进行大量的驱动加载和初始化工作。

（1）通过对固件中所有 Driver（驱动）的遍历。

（2）当 Driver 都被执行完成后，系统即完成了初始化。

4．BDS 阶段（启动设备选择）

此阶段主要初始化控制台设备。

（1）加载必要的设备驱动。

（2）根据用户选择执行相应启动项。

5．TSL 阶段（操作系统加载前期）

此阶段是 OS Loader（操作系统加载）执行的第一个阶段。

（1）为 OS Loader 准备执行环境。

（2）OS Loader 调用 EXITBootService 结束启动服务。

（3）进入 RT（RunTime）阶段。

6．RT 阶段（OS 环境执行时期）

此阶段主要是 RT 随着操作系统运行提供相应的服务。

（1）OS 已经完全获得控制权，RT 会清理和回收一些之前 UEFI 占用的资源。

（2）这一阶段运行出现错误时，将进入AL修复阶段。

7. AL阶段（灾难恢复）

此阶段主要根据厂家定义的修复方案进行，UEFI未进行相关规定。

3.5 Award BIOS设置

3.5.1 Award BIOS主菜单

在计算机刚启动出现开机画面时，按下Delete（或者Del）键不放手直到进入BIOS设置，可以看到以下菜单信息。

（1）Standard CMOS Features（标准CMOS功能设定）。

（2）Advanced BIOS Features（高级BIOS功能设定）。

（3）Advanced Chipset Features（高级芯片组功能设定）。

（4）Integrated Peripherals（外部设备设定）。

（5）Power Management Setup（电源管理设定）。

（6）PnP/PCI Configurations（即插即用/PCI参数设定）。

（7）Frequency/Voltage Control（频率/电压控制）。

（8）Load Fail-Safe Defaults（载入最安全的默认值）。

（9）Load Optimized Defaults（载入高性能默认值）。

（10）Set Supervisor Password（设置超级用户密码）。

（11）Set User Password（设置用户密码）。

（12）Save & Exit Setup（保存后退出）。

（13）Exit Without Saving（不保存退出）。

3.5.2 Award BIOS设置的操作方法

1. Standard CMOS Features

在主菜单中用方向键选择Standard CMOS Features命令，然后按Enter键，即进入Standard CMOS Features项子菜单，如图3-35所示。

1）Date（mm:dd:yy）（日期设定）

设定计算机中的日期，格式为“星期，月/日/年”。

2）Time（hh:mm:ss）（时间设定）

设定计算机中的时间，格式为“时/分/秒”。

3）IDE Primary Master（第一主IDE控制器）

设定主硬盘型号。按Page Up或Page Down键选择硬盘类型：Press Enter、Auto或None。如果光标移动到Press Enter项按Enter键后会出现一个子菜单，显示当前硬盘信息；Auto是自动设定；None是设定为没有连接设备。

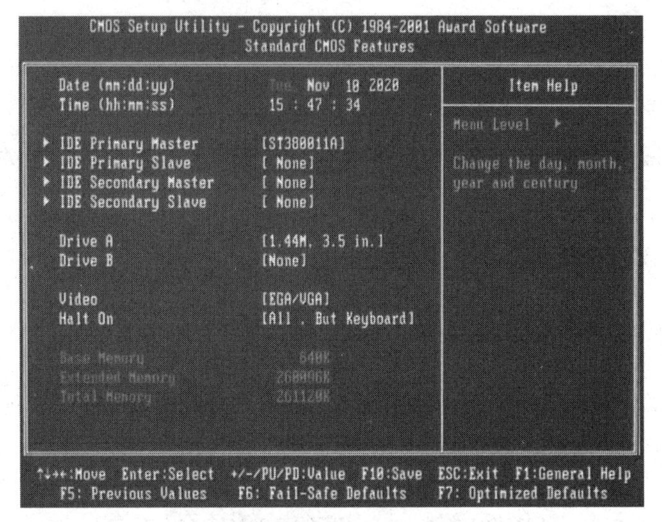

图 3-35 标准 CMOS 功能设定

4）IDE Primary Slave（第一从 IDE 控制器）

设定从硬盘型号。设置方法参考上一设备。

5）IDE Secondary Master（第二主 IDE 控制器）

设定主光驱型号。设置方法参考上一设备。

6）IDE Secondary Slave（第二从 IDE 控制器）

设定从光驱型号。设置方法参考上一设备。

7）Halt On（停止引导设定）

设定系统引导过程中遇到错误时，系统是否停止引导。可选项如下。

（1）All Errors：侦测到任何错误，系统停止运行，等候处理，此项为默认值。

（2）No Errors：侦测到任何错误，系统都不会停止运行。

（3）All, But Keyboard：除键盘错误外侦测到任何错误，系统停止运行。

（4）All, But Diskette：除磁盘错误外侦测到任何错误，系统停止运行。

（5）All, But Disk/Key：除磁盘和键盘错误外侦测到任何错误，系统停止运行。

8）Base Memory（基本内存容量）

此项用来显示基本内存容量。

9）Extended Memory（扩展内存）

此项用来显示扩展内存容量。

10）Total Memory（总内存）

此项用来显示总内存容量。

2．Advanced BIOS Features

在主菜单中用方向键选择 Advanced BIOS Features 命令，然后按 Enter 键，即进入 Advanced BIOS Features 项子菜单，如图 3-36 所示。

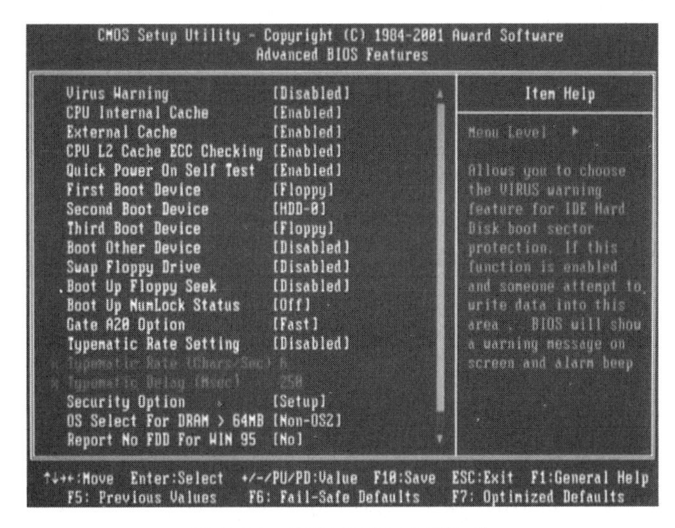

图 3-36 高级BIOS功能设定

1）Virus Warning（病毒报警）

在系统启动时或启动后，如果有程序企图修改系统引导扇区或硬盘分区表，BIOS会在屏幕上显示警告信息，并发出蜂鸣报警声，使系统暂停。设定值有Disabled（禁用）和Enabled（开启）。

2）CPU Internal Cache（CPU内置高速缓存设定）

设置是否打开CPU内置高速缓存。默认设为打开。

3）External Cache（外部高速缓存设定）

设置是否打开外部高速缓存。默认设为打开。

4）CPU L2 Cache ECC Checking（CPU二级高速缓存奇偶校验）

设置是否打开CPU二级高速缓存奇偶校验。默认设为打开。

5）Quick Power On Self Test（快速检测）

设定BIOS是否采用快速POST方式，也就是简化测试的方式与次数，让POST过程所需时间缩短。无论设成Enabled或Disabled，当POST进行时，仍可按Esc键跳过测试，直接进入引导程序。默认设为禁用。

6）First Boot Device（设置第一启动盘）

设定BIOS第一个搜索载入操作系统的引导设备。

7）Second Boot Device（设置第二启动盘）

设定BIOS在第一启动盘引导失败后，第二个搜索载入操作系统的引导设备。

8）Third Boot Device（设置第三启动盘）

设定BIOS在第二启动盘引导失败后，第三个搜索载入操作系统的引导设备。

9）Boot Other Device（其他设备引导）

将此项设置为Enabled，允许系统在从第一/第二/第三设备引导失败后，尝试从其他设备引导。

10）Boot Up NumLock Status（初始数字小键盘的锁定状态）

此项用来设定系统启动后，键盘右边小键盘是数字还是方向状态。当设置为 On 时，系统启动后将打开 Num Lock，小键盘数字键有效。当设置为 Off 时，系统启动后 Num Lock 关闭，小键盘方向键有效。

11）Typematic Rate Setting（输入速率设定）

此项用来控制字符输入速率。

12）Typematic Rate (Chars/Sec)（字符输入速率）

Typematic Rate Setting 选项启用后，可以设置键盘加速度的速率。设置值为 6、8、10、12、15、20、24、30。

13）Typematic Delay (Msec)（字符输入延迟）

Typematic Rate Setting 选项禁用后，该项无效；此项允许选择键盘第一次按下去和加速开始间的延迟。设置值为 250、500、750 和 1000。

14）Security Option（安全选项）

当设置值为 System 时，无论是开机还是进入 CMOS SETUP 都要输入密码；当设置值为 Setup 时，只有在进入 CMOS SETUP 时才要求输入密码。

3．Advanced Chipset Features

在主菜单中用方向键选择 Advanced Chipset Features 命令，然后按 Enter 键，即进入 Advanced Chipset Features 项子菜单，如图 3-37 所示。

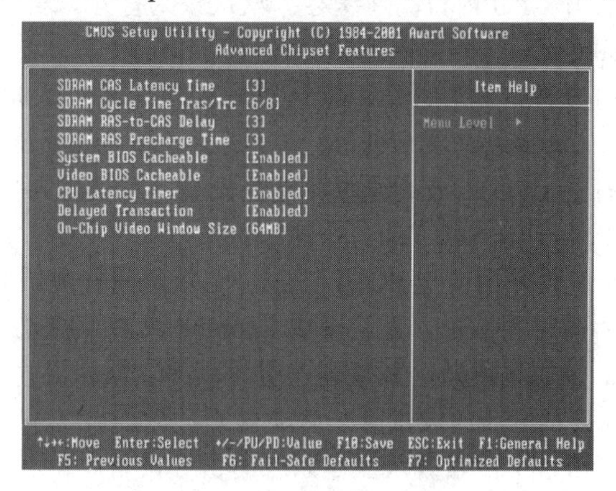

图 3-37 高级芯片组功能设定

1）SDRAM CAS Latency Time（CAS 延时时间）

纵向地址脉冲延迟时间，一般为 2ns 或 3ns。

2）SDRAM Cycle Time Tras/Trc（内存 Tras/Trc 时钟周期）

CPU 读取 SDRAM 的时间设定，主要是影响从 SDRAM 读取和存储数据的速度。

3）SDRAM RAS-to-CAS Delay（从 CAS 脉冲信号到 RAS 脉冲信号之间延迟的时钟周期数设置）

此项允许设定在向 DRAM 写入、读出或刷新时，从 CAS 脉冲信号到

RAS 脉冲信号之间延迟的时钟周期数。更快的速度可以增进系统的性能表现，而相对较慢的速度可以提供更稳定的系统表现。设定值有 3 和 2（clocks）。

4）SDRAM RAS Precharge Time（RAS 预充电）

此项用来控制 RAS（Row Address Strobe）预充电过程的时钟周期数。如果在 DRAM 刷新前没有足够的时间给 RAS 积累电量，刷新过程可能无法完成且 DRAM 将不能保持数据。

5）On-Chip Video Window Size（显存容量）

显卡缓存增大可改善画面质量，但同时以减少可用物理内存为代价。

4. Integrated Peripherals

在主菜单中用方向键选择 Integrated Peripherals 命令，然后按 Enter 键，即进入 Integrated Peripherals 项子菜单，如图 3-38 所示。

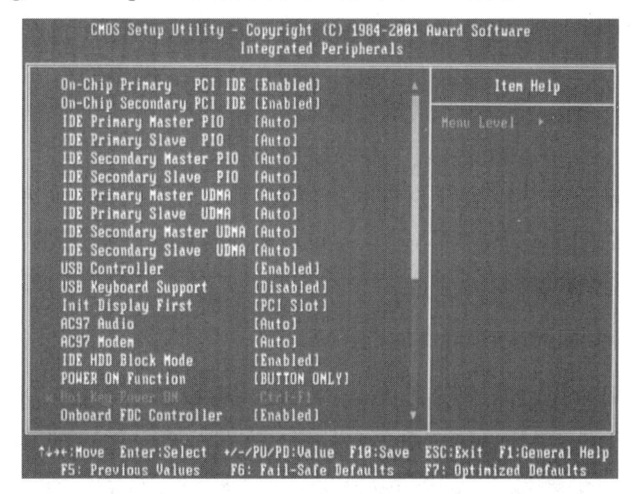

图 3-38 外部设备设定

1）On-Chip Primary PCI IDE（板载第一条 PCI 插槽设定）

选择 Enabled 命令激活第一个 PCI IDE 通道。

2）On-Chip Secondary PCI IDE（板载第二条 PCI 插槽设定）

选择 Enabled 命令激活第二个 PCI IDE 通道。

3）IDE Primary Master PIO（IDE 第一主 PIO 模式设置）

设置每一个 IDE 设备的 PIO 模式（0～4）。在 Auto 模式中，系统自动决定每个设备工作的最佳模式。

4）IDE Primary Slave PIO（IDE 第一从 PIO 模式设置）

设置方法同上。

5）IDE Secondary Master PIO（IDE 第二主 PIO 模式设置）

设置方法同上。

6）IDE Secondary Slave PIO（IDE 第二从 PIO 模式设置）

设置方法同上。

7）USB Controller（USB 控制器设置）

选择 Enabled 命令可以打开板载 USB 控制器。

8）USB Keyboard Support（USB 键盘控制支持）

选择 Enabled 命令可以打开板载 USB 键盘控制器。

9）Init Display First（开机时的第一显示设置）

选择开机初始显示画面。

10）AC97 Audio（设置是否使用芯片组内置 AC97 音效）

选择是否打开板载声卡音效。

11）IDE HDD Block Mode（IDE 硬盘块模式）

设置是否打开硬盘块模式。

12）Onboard Serial Port 1/2（内置串行口设置）

此项规定主板串行端口 1（COM 1）和串行端口 2（COM 2）的基本 I/O 端口地址和中断请求号。选择 Auto 命令，允许 AWARD 自动决定恰当的基本 I/O 端口地址。设定值有 Auto、3F8/IRQ4、2F8/IRQ3、3E8/COM4、02E8/ COM3、Disabled。

13）Onboard Parallel Port（并行端口设置）

此项规定板载并行接口的基本 I/O 端口地址。选择 Auto 命令，允许 BIOS 自动决定恰当的基本 I/O 端口地址。设定值有 Auto、378/IRQ7、278/IRQ5、3BC/IRQ7、Disabled。

5. Power Management Setup

在主菜单中用方向键选择 Power Management Setup 命令，然后按 Enter 键，即进入 Power Management Setup 项子菜单，如图 3-39 所示。

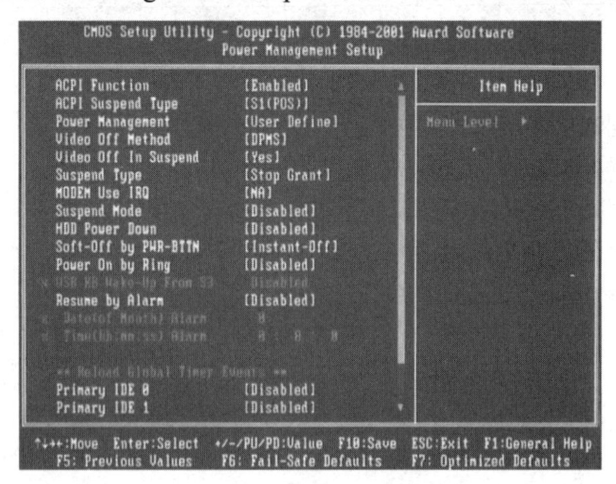

图 3-39 电源管理设定

1）ACPI Function（设置是否使用 ACPI 功能）

当选择 Enabled 命令时，操作系统可以根据设备实际情况和需要把不同的硬件设备关闭。

2）ACPI Suspend Type（ACPI 挂起类型）

设定 ACPI 功能的节电模式。

3）Power Management（电源管理方式）

选择节电的类型。设定值如下。

（1）User Define（用户自定义）。

（2）Min Saving（停用 1 小时进入省电功能模式）。

（3）Max Saving（停用 10 秒进入省电功能模式）。

4）Suspend Mode（挂起方式）

设定计算机待机多久便进入 Suspend 省电状态。

5）HDD Power Down（硬盘电源关闭模式）

设置硬盘电源关闭模式计时器，当系统停止读或写硬盘时、计时器开始计时、过时后系统将切断硬盘电源。一旦又有读写硬盘命令执行时，系统将重新开始运行。

6）Soft-Off by PWR-BTTN（软关机方式）

用于设置当在系统中单击“关闭计算机”按钮或运行关机命令后，关闭计算机的方式。设定值有 Instant-off（立即关闭）和 Delay 4 Sec（延迟 4 秒后关机）。

6. PnP/PCI Configurations

在主菜单中用方向键选择 PnP/PCI Configurations 命令，然后按 Enter 键，即进入 PnP/PCI Configurations 项子菜单，如图 3-40 所示。

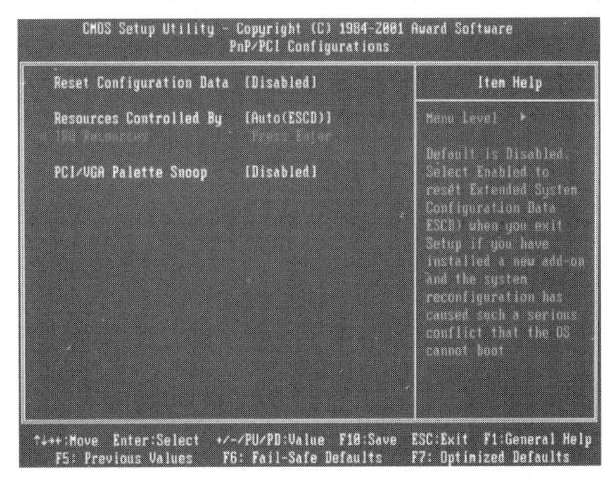

图 3-40 PnP/PCI 参数设定

1）Reset Configuration Data（重置配置数据）

如果安装了一个新的板卡，导致系统在重新配置后产生冲突，可将此项设置为 Enabled，重置扩展系统配置数据。

2）Resources Controlled By（资源控制）

设置是否自动分配外接板卡占用资源，一般选择自动分配即可。

3）IRQ Resources（IRQ 资源）

设置外接板卡的中断请求序号。设置时应注意避免引起中断冲突。

7. Frequency/Voltage Control

在主菜单中用方向键选择 Frequency/Voltage Control 命令，然后按 Enter 键，即进入 Frequency/Voltage Control 项子菜单，如图 3-41 所示。

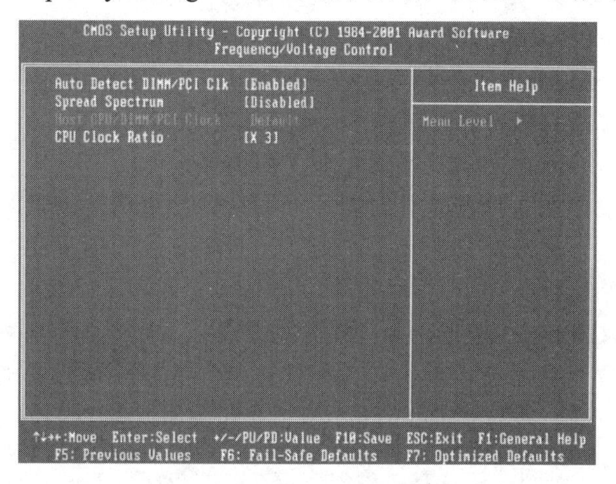

图 3-41　频率/电压控制

1）Auto Detect DIMM/PCI Clk（自动侦测 DIMM/PCI 时钟频率）

当设置为 Enabled 时，系统会自动检测安装的 DIMM 内存条或 PCI 卡，然后提供合适的时钟。

2）Host CPU/DIMM/PCI Clock（CPU 主频 DIMM 内存/PCI 时钟频率）

设定 CPU 的前端系统总线频率、内存条时钟频率和 PCI 总线频率，一般选择默认即可。

3）CPU Clock Ratio（CPU 倍频设定）

设置 CPU 倍频参数，一般选择默认即可。

8. Load Fail-Safe Defaults

如果修改了 BIOS 的设置，引起了系统不稳定或者硬件工作不正常，可以使用此项载入最安全设置。

9. Load Optimized Defaults

如果修改了 BIOS 的设置，引起了系统不稳定或者硬件工作不正常，可以使用此项载入最优化设置。

10. Set Supervisor Password

设置超级用户密码，设置此项密码不仅可以起到开机加密的效果，当进入 BIOS 设置时也需要此密码。

11. Set User Password

设置用户密码，此密码仅开机检测时需要。

12. Save & Exit Setup

保存后退出。当所有参数设置完毕，可以选择此项退出，系统重启后参数生效。

13. Exit Without Saving

不保存退出。当参数设定错误或者不需要保存设定参数时，选择此项退出。

3.6 ASUS BIOS 设置

3.6.1 认识 ASUS（华硕）BIOS

ASUS（华硕）计算机主板一般按 Delete 键进入 BIOS，进入后，主界面如图 3-42 所示。

图 3-42　ASUS BIOS 主界面

ASUS EFI BIOS 默认启动 EZ Mode（简易界面）。最上方是包括时间日期以及基本配置的系统信息；下来是温度、电压以及风扇转速等相关信息；中间则是 3 个系统优化选项，提供了省电、一般和最优化选项；最下面是独特的启动顺序调节区。用鼠标打开右上角语言的下拉菜单，可选择对应的语言。

系统优化选项界面简单，分节能、标准、最优化 3 项，使用鼠标即可打开相应选项。

对于启动项的设置（如硬盘、U 盘、光盘等），使用鼠标将要使用的第一启动设备拖到前面即可。

ASUS 主板高级设置页面包括概要、AI Tweaker（超频）、高级、监控、启动、工具等。

3.6.2 ASUS BIOS 设置

1. 概要

“概要”选项卡是主板的基本概述，包括 BIOS 信息、BIOS 版本、建立日期、CPU 信息、Brand String、速度、Total Memory、语言、系统日期、系统时间、访问权限、安全性等，如图 3-43 所示。打开系统语言后面的选项框可以设置 BIOS 设置页面的语言。打开系统日期、系统时钟后面选项可以使用键盘设置主板的日期和时间。切换至“安全性”页面，可以设置管理员密码和用户密码。

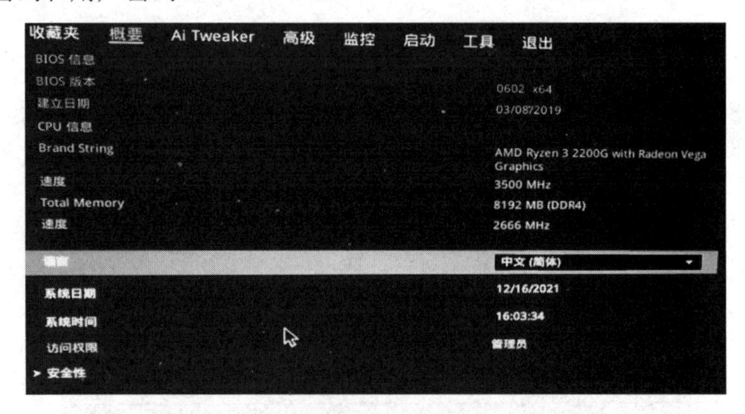

图 3-43 概要

2. AI Tweaker

选择 AI Tweaker 选项卡进入超频选项调整。使用鼠标选择相应的项目；然后输入相关参数即可，一般采用默认的参数。超频设置页可以对内存频率、内存时序控制、DRAM 电压等进行调节，如图 3-44 所示。

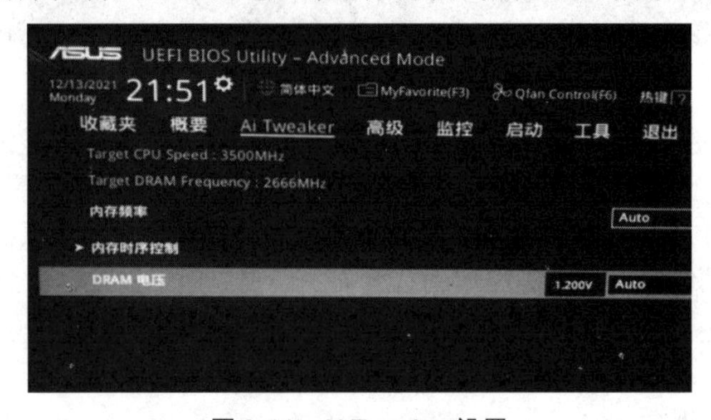

图 3-44 AI Tweaker 设置

3. 高级

“高级”选项卡包括 AMD fTPM configuration、CPU Configuration、NB Configuration、SATA Configuration、内置设备、高级电源管理（APM）等，如图 3-45 所示。

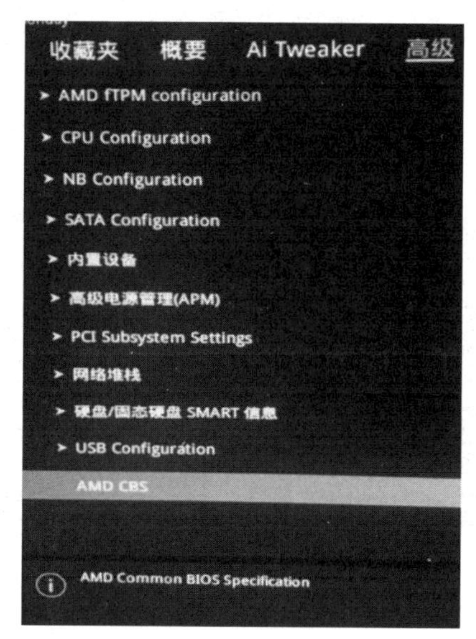

图 3-45　高级选项设置

1）CPU 设置

用鼠标单击 CPU Configuration 进入 CPU 设置页面，页面上部显示 CPU 相关信息，下部是 CPU 工作模式、电压等相关设置，一般保持默认就好，如图 3-46 所示。

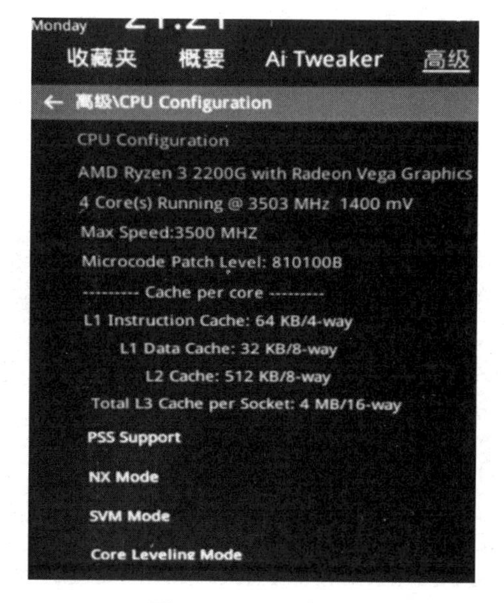

图 3-46　CPU 设置

2）SATA 设置

SATA（接口）模式有 IDE、AHCI、和 RAID 3 种，一般建议设置为 AHCI 模式，多个硬盘可以设置为 RAID 模式，如图 3-47 所示。

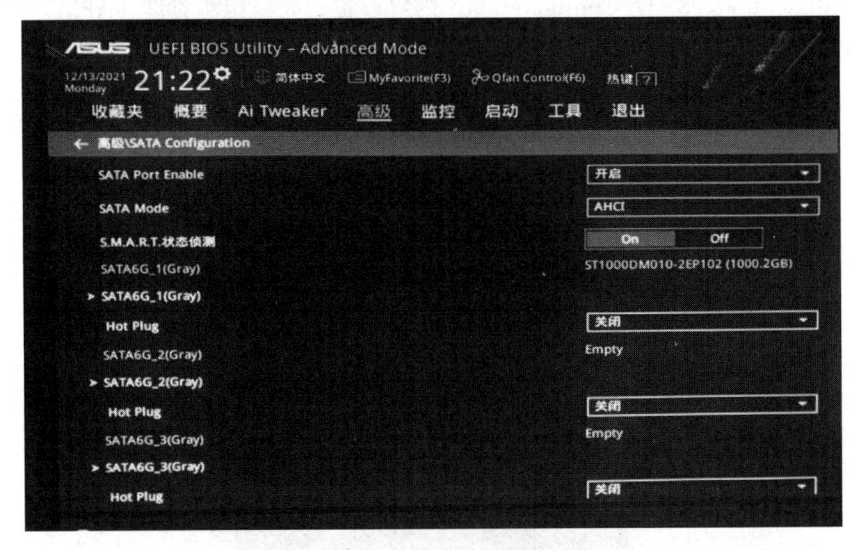

图 3-47　SATA 设置

3）USB 设置

在 USB 设置页面可以选择“关闭”或“打开全部或者部分 USB 端口”选项。

4）北桥设置

单击 NB Configuration 进入北桥设置页面。北桥设置包括多显示设备支持、主显示设备、共享系统内存设置等，如图 3-48 所示。使用多显示设备时，IGFX Multi-Monitor 设置为打开。Primary Video Device 一般有两个选项：PCIE 视频和 IGFX 视频。当选择主显示设备为独立显卡时，该选项选择 PCIE 视频。当选择 IGFX 视频时，表示启用核显功能，也就是集成显卡作为主视频设备。UMA Frame Buffer Size 表示共享系统内存大小，其大小一般为 32MB～2GB 不等。该选项一般在启用集成显卡时有效，对独立显卡意义不大。

图 3-48　北桥设置

5）内置设备设置

此选项可以对网卡、声卡、并口、USB 端口等设备进行参数设置，如图 3-49 所示。通过此页面可以开启或者关闭相关的设备。

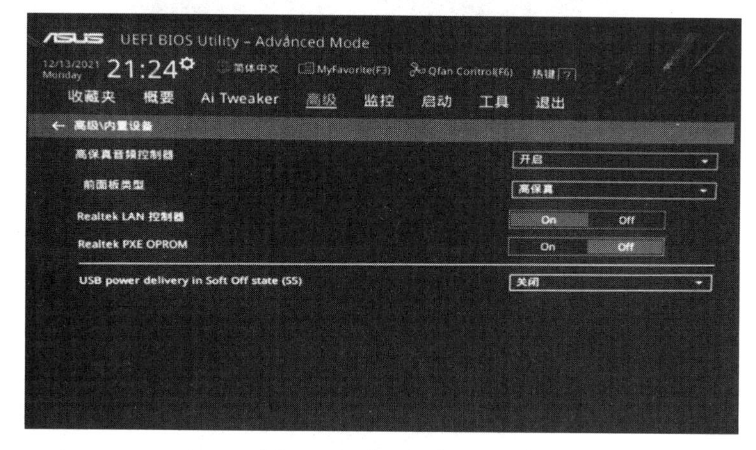

图 3-49　内置设备设置

6）高级电源管理（APM）

通过此选项可以设置主板唤醒功能。当需要使用指定的设备进行开机时，只要将对应设备后面的选项设置为打开即可，一般均设置为关闭，如图 3-50 所示。

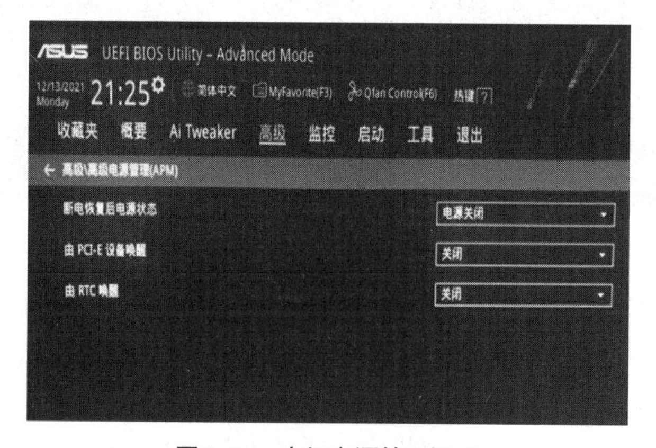

图 3-50　高级电源管理设置

4．监控

“监控”选项卡可以查看电压、温度、转速，设置风扇的工作模式和电源保护，如图 3-51 所示。

5．启动

“启动”选项卡用于设置开机时显示的内容、小键盘的开关等，如图 3-52 所示。如“启动图标显示”设置为开启时，主板开机会显示 ASUS

的 Logo。“若出现错误等待按下 F1 键”设置为开启时，主板检查有问题会显示报错并提示等待按下 F1 键。

图 3-51　监控界面

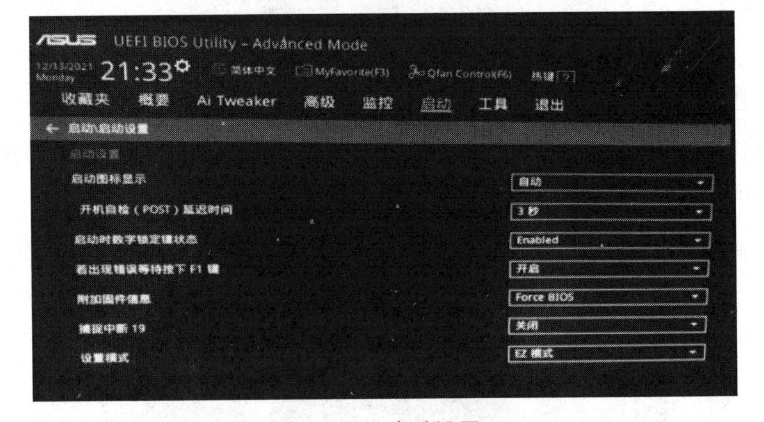

图 3-52　启动设置

6．工具

“工具”选项卡主要用于 ASUS 主板 BIOS 升级。最后设置完成后单击右上角的“退出”按钮，在弹出菜单中选择“保存变更并重头设置”命令，然后再选择“是”命令，计算机会重新启动完成 ASUS 主板的 BIOS 设置。

练习与提高

一、填空题

1．主板或其他板卡上大都会有一些由两根或 3 根金属针组成的针式开关结构。这些针式的开关结构被称为_________，而跳线帽则是安装在这些_________上的帽形连接器。

2．_________的作用是填满 CPU 与散热器之间的空隙，以便 CPU 发出的热量能够尽快传至散热片。

3．在装机前用手触摸一下接地的导体或洗手是为了_________，以免造成设备损坏。

4．目前 CPU 插座上的压力杆统一采用了_________（零插拔力插座），以便用户更为轻松地安装或拆卸 CPU。

5．如今的主流显卡已经全部采用了_________总线接口，其高效的数据传输能力暂时缓解了图形数据的传输瓶颈。

6．主板电源使用双排 24 针的长方形接头，而 CPU 电源则使用双排_________针的正方形接头。

7．VGA 数据线的接头采用了_________的防插错设计，安装时需要注意插头的方式。

8．BIOS 的功能包括 3 部分，即_________、_________和_________。

二、选择题

1．在组装计算机的过程中，不属于必备工具的是（　　）。

A．螺钉旋具　　B．尖嘴钳
C．镊子　　D．剪刀

2．在装机时，用于固定该机箱两侧面板与电源的是（　　）。

A．铜柱　　B．粗牙螺丝钉
C．细牙螺丝钉（长型）　　D．细牙螺丝钉（短型）

3．光驱安装在机箱上半部的（　　）英寸驱动器托架内，安装前还需要拆除机箱前面板上的光驱挡板，然后将光驱从前面板上的缺口处放入机箱内部。

A．5.25　　B．6.25
C．3.5　　D．5.5

4．POST 自检的目的是（　　）。

A．检测计算机配件能否正常工作
B．检测计算机配件是否完整
C．检测计算机配置情况
D．检测计算机配置是否发生变化

5．（　　）是计算机中最为脆弱的部件之一。因此在安装时必须格外小心，以免因用力过大或其他原因而损坏。

A．主板　　B．CPU
C．硬盘　　D．内存条

6．由于目前市场上的常见主板大都集成了（　　）等设备，所以通常情况下无须再为计算机安装独立的声卡或网卡。

A．声卡、电视卡　　B．声卡、网卡
C．存储卡、网卡　　D．电视卡、显卡

三、问答题

1．简述 CPU 的安装流程和方法。
2．如何开机自检？
3．简述整个计算机的组装流程。
4．在 BIOS 中如何进行超频？

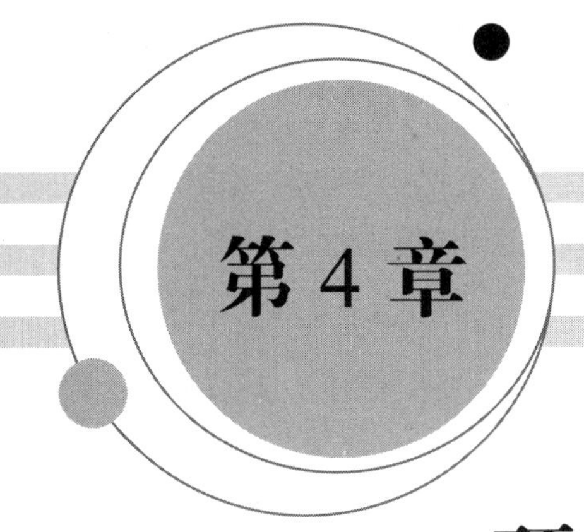

硬盘分区与格式化

学习目标

- ❑ 了解分区的概念及常见文件系统类型。
- ❑ 熟悉常用分区格式。
- ❑ 掌握 DiskGenius 软件的使用方法。
- ❑ 掌握磁盘管理器的使用方法。

4.1 硬盘分区格式概述

4.1.1 分区的概念及文件系统

1. 分区

硬盘分区是指在一块物理硬盘上创建多个独立的逻辑单元，以方便文件管理与使用，这些逻辑单元就是所谓的 C 盘、D 盘、E 盘等。硬盘分区实质上就是对硬盘的一种格式化。在分区之前，应该做一些准备及计划工作，包括一块硬盘要划分为几个分区，每个分区应该有多大的容量，以及每个分区准备使用什么文件系统等。对于某些操作系统而言，硬盘必须分区后才能使用，否则不能被识别。

2. 文件系统

文件系统是操作系统用于明确存储设备（常见的是磁盘，也有基于 NAND Flash 的固态硬盘）或分区上的文件的方法和数据结构，即在存储设备上组织文件的方法。从系统角度看，文件系统是对文件存储设备的空间进行组织和分配，负责文件存储并对存入的文件进行保护和检索的系统。它负责为用户建立文件、存入、读出、修改、转储文件，控制文件的存取，当用户不再使用时撤销文件等。

4.1.2 分区状态

分区主要有 3 种状态：主分区、扩展分区和逻辑分区。

1．主分区

主分区是一个比较单纯的分区，通常位于硬盘最前面一块区域中，构成逻辑 C 磁盘。其中的主引导程序是它的一部分，此段程序主要用于检测硬盘分区的正确性，并确定活动分区，负责把引导权移交给活动分区的 DOS 或其他操作系统。此段程序损坏将无法从硬盘引导，但从 U 盘或光驱引导之后可对硬盘进行读写。

2．扩展分区

扩展分区仅是一个指向下一个分区的指针，这种指针结构将形成一个单向链表。这样在主引导扇区中除主分区外，仅需要存储一个被称为扩展分区的分区数据，通过这个扩展分区的数据可以找到下一个分区（实际上也就是下一个逻辑磁盘）的起始位置，以此起始位置类推可以找到所有的分区。无论系统中建立多少个逻辑磁盘，在主引导扇区中通过一个扩展分区的参数就可以逐个找到每一个逻辑磁盘。

3．逻辑分区

逻辑分区是硬盘上一块连续的区域，一块硬盘可以有若干逻辑分区，逻辑分区的总和就是扩展分区。

主分区能够激活，通常用来引导系统。扩展分区本身并不能直接用来存放数据，逻辑分区是扩展分区进一步分割出来的区块，通常用来存储数据。如果将逻辑分区比作房间，那么扩展分区就好比客房区（包括若干个房间）。

4．主分区和活动分区

主分区也被称为主磁盘分区，是磁盘分区的一种类型，其主要作用是用来安装操作系统。一个硬盘最多可创建 4 个主分区。活动分区是基于主分区的，磁盘分区中的任意主分区都可以设置为活动分区。如果计算机上 4 个主分区都安装了不同的系统，那被标记为活动分区的主分区将用于初始引导，即启动活动分区内安装的系统。

4.1.3 分区类型

分区类型主要有两种，即 MBR 分区和 GUID 分区。

MBR（Master Boot Record）又称主引导记录，1983 年在 IBM PC DOS 2.0 中首次提出。MBR 存在于驱动器开始部分的一个特殊的启动扇区。这个扇区包含了已安装的操作系统的启动加载器和驱动器的逻辑分区信息。所谓启动加载器，是一小段代码，用于加载驱动器上其他分区上更大的加载器。如果安装了 Windows，那么 Windows 启动加载器的初始信息就放在这个区域里，如果 MBR 的信息被覆盖导致 Windows 不能启动，那么就需要使用 Windows 的 MBR 修复功能来使其恢复正常。MBR 支持最大 2TB 容量的磁盘，它无法处理大于 2TB 容量的磁盘。MBR 只支持最多 4 个主分区，如果想要更多分区，需要创建扩展分区，并在其中创建逻辑分区。

GPT 就是 GUID（Globally unique identifier，全局唯一标识符）分区表。这是一个正逐渐取代 MBR 的新标准。它和 UEFI 相辅相成，UEFI 用于取代老旧的 BIOS，而 GPT 则用于取代老旧的 MBR。它可以支持大容量的驱动器，同时还支持几乎无限个分区数量，最终数量仅受限于操作系统，而且不需要创建扩展分区。

在 MBR 磁盘上，分区和启动信息是保存在一起的，如果这部分数据被覆盖或破坏，计算机将无法正常启动。而 GPT 在整个磁盘上保存多个这部分信息的副本，因此它更为健壮，并可以恢复被破坏的这部分信息。GPT 还为这些信息保存了循环冗余校验码（CRC）以保证其完整和正确；如果数据被破坏，GPT 会从磁盘上的其他地方进行恢复。

4.1.4 分区格式

硬盘的分区格式有多种，现在最常用的类型是 NTFS 格式和 FAT32 格式。

1. NTFS 格式

NTFS 格式是 Windows NT 网络操作系统的硬盘分区格式，它具有安全的文件保障，提供文件加密，能够大幅提高信息的安全性，具有更好的磁盘压缩功能，支持最大 2TB 的硬盘，其最显著的优点是安全性和稳定性，在使用中不易产生文件碎片，对硬盘的空间利用及软件的运行速度都有好处。除 Windows NT 外，Windows 2000、Windows Server 2003、Windows XP、Windows Vista 和 Windows 7 均支持这种硬盘分区格式，且一般 Windows 7 系统安装均采用该分区格式。

2. FAT32 格式

FAT32 格式采用 32 位的文件分配表，使其对磁盘的管理能力大大增强，突破了 FAT16 对每一个分区的容量只有 2GB 的限制，在一个不超过 8GB 的分区中，FAT32 分区格式的每个簇容量都固定为 4KB，与 FAT16 相比，可以大大减少硬盘空间的浪费，提高了硬盘利用效率。支持这一磁盘分区格式的操作系统有 Windows XP、Windows Server 2003 和 Windows 7。

3. FAT16 格式

FAT16 又称 FAT 即文件分配表，它不支持长文件名，而且单个分区的最大容量为 2GB，一个“簇”（磁盘容量的最小单位）占用的空间为 16KB。由于 FAT16 文件系统浪费硬盘空间比较严重，基本已经被淘汰。

4.1.5 分区方法

给硬盘分区时需要用到分区软件，常用的分区软件主要有 DiskGenius、PatitionMagic、DM 和 Windows 自带的磁盘管理工具等，也可以在安装 Windows 操作系统时用安装程序进行分区。

4.2 用 DiskGenius 进行分区

4.2.1 程序界面介绍

DiskGenius 主界面由 3 部分组成，即硬盘结构图、分区目录层次图、分区参数图，如图 4-1 所示。

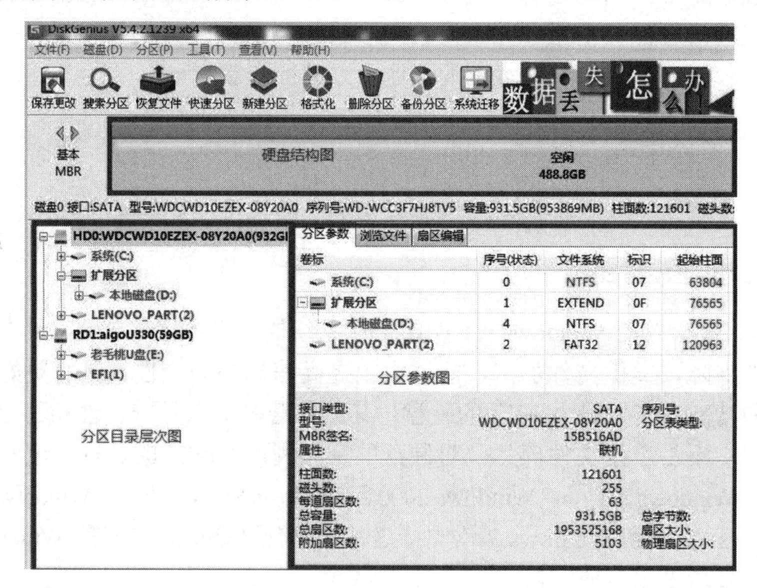

图 4-1 程序界面

1. 硬盘结构图

硬盘结构图显示当前硬盘的分区情况，包括每个分区的卷标、盘符、类型、大小。逻辑分区用网格表示，在结构图下方显示当前硬盘的常用参数。

2. 分区目录层次图

分区目录层次图显示分区的层次及分区内文件夹的树状结构。通过单击可切换当前硬盘、当前分区。也可单击文件夹以在右侧显示文件夹内的文件列表。

3．分区参数图

分区参数图在上方显示“当前硬盘”各个分区的详细参数（起止位置、名称、容量等），在下方显示当前所选择的分区的详细信息。

“当前硬盘”是指当前选择的硬盘。“当前分区”是指当前选择的分区。软件对硬盘或分区的多数操作都是针对“当前硬盘”或“当前分区”的操作。所以在操作前首先要选择“当前硬盘”或“当前分区”。

4.2.2　创建新分区

1．在磁盘空闲区域，建立新分区

（1）如果要建立主分区或扩展分区，首先要在硬盘分区结构图上选择要建立分区的空闲区域；如果要建立逻辑分区，要先选择扩展分区中的空闲区域。然后单击工具栏上的“新建分区”按钮，或依次选择“分区”→“建立新分区”命令，也可以在空闲区域上右击，然后在弹出的快捷菜单中选择“建立新分区”命令。程序会弹出“建立新分区”对话框，如图 4-2 所示。

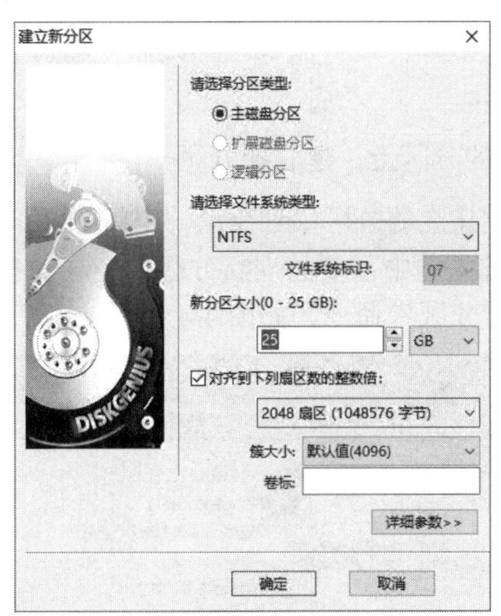

图 4-2　“建立新分区”对话框

（2）按需要选择分区类型、文件系统类型、输入分区大小后单击“确定”按钮即可建立分区。

对于某些采用了大物理扇区的硬盘，其分区应该对齐到物理扇区个数的整数倍，否则读写效率会下降。此时，应该选中“对齐到下列扇区数的整数倍”复选框并选择需要对齐的扇区数目。

如果需要设置新分区的更多参数，可单击“详细参数”按钮，以展开对话框进行详细参数设置，如图 4-3 所示。

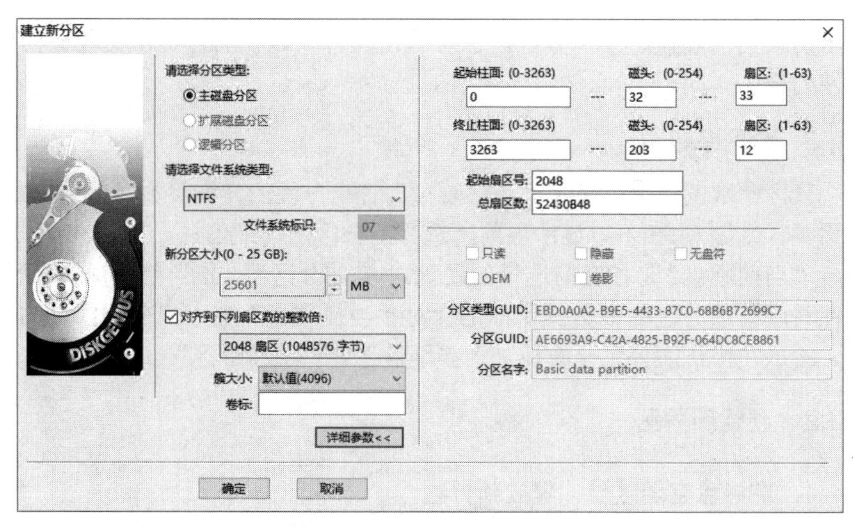

图 4-3　建立新分区详细参数

对于 GUID 分区表格式，还可以设置新分区的更多属性。设置完参数后单击“确定”按钮即可按指定的参数建立分区。

（3）新分区建立后并不会立即保存到硬盘，仅在内存中建立。执行“保存分区表”命令后才能在“此电脑”中看到新分区。这样做的目的是为了防止因误操作造成的数据破坏。要使用新分区，还需要在保存分区表后对其进行格式化。

2. 在已经建立的分区上，建立新分区

有时需要从已经建立的分区中划分出一个新分区，可以使用 DiskGenius 软件实现该功能。首先选中需要建立新分区的分区，右击，在弹出的快捷菜单中选择“建立新分区”命令，如图 4-4 所示。

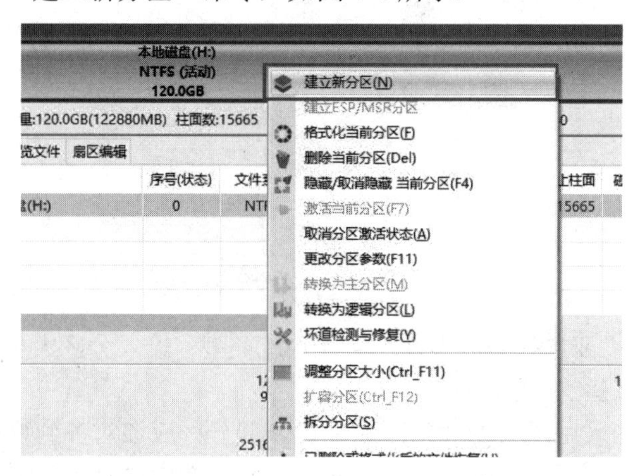

图 4-4　选择“建立新分区”命令

在弹出的“调整分区容量”对话框中，设置新建分区的位置与大小等参数，然后单击“开始”按钮，如图 4-5 所示。

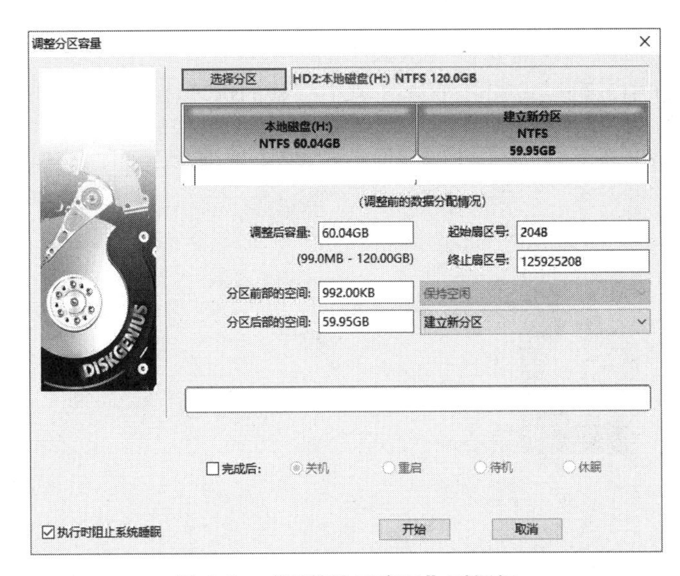

图 4-5　“调整分区容量”对话框

4.2.3　调整现有分区大小

（1）要想调整一个分区的大小，选中要调整大小的分区，右击，在弹出的快捷菜单中选择“调整分区大小”命令，如图 4-6 所示。

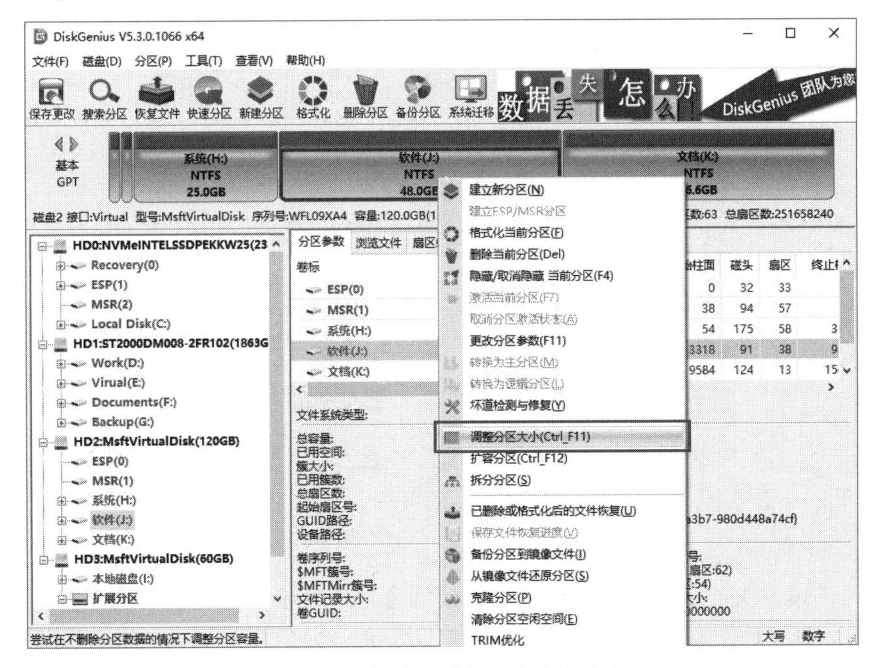

图 4-6　选择“调整分区大小”命令

一般情况下，调整分区的大小，通常都涉及两个或两个以上的分区。例如，要想将某分区扩大，通常还要同时将另一个分区缩小；要想将某个分区缩小，则通常还要同时将另一个分区扩大。在使用 DiskGenius 进行分区调整时，应该选择需要被调整大小的分区。在软件弹出的“调整分区容量”对话框中，可以设置各个分区大小调整的选项，如图 4-7 所示。

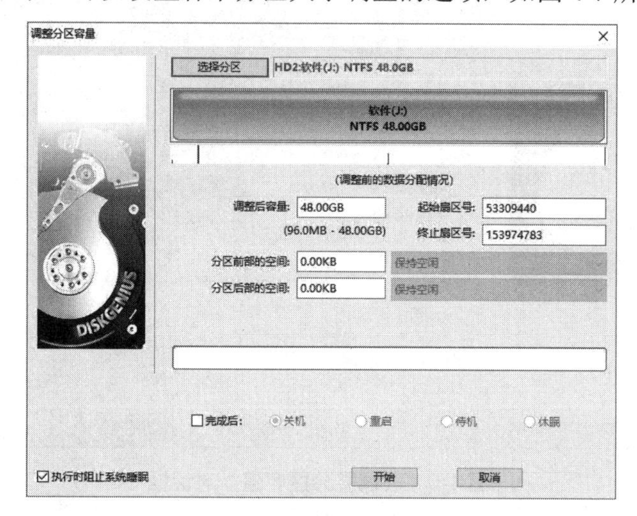

图 4-7　调整分区容量

（2）拖动分区前部或后部，设置需要调整的分区大小，然后在下拉列表框中选择如何处理这部分磁盘空间，如图 4-8 所示。

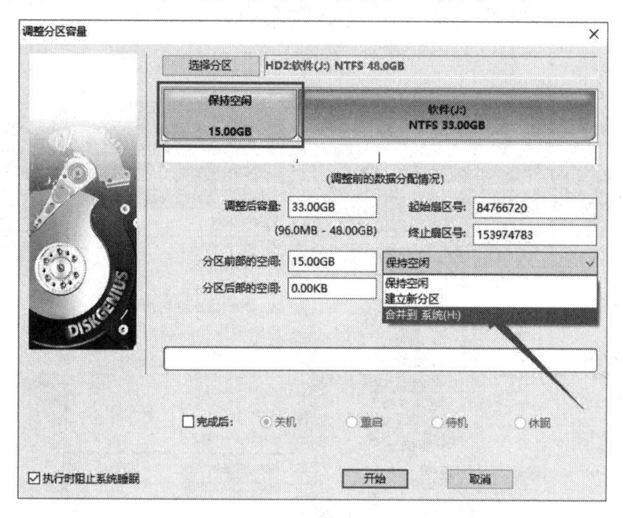

图 4-8　合并分区

（3）单击“开始”按钮，如图 4-9 所示。

（4）DiskGenius 会先显示一个提示窗口，显示本次无损分区调整的操作步骤以及一些注意事项，单击“是”按钮，DiskGenius 开始进行分区无损调整操作，如图 4-10 所示。

在调整过程中，会详细显示当前操作的信息，如图 4-11 所示。

（5）调整分区结束后，单击“完成”按钮，即可关闭“调整分区容量”对话框，如图 4-12 所示。

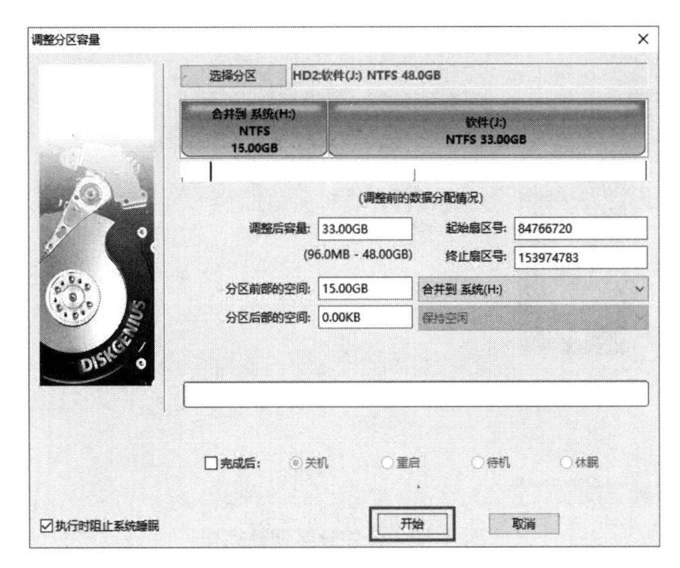

图 4-9　开始合并分区

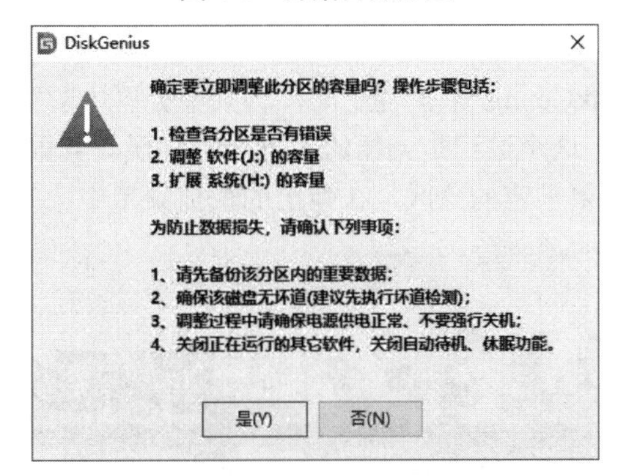

图 4-10　合并分区确认

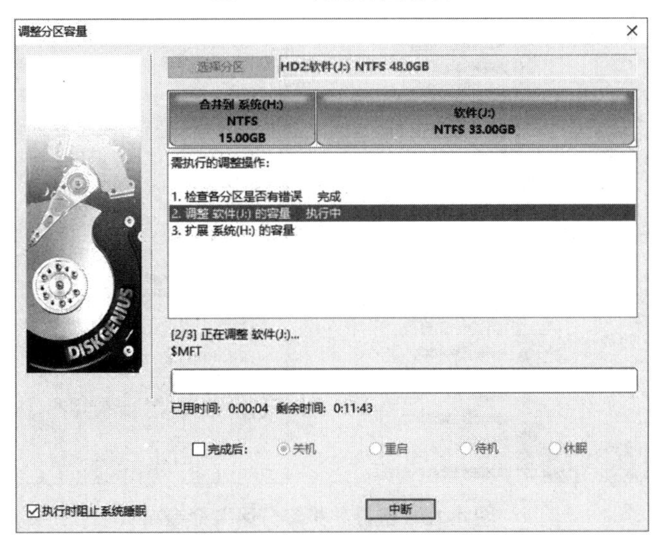

图 4-11　正在合并分区

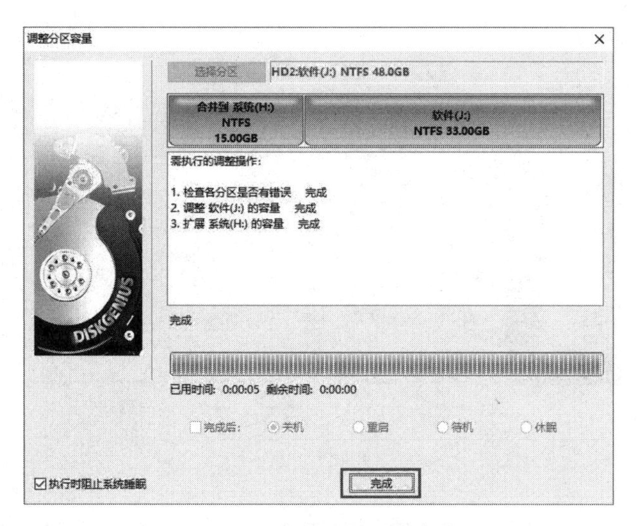

图 4-12　合并分区调整完毕

4.2.4　扩容分区

可以使用 DiskGenius 来扩容空间，将其他分区中的空闲空间转移到空间不足的分区上。这个过程是无损的，不会影响现有数据。

（1）右击需要扩容的分区，在弹出的快捷菜单中选择“扩容分区”命令，如图 4-13 所示。

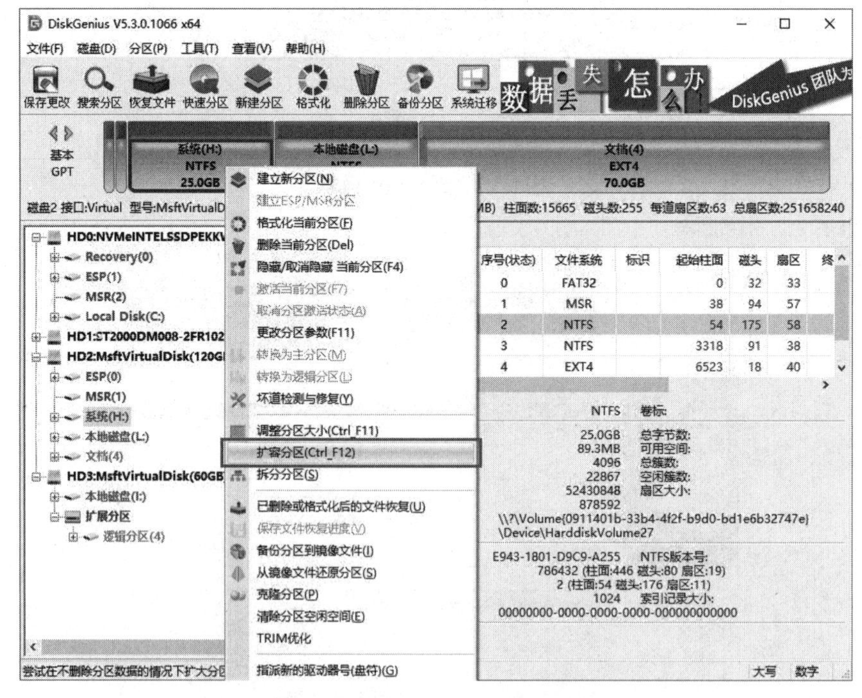

图 4-13　选择“扩容分区”命令

（2）选择一个空闲空间比较多的分区，以便从这个分区转移空闲空间到需要扩容的分区中。选择分区，然后单击“确定”按钮，如图 4-14 所示。

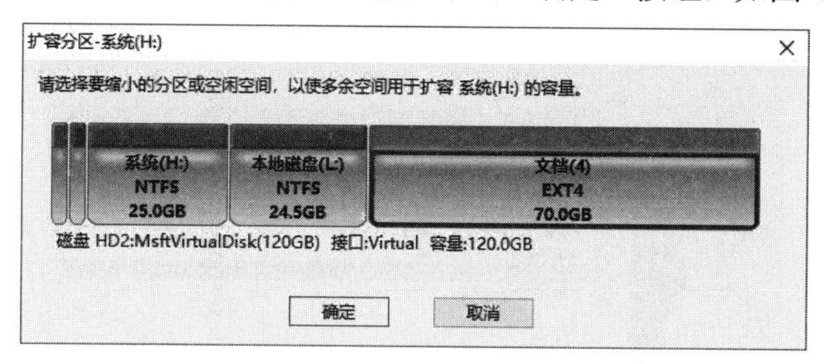

图 4-14　选择空闲分区

（3）在弹出的“调整分区容量”对话框中设置想要扩容的量，这可以通过拖动分区设置也可以直接输入想要移动的空间大小，然后单击“开始”按钮，如图 4-15 所示。

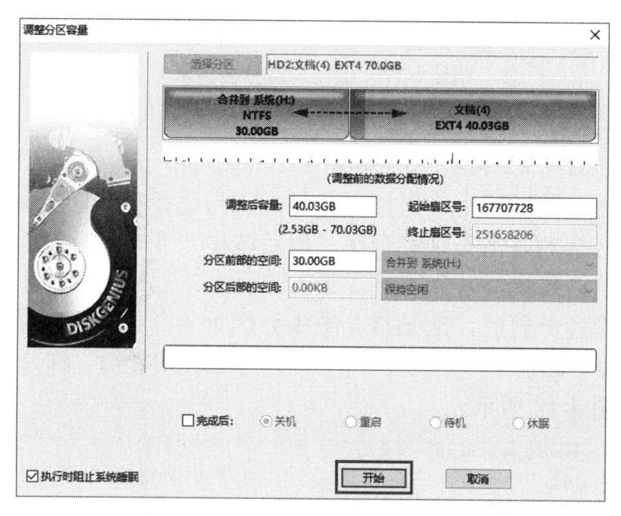

图 4-15　调整分区容量

（4）软件会提示将要做的操作及注意事项，确认没有问题后，单击“是”按钮，如图 4-16 所示。

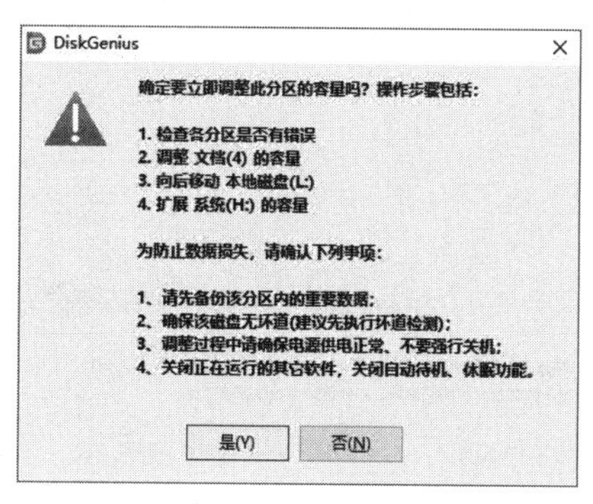

图 4-16　调整分区容量确认

（5）软件正在调整分区大小，如图 4-17 所示。调整完成后，单击“完成”按钮。

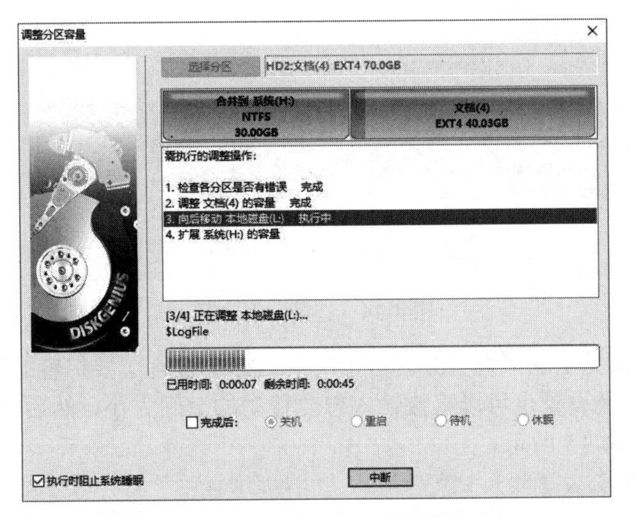

图 4-17 正在调整分区容量

4.2.5 快速分区

快速分区功能适用于为新硬盘分区，或为已存在分区的硬盘完全重新分区。执行时会删除所有现存分区，然后按指定要求对磁盘进行分区，分区后立即快速格式化所有分区。

当进行快速分区时，应该首先选中分区对象。选择需要重新分区的磁盘，然后选择“磁盘”→“快速分区”命令，或按 F6 键，打开“快速分区”对话框，如图 4-18 所示。

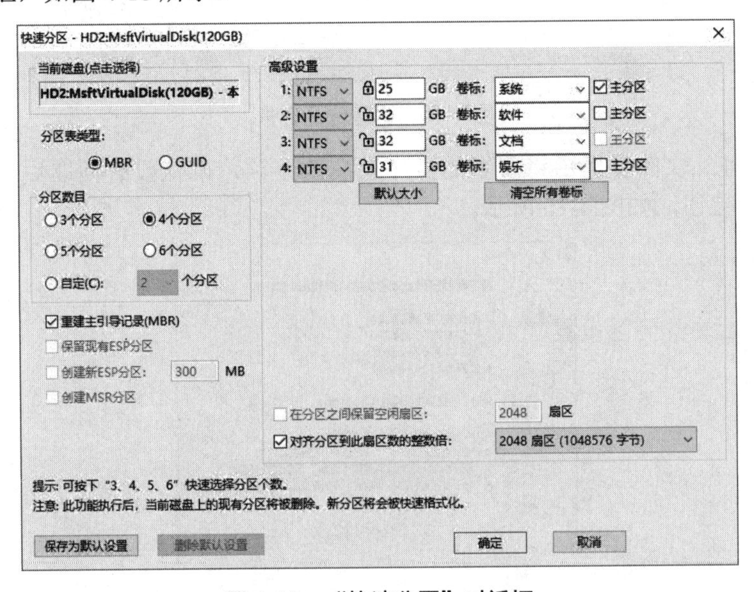

图 4-18 “快速分区”对话框

在默认情况下，自动选择当前磁盘为快速分区的目标磁盘。如果当前磁盘不是要操作的目标盘，单击对话框左上角的磁盘名称，程序会弹出磁盘选择窗口。

1. 选择分区个数

打开对话框直接按下3、4、5、6即可快速选择分区个数。也可以通过鼠标单击选择。选择后，对话框右半部分立即显示相应个数的分区列表。默认的分区个数根据磁盘大小确定，60GB及以下的为3个分区，大于60GB小于150GB的为4个分区，大于等于150GB小于等于320GB的为5个分区，大于320GB的为6个分区。

2. 调整分区参数

在对话框的右半部分显示了各分区的基本参数，包括分区类型、大小、卷标、是否为主分区等。用户可以根据自己的需要和喜好进行调整。

在容量输入编辑框前面有一个“锁”状图标，当改变了某分区的容量后，这个分区的大小就会被“锁定”，在改变其他分区的容量时，这个分区的容量不会被程序自动调整，图标显示为“锁定”状态。也可以通过单击图标自由变更锁定状态；初始化时或更改分区个数后，第一个分区是锁定的，其他分区均为解锁状态；当改变了某个分区的容量后，其他未被“锁定”的分区将会自动平分“剩余”的容量；如果除了正在被更改的分区以外的其他所有分区都处于锁定状态，则只调整首尾两个分区的大小。最终调整哪一个则由它们最后被更改的顺序决定。如果最后更改的是首分区，就自动调整尾分区，反之调整首分区。被调整的分区自动解锁。

单击“默认大小”按钮后，软件会按照默认规则重置分区的大小。

3. 卷标

每个分区都设置了默认的卷标，可以自行选择或更改，也可以通过单击“清空所有卷标”按钮将所有分区的卷标清空。

4. 是否为主分区

GUID分区表没有逻辑分区的概念，此设置对GPT磁盘分区时无效。当采用MBR分区时，可以选择分区是主分区还是逻辑分区。

5. 对齐分区设置

对于某些采用了大物理扇区的硬盘，例如，4KB物理扇区的西部数据“高级格式化”硬盘，其分区应该对齐到物理扇区个数的整数倍，否则读写效率会下降。此时，应该选中“对齐分区到此扇区数的整数倍”复选框并选择需要对齐的扇区数目。

6. 其他设置

1）重建主引导记录（MBR）

这是默认选项，如果在磁盘上存在基于MBR的引导管理程序，且仍然需要保留它，不要选中此复选框。

2）GPT 磁盘的快速分区

在“快速分区”对话框左半部分的“分区表类型”中选择 GUID。对于 GPT 磁盘，还可以选择对 ESP 分区及 MSR 分区的处理方式。在存在 ESP 分区的情况下，可以“保留现有 ESP 分区”，也可以“创建新 ESP 分区”。

所有设置调整完毕，即可单击“确定”按钮执行分区及格式化操作。如果磁盘中存在旧的分区，在执行前会显示提示信息，如图 4-19 所示。

图 4-19 快速分区确认

快速分区执行后，磁盘上的原有分区（如果存在）会被自动全部删除。新建立的第一个主分区将会自动激活。

4.2.6 格式化分区

分区建立后，必须经过格式化才能使用。支持的文件格式系统主要有 NTFS、FAT32、exFAT、EXT2、EXT3、EXT4 等。

首先选择要格式化的分区为“当前分区”，然后单击工具栏中的“格式化”按钮，或选择“分区”→“格式化当前分区”命令，也可以在要格式化的分区上右击并在弹出的快捷菜单中选择“格式化当前分区”命令，程序会弹出“格式化分区”对话框，如图 4-20 所示。

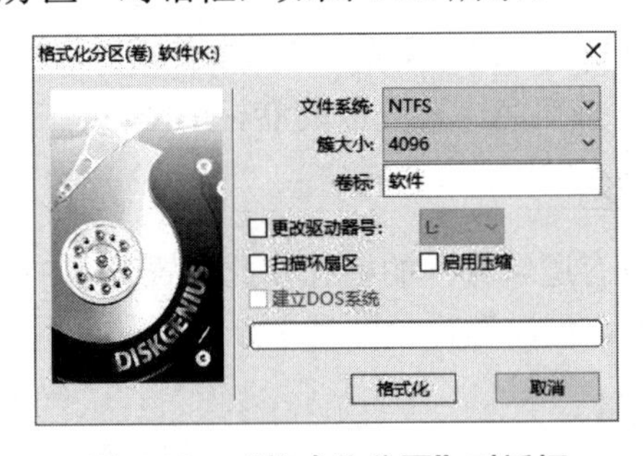

图 4-20 “格式化分区”对话框

在对话框中选择文件系统类型、簇大小，设置卷标后即可单击“格式化”按钮准备格式化操作。

可以选择在格式化时扫描坏扇区，要注意的是，扫描坏扇区是一项很耗时的工作。多数硬盘尤其是新硬盘不必扫描。如果在扫描过程中发现坏扇区，格式化程序会对坏扇区做标记，建立文件时将不会使用这些扇区。

对于 NTFS 文件系统，可以选中“启用压缩”复选框，以启用 NTFS

的磁盘压缩特性。

在开始执行格式化操作前，为防止出错，程序会要求确认，如图 4-21 所示。

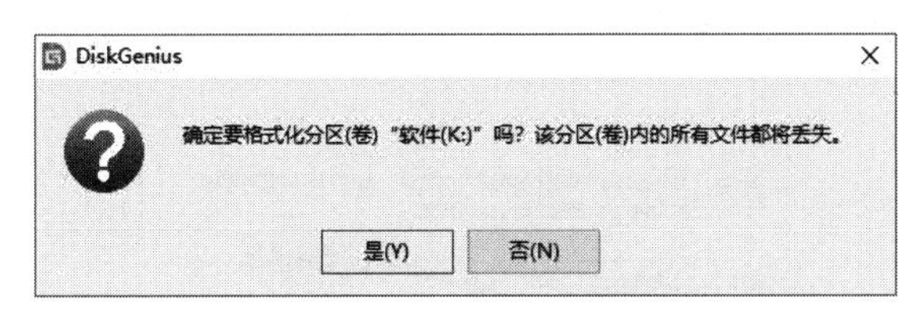

图 4-21　格式化分区确认

单击“是”按钮立即开始格式化操作。程序显示格式化进度，如图 4-22 所示。

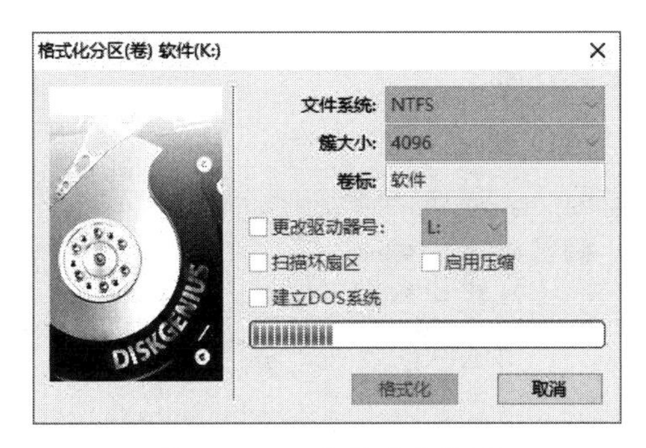

图 4-22　正在格式化分区

4.2.7　删除分区

先选择要删除的分区，然后单击工具栏中的“删除分区”按钮，或选择“分区”→“删除当前分区”命令，也可以在要删除的分区上右击并在弹出的快捷菜单中选择“删除当前分区”命令，将显示如图 4-23 所示的警告信息。

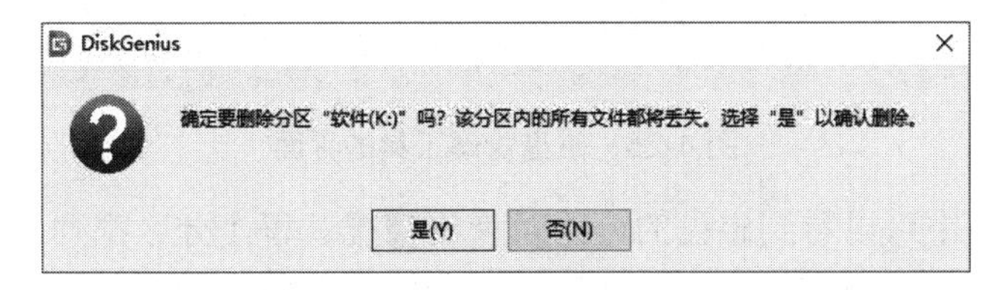

图 4-23　删除分区

单击“是”按钮，然后单击“保存更改”按钮，即可完成删除分区任务。

4.3　磁盘管理器

磁盘管理是 Windows 系统自带的功能之一，能够帮助快速地进行磁盘的分区、合并、碎片整理等工作。在磁盘管理中，分区称为卷。

1. 启动磁盘管理器

在“运行”对话框中输入 diskmgmt.msc 后，按 Enter 键或者单击“确定”按钮，进入磁盘管理工具，如图 4-24 所示。

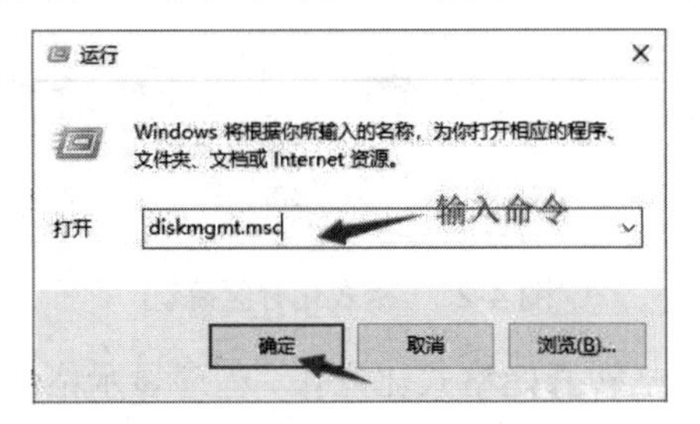

图 4-24 启动磁盘管理器命令

2. 磁盘管理工具界面

磁盘管理工具界面，如图 4-25 所示。

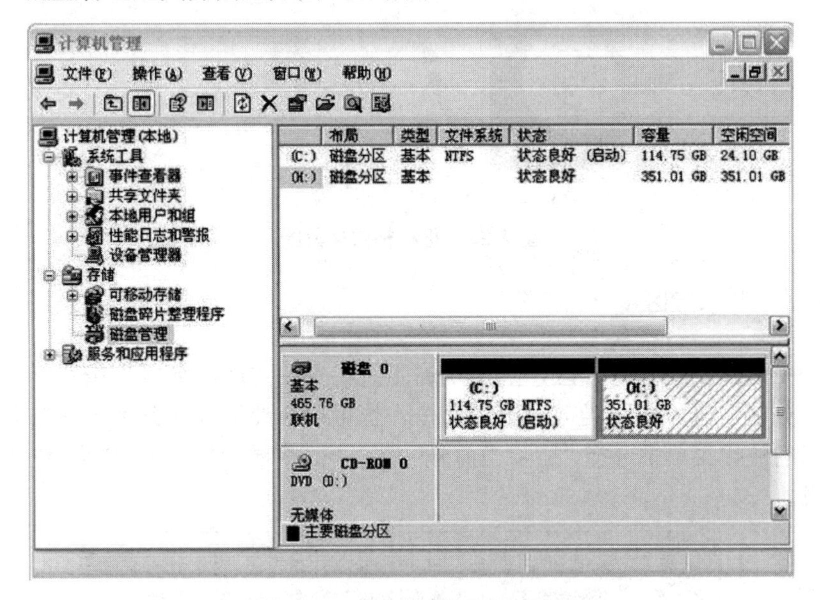

图 4-25 磁盘管理工具的界面

在界面中可以看到磁盘的分区及使用情况。每个分区都列出了分区的大小，具体的使用空间和可用空间的百分比。深色表示主分区，浅色表示逻辑分区（或者称作扩展分区）。

3. 压缩卷

假如 E 盘空间比较多，想划分出去一部分空间单独使用，就用压缩卷进行操作。在 E 盘上右击，在弹出的快捷菜单中选择“压缩卷”命令，计算机会自动计算出压缩空间或者手动指定压缩空间，然后单击“压缩”按钮，如图 4-26 所示。

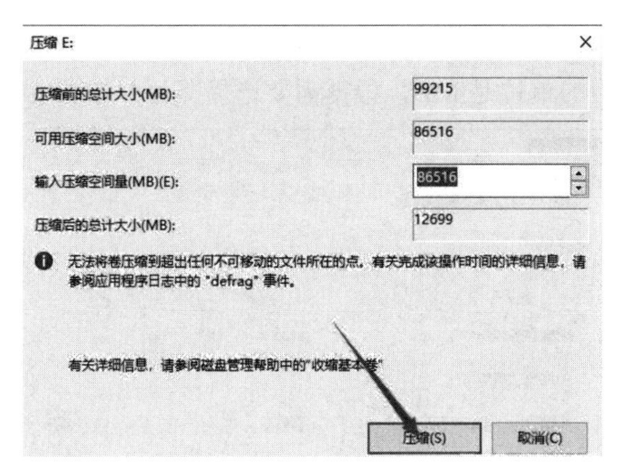

图 4-26　压缩空间

4．新建卷

压缩完成之后，磁盘是没有分区的状态，在压缩后的可用空间上右击，在弹出的快捷菜单中选择“新建简单卷”命令，打开一个新建简单卷的向导，如图 4-27 和图 4-28 所示。

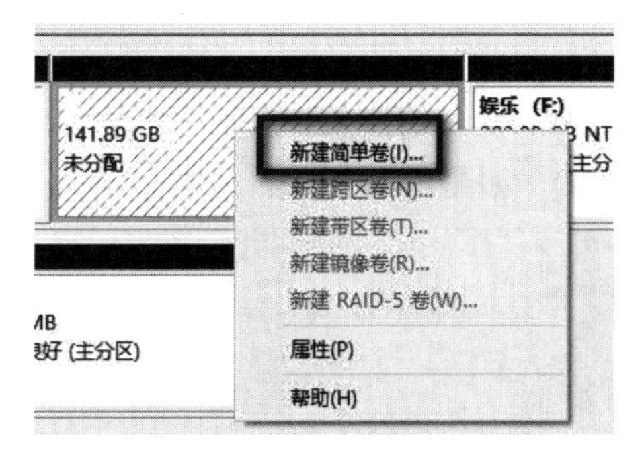

图 4-27　新建简单卷

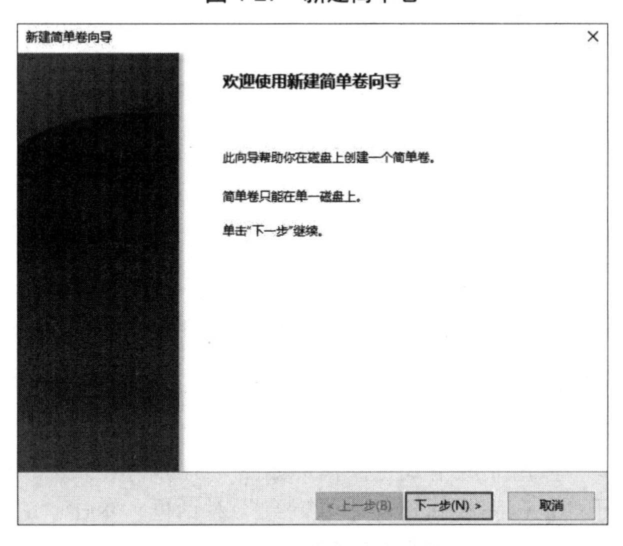

图 4-28　新建简单卷向导

然后可以设定这个分区的大小，最大值不能超过刚看到的剩余空间的大小，这里使用的单位是 MB，根据需要选择即可，如图 4-29 所示。

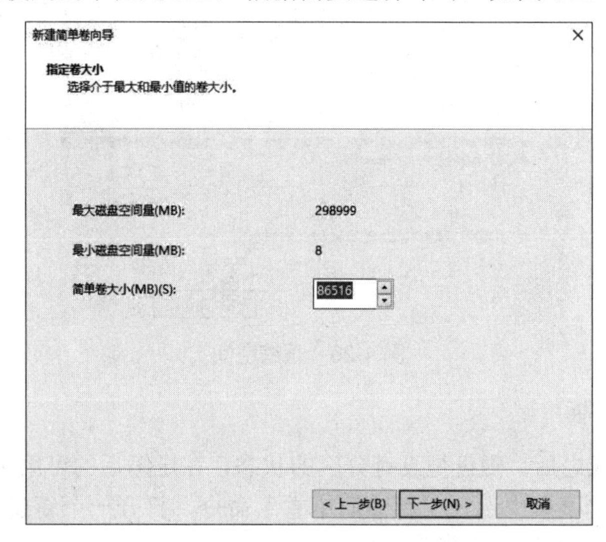

图 4-29　指定卷大小

5．分配驱动器号

卷建好以后，要对卷分配驱动器号，选择目前没有使用到的分区名称即可。这里假设选择 D，如图 4-30 所示。

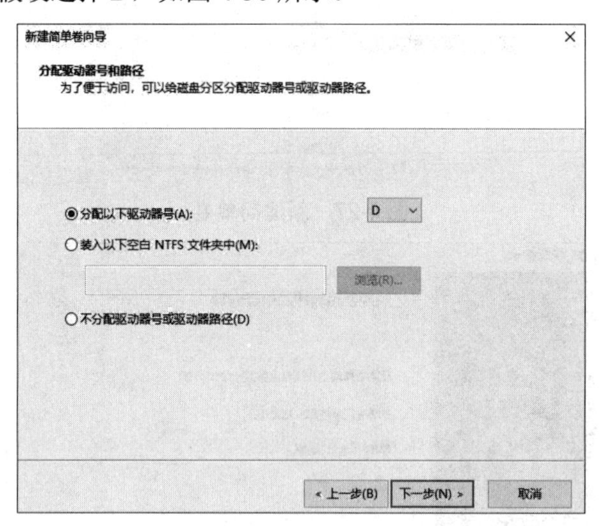

图 4-30　分配驱动器号和路径

6．格式化卷

格式化卷之后的文件类型需要手动选择，一般选择 NTFS 格式，然后单击“下一步”按钮完成格式化操作，如图 4-31 所示。

最后打开“正在完成新建简单卷向导”对话框，单击“完成”按钮，将会在系统磁盘中看到这个新建的分区。

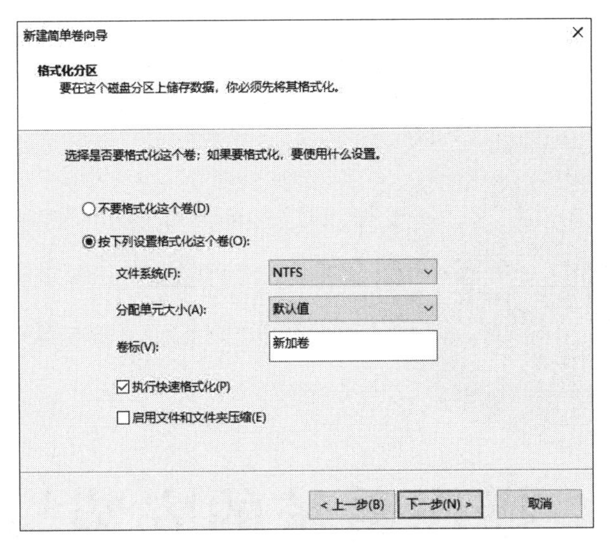

图 4-31　格式化分区

练习与提高

一、填空题

1．MBR 分区主要有 3 种状态，即_________、_________和_________。

2．主分区也称主磁盘分区，是磁盘分区的一种类型，其作用是用来安装_________。

3．MBR 支持的磁盘容量最大是_________B，它最大支持_________个主分区。

4．Globally unique identifier 译作_____________________________。

二、选择题

1．一块硬盘可以有若干逻辑分区，逻辑分区的总和就是（　　）。

A．主分区　　B．扩展分区

C．MBR 分区　　D．GUID

2．FAT32 格式采用（　　）位的文件分配表。

A．32　　B．64

C．128　　D．16

3．下列（　　）系统不支持 NTFS 文件系统。

A．Windows 7　　B．Windows 10

C．Windows XP　　D．Windows 98

三、问答题

1．常用的分区工具有哪些？

2．Diskgenius 软件中“锁”的作用是什么？

第 5 章 操作系统的安装与设置

学习目标

- ❑ 了解计算机的启动方法。
- ❑ 掌握启动 U 盘的制作与使用。
- ❑ 掌握操作系统的安装与配置。
- ❑ 掌握系统备份和还原的方法。

5.1 计算机的启动

5.1.1 计算机常见的启动方法

计算机由许多硬件设备组成，这些硬件设备在品牌、类型、性能上有很大差异，需要对计算机的硬件配置和参数进行保存，以便计算机启动时能读取这些设置，保证计算机系统正常运行，这些都需要 BIOS 程序来完成。

1. 计算机的启动过程

计算机开机之后，首先运行的就是 BIOS 程序，它负责对计算机中安装的所有硬件设备进行全面检测（POST 自检）。如果自检顺利通过，BIOS 便将这些硬件设置为备用状态，然后 BIOS 先从硬盘的开始扇区读取引导记录；如果没有找到，则会在显示器上显示没有引导设备；如果找到引导记录会把计算机的控制权转给引导记录，由引导记录把操作系统装入计算机中，启动硬盘中安装的操作系统，把计算机的控制权交给用户。

2. 计算机的启动分类

按照启动过程的不同，可分为以下4类。

1）冷启动

冷启动就是在关机状态下，打开计算机电源，计算机要进入自检状态，然后才启动操作系统。冷启动的一般要求是，先开外电源，后开主机电源，因为主机的运行需要非常稳定的电源供应，尽量避免主机启动后，在同一电源线上再启动如冰箱、空调等大功率用电设备，以防止电源波动影响主机运行。

2）热启动

热启动是指关闭当前所有运行的程序，重新载入计算机系统的一个过程。

计算机的热启动方法，是在DOS（Disk Operating System磁盘操作系统）状态下运行时，同时按下Ctrl+Alt+Delete组合键，计算机会重新启动，这种启动方式是计算机在不断电的状态下进行的启动，所以也叫作热启动。相当于在Windows视窗中“开始”菜单中选择“重新启动”命令。另外，在安装某些程序或某些设备驱动时，系统也会提示重启，然后才能正常应用。

冷启动与热启动两者的主要区别是：在冷启动方式下，机器将进行全面自检，最后完成操作系统的引导。在热启动方式下，只对机器做局部的自检，内存等部分不做自检。

3）复位启动

复位启动是指在计算机停止响应后（死机），甚至连键盘都不能响应时采用的一种热启动方式，大多数主机面板上都有一个复位按钮开关（一般标有Reset英文字样，或者标识），轻轻按一下，计算机便会重新启动系统。

4）非正常关机后的启动

当计算机死机后，按复位开关无任何反应时，可以采取强行关机的办法实施关机。

当计算机非正常关机后，下一次启动系统如果默认进入安全模式，这时需要重新启动计算机，才能正常进入系统。如果弹出安全模式、最后一次正确的配置、正常启动等选择项，可以尝试用方向键选择正常启动，看能否正常启动计算机进入系统，如图5-1所示。若不成功，再重启，进其他模式修复，如果都不能进入系统，需要重装系统。

如果系统突然蓝屏或者安装某一软件后突然蓝屏，若想加载到操作系统“最近一次的正确配置”；或者感觉系统感染了木马或病毒，想进入“安全模式”彻底杀除；可以在计算机启动时，当出现“请选择要启动的操作系统”时，按F8键主动进入“高级启动选项”选择需要的模式进入系统。

3. 计算机的启动方式

1）硬盘启动

通过硬盘上的系统文件来启动系统，驱动计算机硬件。

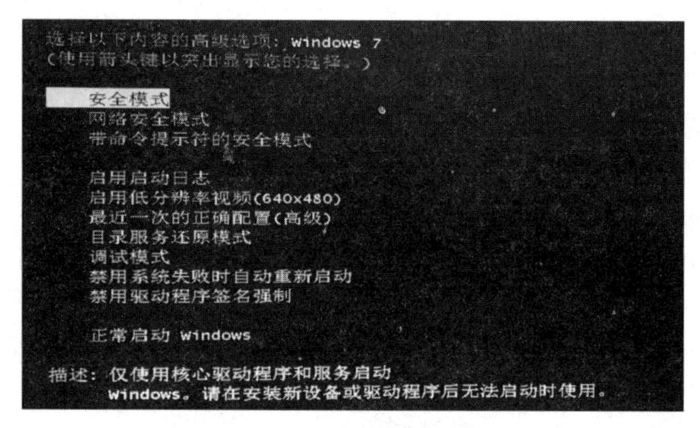

图 5-1　Windows 的高级启动选项

2）光驱启动

一般用于通过光盘里的相关系统启动文件来启动计算机，从而达到安装操作系统的目的。

3）U 盘启动

随着 USB 技术的发展和成熟，通过 USB 接口来启动计算机逐渐成为主要方式。U 盘可以通过启动 U 盘制作工具制作成光驱、硬盘类型或者新型 UEFI 类型的 U 盘启动盘，其内部一般包含启动文件、常用工具以及 PE 系统。如图 5-2 所示，就是在 BIOS 中选择金士顿的 U 盘作为启动选项。不同计算机的 BIOS 设置 U 盘作为首选启动设备的设置会有所不同，需要找到 BOOT、USB 关键字，仔细甄别。

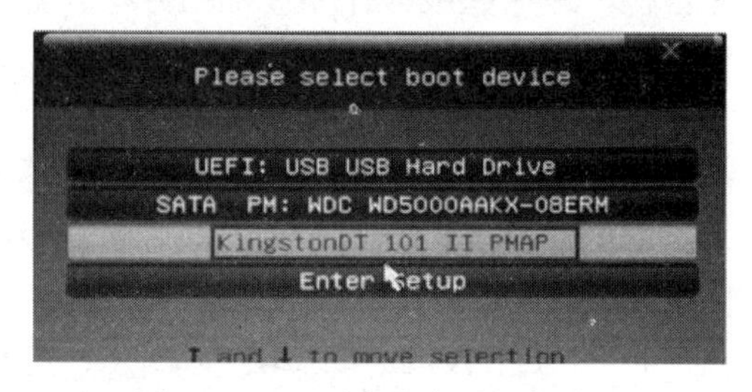

图 5-2　BIOS 中的启动设备选项

4）网络启动（网卡启动）

如果计算机没有光盘驱动器，同时系统崩溃死机进不去，又不想拆硬盘装过来的话，可以利用网卡传输相关数据，从而达到启动计算机的目的。此时应该首先在 BIOS 中设置为网卡启动，常见标记为 LAN 或者 NIC，如图 5-3 所示。

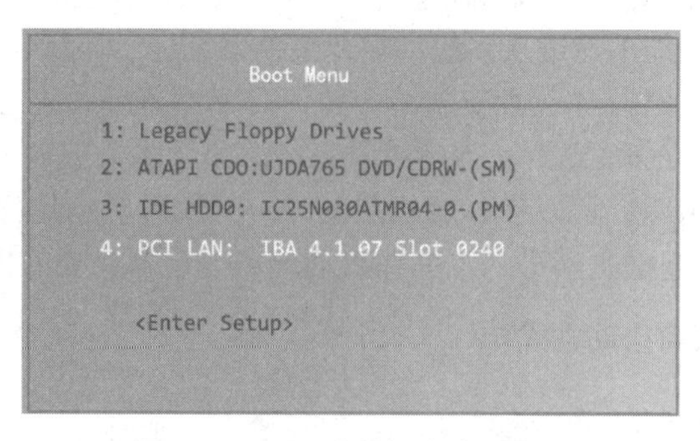

图 5-3　BIOS 中的网卡启动选项

5.1.2 启动U盘的制作

U盘即USB盘的简称。U盘是一种闪存盘，因此也称之为“闪盘”。U盘是目前最为重要的移动存储设备之一。

在计算机系统无法进入或崩溃时进行补救操作，U盘不仅可以用来修复和重装系统，也可以利用U盘中的PE系统，快速找到原系统盘或其他分区中需要的重要资料，作用非常大。

1. 制作U盘启动盘的准备

（1）准备一个8GB或容量更大的空U盘，用于制作U盘启动盘、存放系统镜像文件。如果是正在使用的U盘，需要备份U盘内文件。

（2）准备一个重装系统的iso/gho镜像（从网上下载即可），将系统镜像文件复制到U盘里。

（3）从网上下载U盘启动盘制作工具（这种工具种类很多，如大白菜、老毛桃、电脑店、U大师、U大侠、U启动等）。

下面以大白菜启动U盘制作工具为例，学习启动U盘的制作方法。

2. 启动U盘的制作步骤

（1）下载并安装大白菜装机版软件，打开大白菜U盘装机工具，选择左侧选项的“U盘启动”，打开启动U盘制作界面，如图5-4所示。

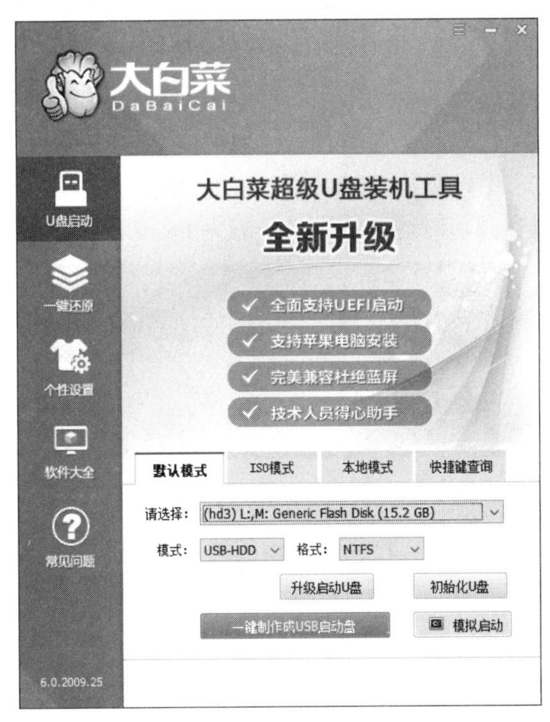

图5-4 启动U盘制作界面

（2）插入 U 盘，选择模式（默认为 USB-HDD），单击“一键制作成 USB 启动盘”按钮，下方提示信息“正在写入 EFI 分区... 正在写入 UD 分区”，软件开始往 U 盘内存入数据。

（3）完成制作后，可以单击“模拟启动”按钮，测试 U 盘的启动情况，模拟测试结果如图 5-5 所示。使用这个工具制作的 U 盘，支持传统 BIOS 与新的 UEFI 启动管理两种方式。

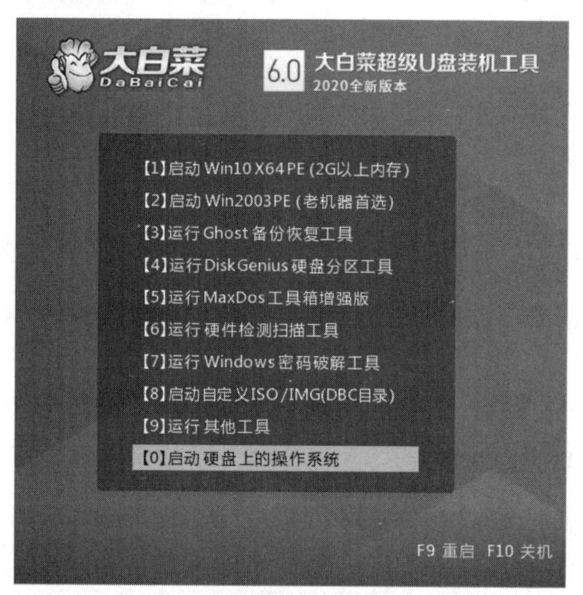

图 5-5 启动 U 盘模拟启动各选项

5.1.3 启动 U 盘的使用

首先在 BIOS 中设置从 USB 设备启动，如图 5-6 所示，然后重新启动计算机。也可以在开机时通过按键（一般为 F8 或者 F12）选择启动设备。

图 5-6 BIOS 中设置从 USB 设备启动

一般的计算机和主板，legacy 是传统的 BIOS 启动，适用克隆版系统，硬盘分区格式要用 MBR。随着技术的不断发展，新的计算机主板大多支持 UEFI 引导模式，硬盘分区格式要用 GPT。由于各品牌计算机和主板设置不尽相同，如果在 BIOS 里有以下这些选项，需要设置如下。

（1）Secure Boot 设置为 Disabled（禁用启动安全检查，否则无法识别启动盘）。

（2）OS Optimized 设置为 Others 或 Disabled（系统类型设置）。

（3）CSM（Compatibility Support Module）Support（兼容支持模块）设置为 Yes 或 Enabled。

（4）UEFI/Legacy Boot 选项选择 Both，以便兼容两种启动方式。

（5）UEFI/Legacy Boot Priority 优先权选择 UEFI First。

一般来讲，2011 年以后生产的主板都支持 UEFI，例如，Intel 7 系列及以上，还有 AMD 9 等。可以采取下面的方法大致判断。

开机，按快捷键进入 BIOS 界面，在 BIOS 界面中若可以看到如图 5-7 所示的“鼠标”，那就说明计算机启动了 UEFI 模式。

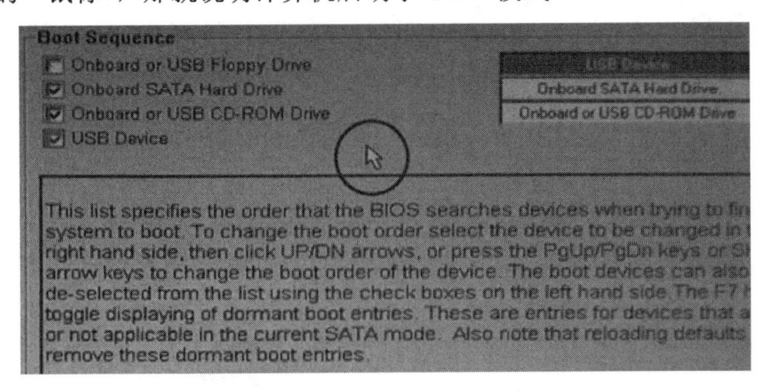

图 5-7　在 BIOS 中看到鼠标

下面以大白菜 U 盘启动盘为例，介绍 U 盘启动盘的应用，在大白菜启动盘加载后，会显示如下界面，如图 5-8 所示。

图 5-8　大白菜启动 U 盘工具选单

可以按方向键选择（也可以按键盘数字号码）选单里 0～9 菜单项，启动相应的功能或工具。默认“【0】启动硬盘上的操作系统”，F9（或者 Ctrl+Alt+Delete）为重启，F10 为关机。

（1）选择序号【1】加载完 Windows PE 系统文件后，即进入 Windows 10 PE 系统界面，如图 5-9 所示。

图 5-9 Windows 10 PE 启动后系统界面

（2）对于老旧机型的计算机，可以选择序号【2】进入 Windows 2003 的 PE 系统。

在这里，不仅可以完成硬盘分区、一键装机、密码修改、引导修复等工作，还可以加载启动 U 盘中的各种程序和命令，如图 5-10 所示。

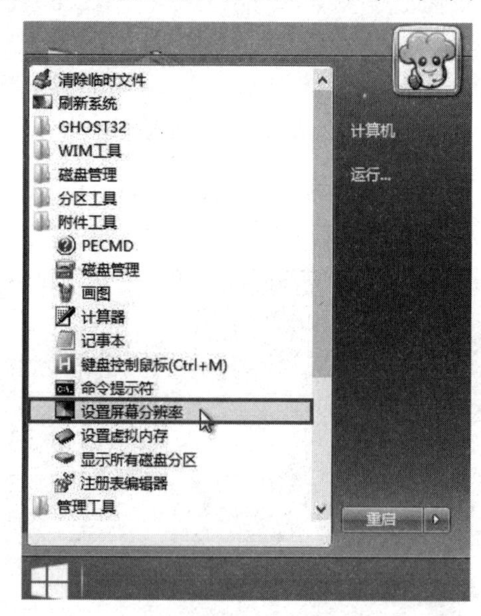

图 5-10 在 PE 系统中程序下的各种工具

（3）选择序号【3】将启动 Ghost 备份恢复工具，完成系统分区的镜像制作和将镜像文件恢复到分区的任务，如图 5-11 所示。

◉ **注意：**应正确选择是对磁盘 Disk 操作还是对分区 Partition 操作，若选择重装系统，并不破坏硬盘其他原有分区的数据，只对有问题的操作系统所在的分区重新写入系统文件。所以一般选择 Partition From Image 的情况居多；如果选择 Disk From Image，那么整个硬盘的所有分区都将被破坏（须谨慎操作），由镜像恢复成拥有整个磁盘容量的一个大分区。

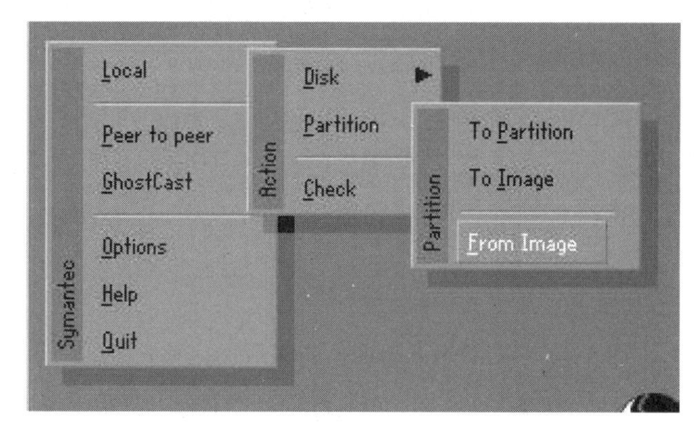

图 5-11　通过启动 U 盘启动 Ghost 备份恢复工具

（4）选择序号【4】将启动硬盘分区工具 DiskGenius，可以对磁盘进行分区操作，如图 5-12 所示。

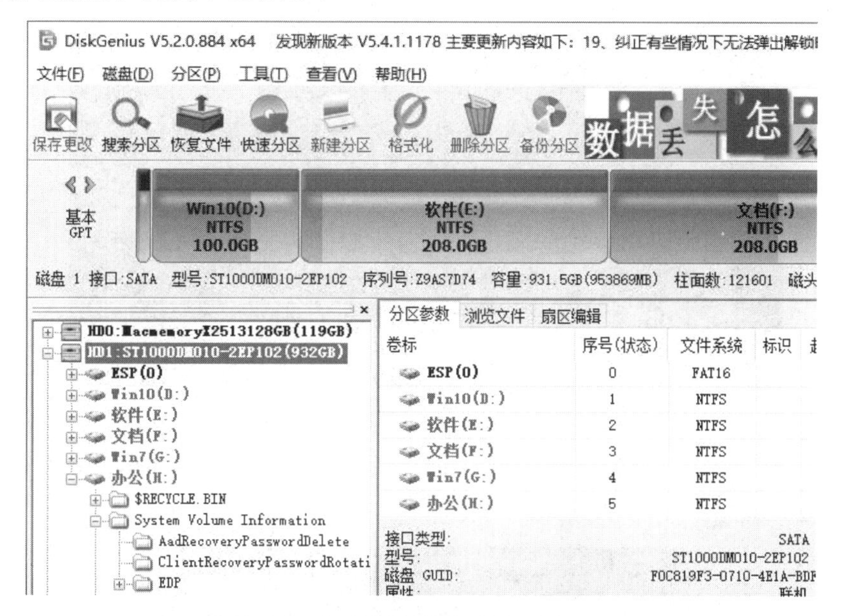

图 5-12　启动磁盘分区工具 DiskGenius

⊙ **注意：**安装 Windows 8、Windows 10 操作系统，一般要求磁盘分区为 GPT 分区格式，这种格式使用 GUID 分区表，是源自 EFI（Extensible Firmware Interface，可扩展固件接口）标准的一种较新的磁盘分区表结构，比以往普遍使用的主引导记录（MBR）分区格式更加灵活。GUID 分区表格式与 MBR 分区表格式之间可以相互转换，如图 5-13 所示。

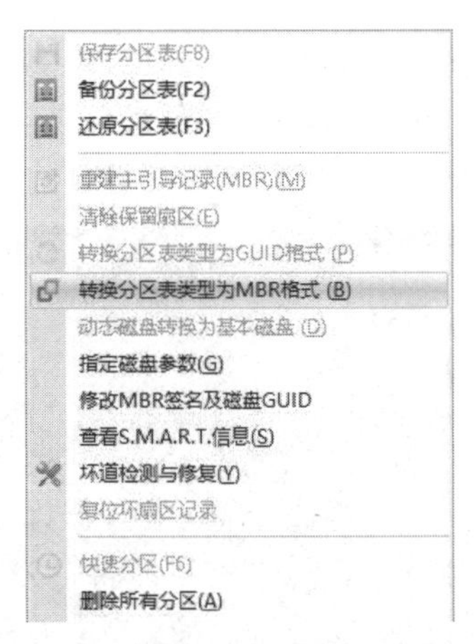

图 5-13　GUID 分区表格式与 MBR 分区格式转换

（5）选择序号【5】可以运行 MaxDos 工具箱，如图 5-14 所示。

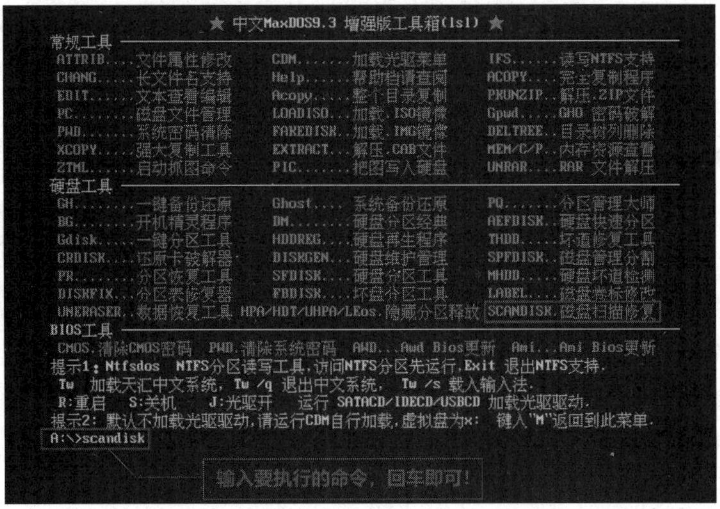

图 5-14　MaxDos 工具箱的工具列表

（6）选择序号【7】可以运行 Windows 密码破解工具，可以进入如图 5-15 所示的界面。

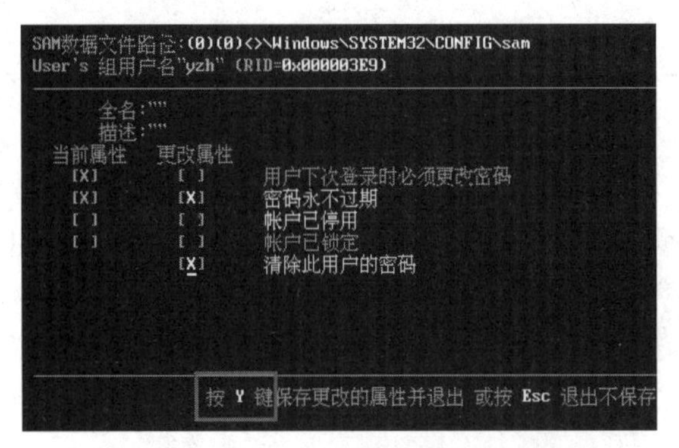

图 5-15　Windows 密码修改工具界面

（7）选择序号【8】，如果在 U 盘的 DBC 目录下，存放了 Windows 安装盘的镜像文件，加载这个选项，相当于将 iso 光盘镜像加载到虚拟光驱里，可以像运行光盘驱动器里的安装光盘一样安装操作系统，如图 5-16 所示。

图 5-16　使用启动 U 盘的 DBC 目录下的光盘镜像安装系统

5.2　操作系统安装

5.2.1　Windows 7 系统的安装

1．安装方法

Windows 7 操作系统的安装方法常见的有如下两种。

（1）用 Windows 7 系统光盘安装。这种方法需要购买 Windows 7 系统光盘，或者下载原版镜像刻录成 DVD 光盘。

（2）用 U 盘启动盘，加载 Ghost 软件恢复系统镜像的方法安装。

2．Windows 7 光盘安装

1）安装前的准备

（1）下载系统安装盘的 ISO 文件，刻盘备用。

（2）设置计算机优先启动顺序为光驱，如图 5-17 所示。

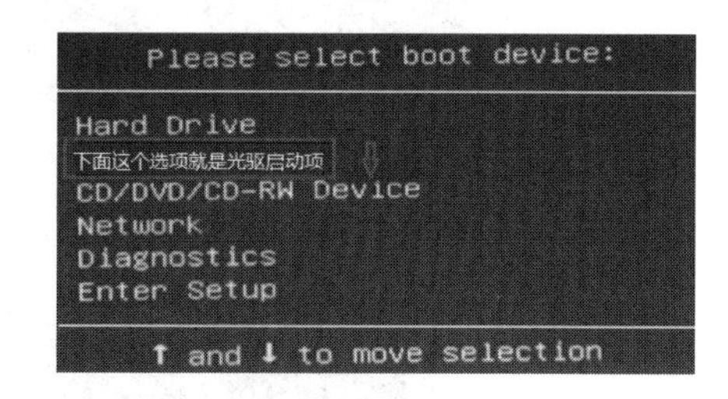

图 5-17　在 BIOS 中设置光驱优先启动

（3）将光盘放进光驱，重启计算机，由光盘引导进入安装界面。根据提示按相应选项进行安装。在选择安装磁盘分区位置时，可选择空白分区或已有分区，并可对分区进行格式化。

2）安装步骤

（1）选择要安装的语言，弹出窗口；无须改动，直接单击“下一步”

按钮，如图 5-18 所示。

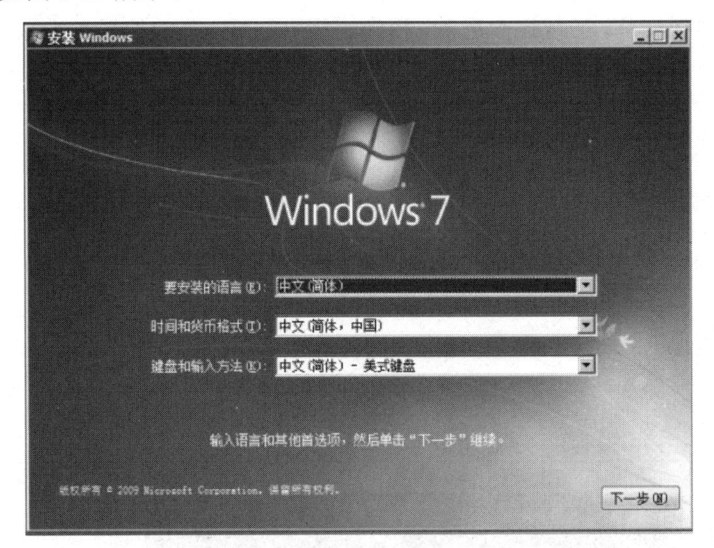

图 5-18　选择安装语言

（2）准备安装。单击“现在安装”按钮，如图 5-19 所示。

图 5-19　安装开始

（3）安装程序启动，如图 5-20 所示。

图 5-20　安装程序开始启动

（4）选中“我接受许可条款”复选框，单击“下一步”按钮，如图 5-21 所示。

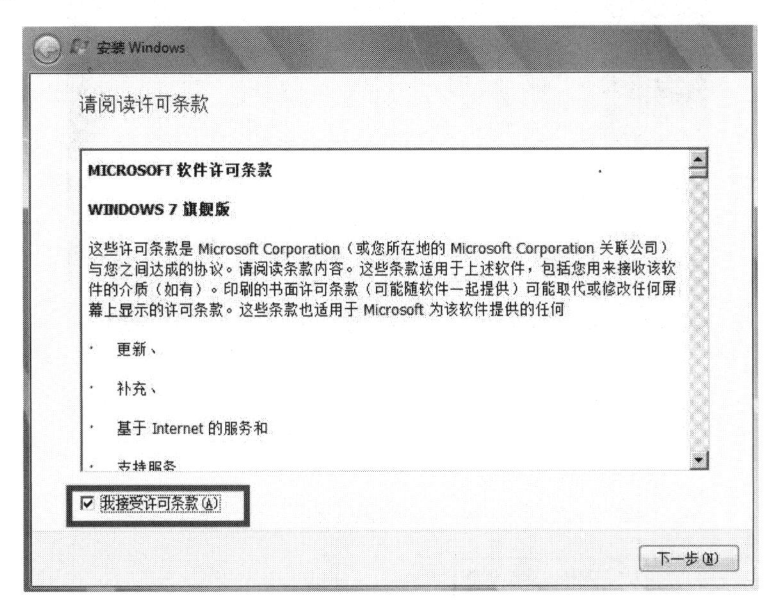

图 5-21 接受许可条款

（5）选择安装类型。如果是系统崩溃重装系统，选择“自定义（高级）”命令；如果想从 Windows XP、Windows Vista 升级为 Windows 7，选择“升级”命令，如图 5-22 所示。

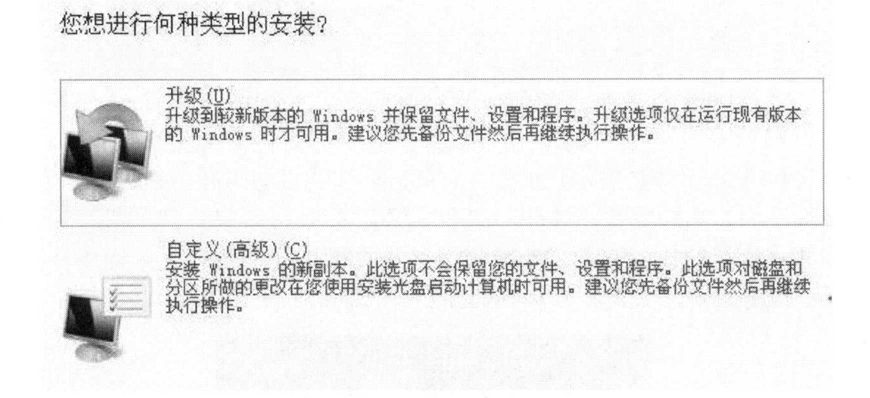

图 5-22 选择安装类型

（6）选择安装盘。如果前期已经分区并格式化，或者原来系统有分区，可以跳过分区过程，直接选择将系统安装在 C 盘。当前选择的是 1 号分区，如图 5-23 所示。

（7）单击“下一步”按钮，出现如图 5-24 所示界面。这时安装就开始了，整个过程大约需要 10～20 分钟。

（8）安装完成，启动系统服务。

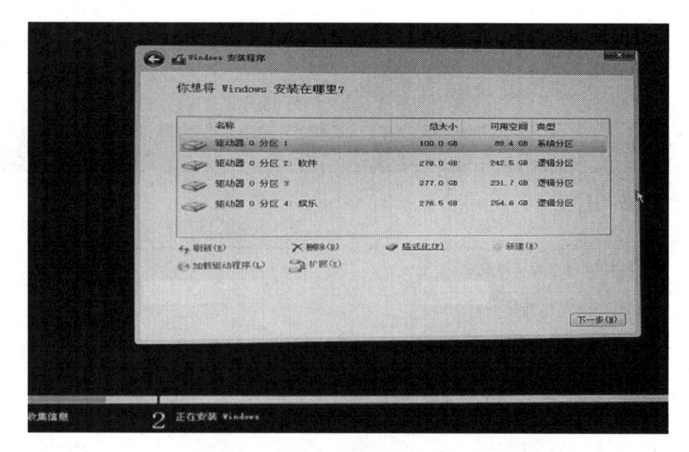

图 5-23　选择操作系统安装到的分区

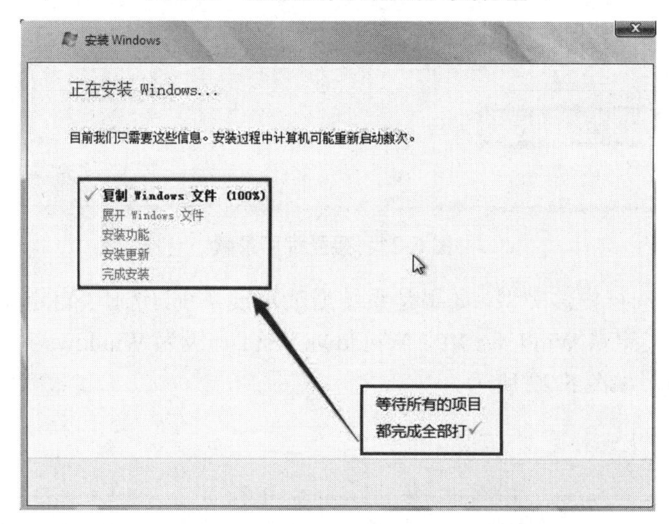

图 5-24　Windows 操作系统安装过程

（9）重新启动之后，即可看到 Windows 7 的启动画面，如图 5-25 所示。安装程序检查系统配置、性能，这个过程会持续 10 分钟；然后进行输入个人信息、设置密码、输入密钥并激活、选择是否开启自动更新操作。建议选择“以后询问我”命令，以后再进行设置。

图 5-25　系统安装完成正在启动

（10）调整日期、时间，配置网络。Windows 7 根据以前的设置配置系统，这个过程会持续大约 5 分钟。然后进入 Windows 7 系统桌面，如图 5-26 所示。安装完成。

图 5-26　Windows 7 操作系统桌面

5.2.2　用 U 盘启动盘安装 Windows 7 系统

用 U 盘安装 Windows 7 系统的步骤如下。

（1）首先设置 U 盘优先启动，插入 U 盘，启动计算机，随后会弹出如图 5-27 所示界面（以大白菜启动 U 盘为例）。

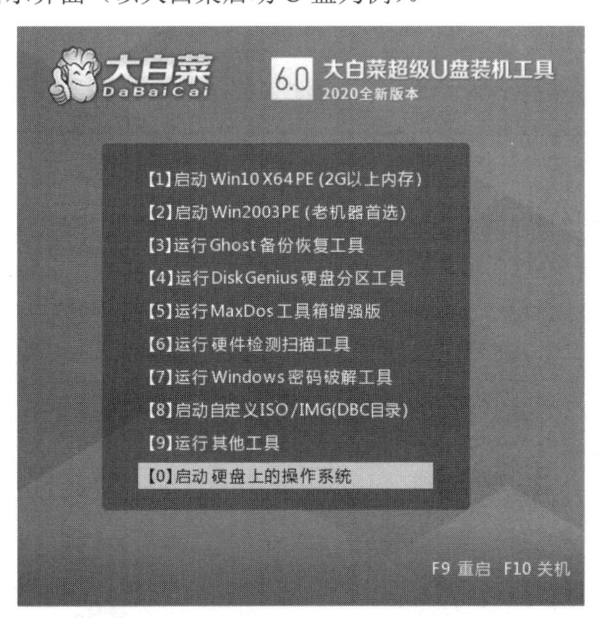

图 5-27　大白菜启动 U 盘加载界面

这时选择第 3 项“运行 Ghost 备份恢复工具”命令，选择 Ghost 程序界面中的 From Image 选项（从镜像文件恢复），如图 5-28 所示。

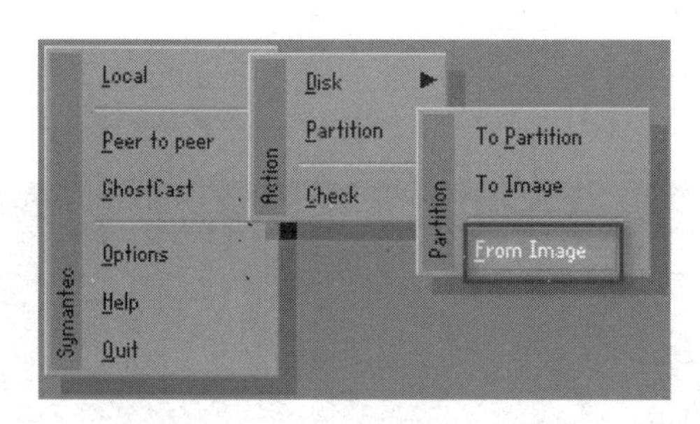

图 5-28 Ghost 程序主界面

（2）选择要恢复的镜像文件，假如镜像文件存放在磁盘的第 4 个分区根目录下，选中该镜像文件，单击 Open 按钮，如图 5-29 所示。

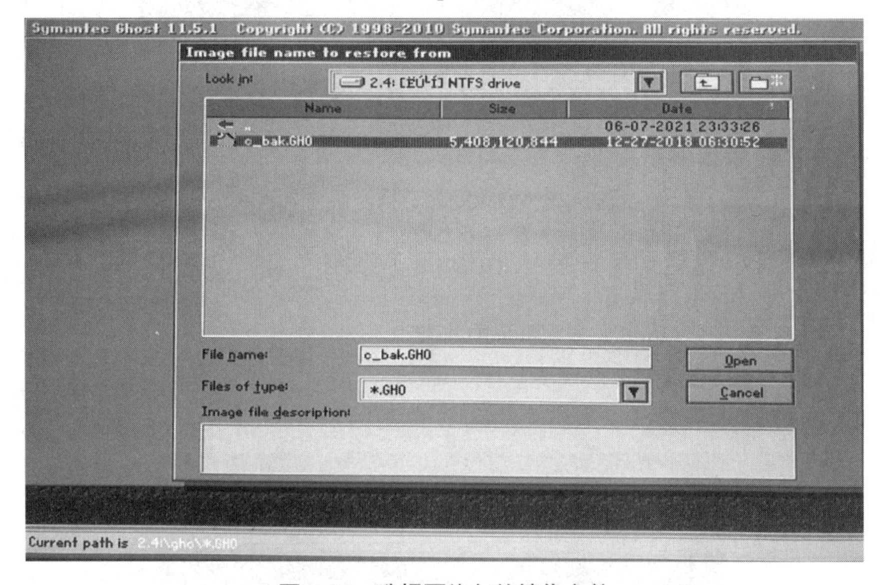

图 5-29 选择要恢复的镜像文件

（3）选择目标驱动器（Destination driver），这台主机只有一块硬盘，所以只显示一个硬盘，如图 5-30 所示。

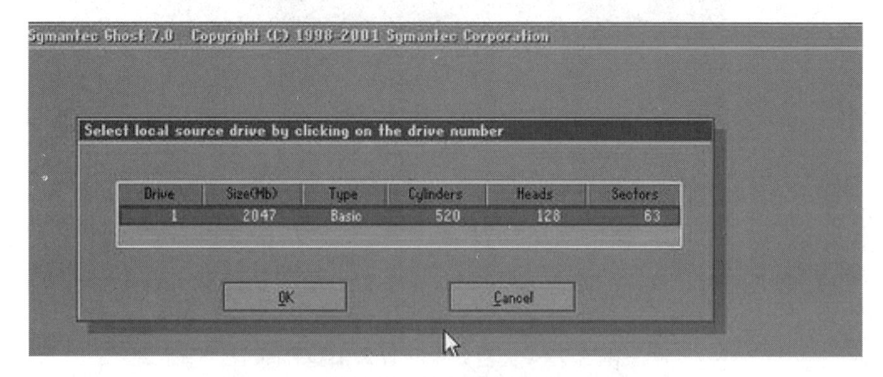

图 5-30 选择目标磁盘

（4）选择目标分区（Destination partition），如图 5-31 所示，也就是需

要重装系统的分区。

Select local destination drive by clicking on the drive number

Drive	Location	Model	Size(MB)	Type	Cylinders	Heads	Sectors
1	Local	ST1000DM 010-2EP102 CC	953869	Basic	121601	255	63
2	Local	aigo U330 0000	60400	Basic	7699	255	63
3	Local	Msft Virtual Disk 1.0	410	Basic	52	255	63
80	Local	OS Volumes	1013422	Basic	129193	255	63

目标分区

OK　Cancel

图 5-31　选择目标驱动器（分区）

（5）此时弹出如图 5-32 所示对话框，提示选择是否开始还原，单击 Yes 按钮，确认分区恢复处理。

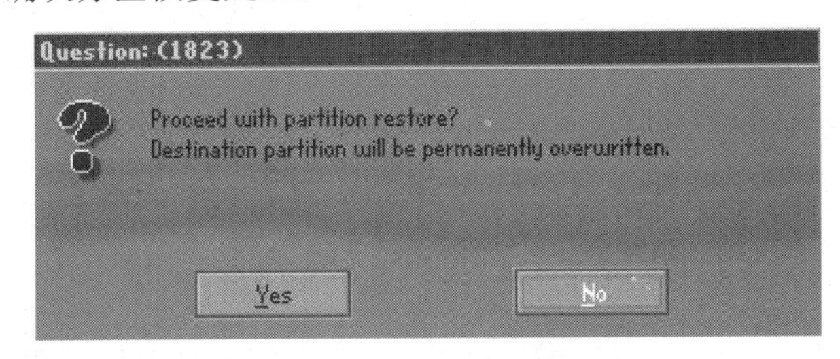

图 5-32　确认分区恢复处理

（6）这时 Ghost 正在将系统镜像文件恢复到系统主分区。进度指示器显示恢复的完成情况，如图 5-33 所示。

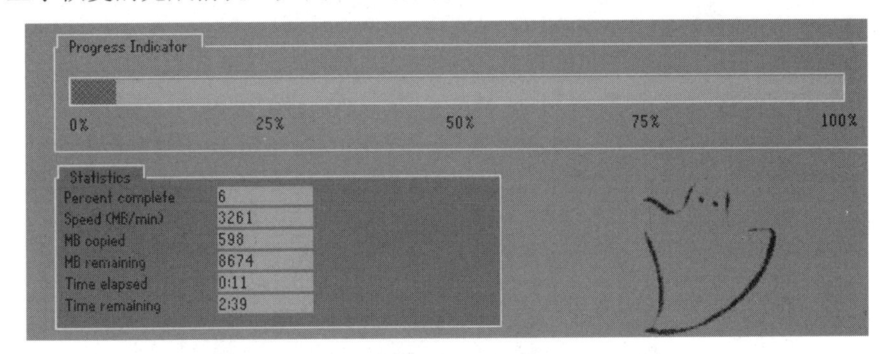

图 5-33　镜像文件恢复到系统主分区进程

（7）当进度达到100%时，镜像文件成功恢复至目标分区，此时会弹出对话框，询问是继续进行备份和还原任务，还是重新启动计算机，此时选择重启，单击 Reset Computer 按钮，如图 5-34 所示。

（8）计算机重启后，将完成后续的安装和配置任务。如果不能进入后续安装，可能是由于启动引导文件有问题（用 Ghost 镜像恢复做双系统时常出现）。此时可以采用软件修复这个问题，由于无法进入系统，还是利用启动 U 盘，加载进入 PE 系统，一般都会有“修复系统引导”工具，如图 5-35

和图 5-36 所示。

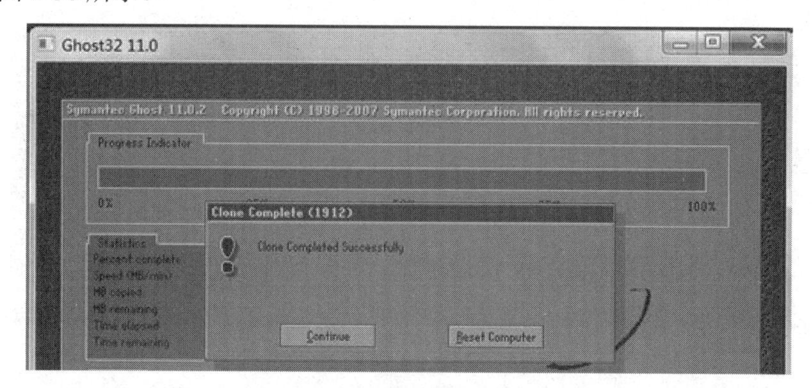

图 5-34 镜像文件恢复成功

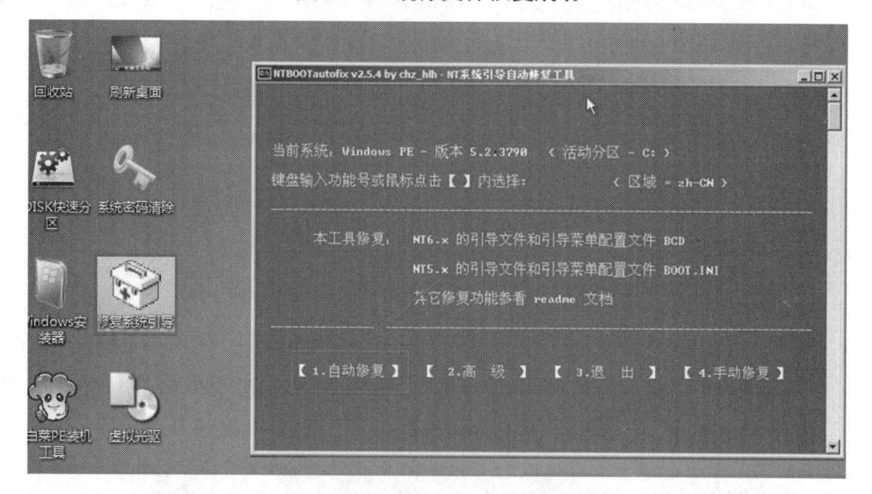

图 5-35 修复系统启动引导

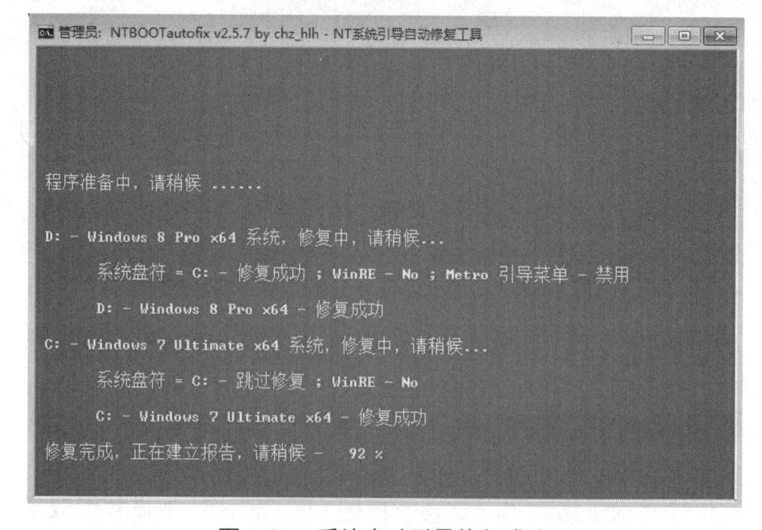

图 5-36 系统启动引导修复成功

（9）当修复成功后重启计算机时，如果出现如图 5-37 所示界面，则表明修复成功，只需等待几分钟就可以成功加载 Windows 7 的桌面。

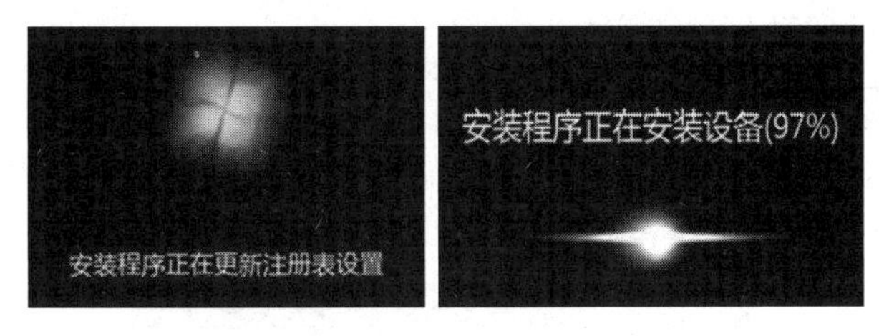

图 5-37　Windows 完成后续设置与安装

5.3　驱动程序安装

5.3.1　驱动程序概述

驱动程序一般是指设备驱动程序（Device Driver，简称“驱动”），是一种可以使计算机和设备进行相互通信的特殊程序。驱动程序相当于硬件的接口，操作系统只有通过这个接口，才能控制硬件设备的工作，假如某设备的驱动程序未能正确安装，便不能正常工作。因此，驱动程序在系统中所占的地位十分重要，一般当操作系统安装完毕后，首要的便是安装硬件设备的驱动程序。

5.3.2　设备管理器

在 Windows 操作系统中，设备管理器是管理计算机硬件设备的工具，可以借助设备管理器查看计算机中所安装的硬件设备、设置设备属性、安装或更新驱动程序、停用或卸载设备。

通常在设备管理器中有下列常见标记。

1. 问号

如果看到某个设备前显示了问号，表示该硬件未能被操作系统所识别，如图 5-38 所示。

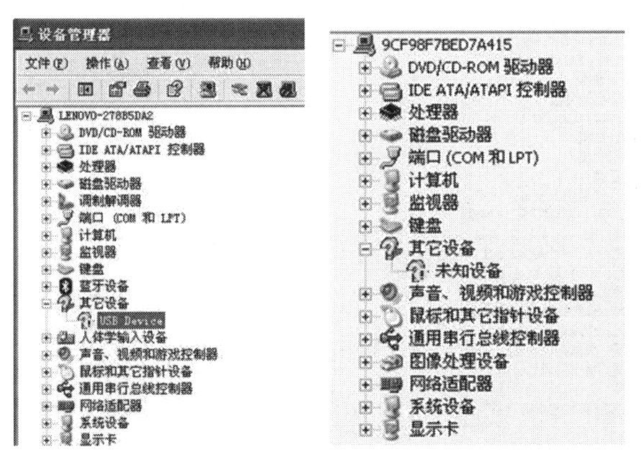

图 5-38　设备管理器中驱动异常和未知的设备

解决办法：找到对应的设备，根据其关键字信息，搜索并下载对应操作系统版本的驱动程序，安装驱动程序。

2. 感叹号

设备前显示感叹号，一般是因为该硬件未正确安装驱动程序，可能是驱动与硬件不匹配，或者驱动版本不正确，如图 5-39 所示。

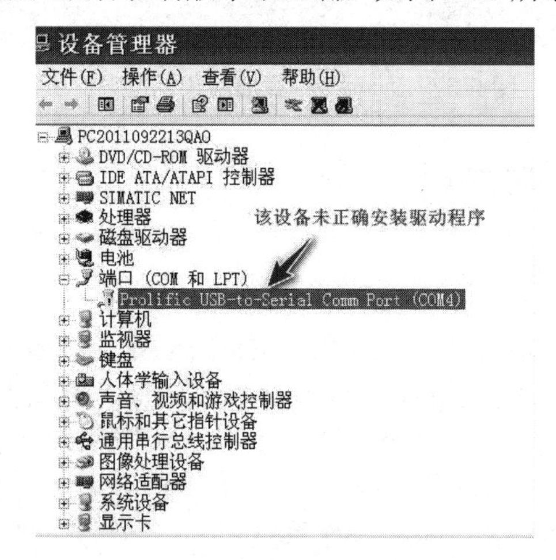

图 5-39　未正确安装驱动程序的设备

解决办法：首先，可以右击该硬件设备，在弹出的快捷菜单中选择“卸载”命令，然后重新启动系统，如果操作系统能自动识别硬件，则会自动安装驱动程序。不过在某些情况下可能需要重新下载驱动程序。

3. 叉号

设备前显示叉号，说明该设备已被停用。例如，计算机里面有主板集成和独立安装两个声卡，而其中集成声卡不常用，为了节省系统资源和提高启动速度，可以禁用集成声卡设备，如图 5-40 所示。

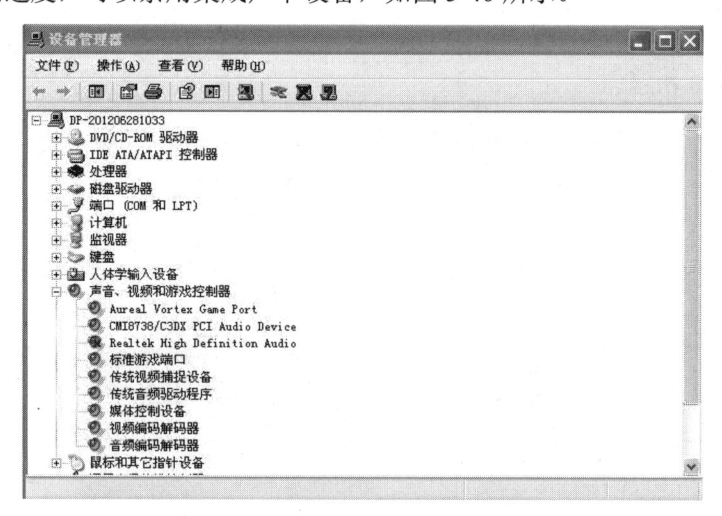

图 5-40　标识为已被停用的设备

解决办法：如果想启用，右击该设备，在弹出的快捷菜单中选择“启用”命令。

5.3.3　驱动程序的安装与备份

1．从 Windows 设备管理器中安装驱动程序

从 Windows 设备管理器中安装驱动程序是安装驱动最常用的方法，如图 5-41 所示，步骤如下。

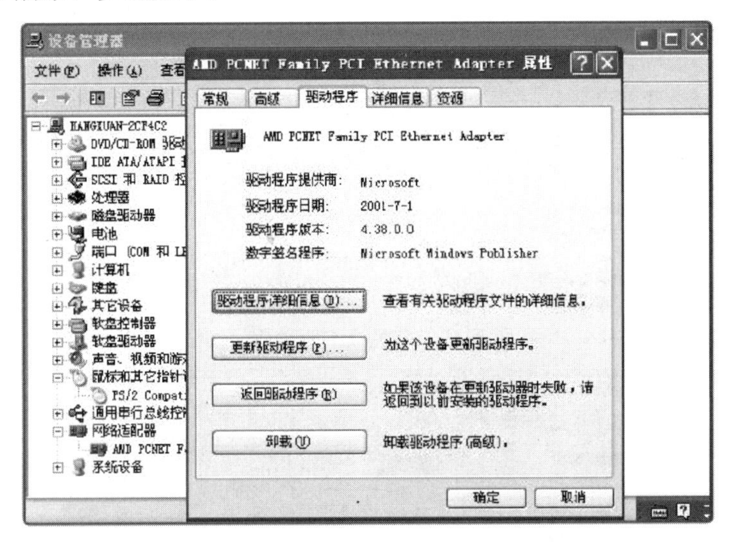

图 5-41　在 Windows 设备管理器中安装设备驱动

（1）在设备管理器中，首先找到有哪些驱动程序未安装，未安装的前面会有问号，如图 5-42 所示。例如，“其他设备”中的“多媒体音频控制器”没有被系统识别，需要安装驱动程序。

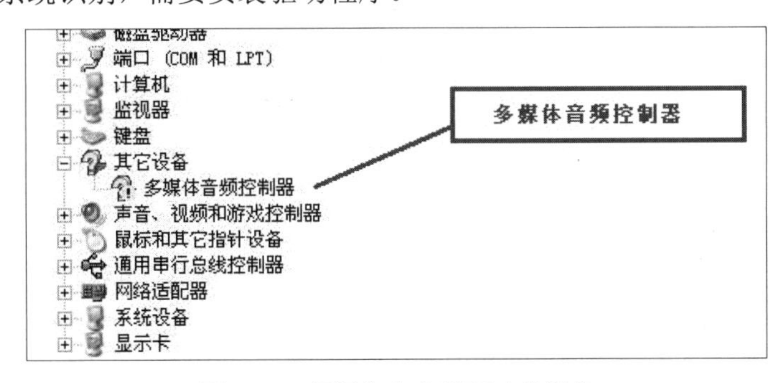

图 5-42　标识为未安装驱动的设备

（2）如果没有这款声卡的驱动程序光盘或安装文件，可以利用驱动精灵测试这款声卡的型号。通过测试得知这是一款集成在主板上的声卡，然后单击“安装”按钮即可自动安装所需要的声卡驱动程序，如图 5-43 所示。

（3）安装完毕重启计算机，再回到设备管理器，发现“其他设备”的

问号标识消失了，而在“声音、视频和游戏控制器”下面出现了刚安装的声卡，说明声卡驱动安装成功，如图 5-44 所示。

图 5-43　安装声卡驱动程序

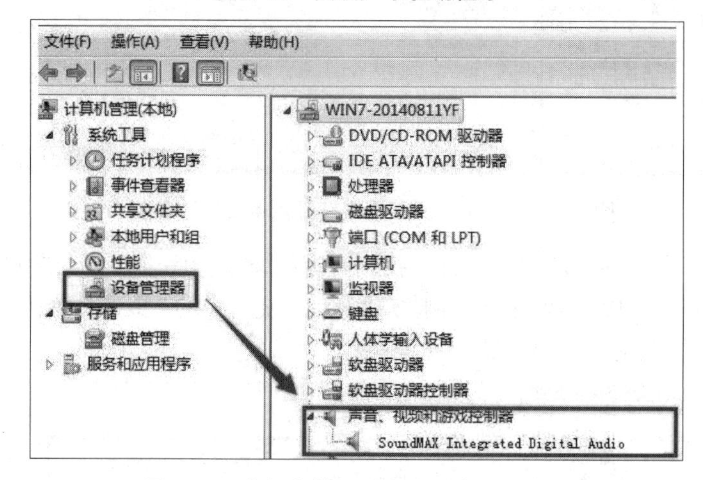

图 5-44　在设备管理器中查看安装的声卡

2. 从驱动程序中的安装文件安装

从网络上下载的驱动程序以及购买硬件随设备赠送的光盘中的驱动程序，都可以双击 Setup.exe（或者 Install.exe）程序，运行后按照提示进行安装，一般只需要单击“下一步”按钮即可顺利完成安装。

3. 用驱动程序管理软件安装

此类软件众多，常见的有驱动精灵、驱动人生、360 驱动大师等。下面以驱动精灵为例介绍如何安装驱动程序。

进入驱动精灵主界面后单击“立即检测”按钮对计算机进行一键体检，

如图 5-45 所示，软件会检测需要安装或更新的驱动程序。

图 5-45　驱动精灵主界面

单击“驱动管理”标签，在打开的页面中会显示需要安装的驱动程序的详细信息，查找需要安装或者升级的硬件驱动程序，单击其后的“安装”按钮，软件会自动进行下载（前提是已联网），并运行驱动程序安装文件。

系统会弹出驱动程序安装文件的运行页面，单击“安装”按钮，软件会自动安装驱动程序，如图 5-46 所示。

图 5-46　已安装和需要安装的驱动程序

5.4 系统备份及还原

在使用计算机的过程中，难免会碰到被病毒、木马、恶意程序等攻击的情况，如果问题不大可以通过工具软件来修复，但是有时候需要还原系统或者重装系统才能解决。所以，当把系统安装、优化完成，安装完驱动程序和必备的软件之后，应当先将系统备份起来，以备不时之需。在日后计算机使用过程中，一旦系统出现问题，就能通过备份快速恢复系统，节约大量的时间。

常用的系统备份和还原方法有系统自带的备份和还原工具及 Ghost 软件备份与还原。

5.4.1 Ghost 软件备份与还原

Ghost 软件是美国著名软件公司 Symantec（赛门铁克）推出的硬盘复制工具。赛门铁克是信息安全领域全球领先的解决方案提供商，著名的诺盾杀毒软件、Ghost 软件都是该公司开发的产品。

Ghost 软件能够完整地备份硬盘上的数据和文件，如此便可在系统受到破坏时，再恢复到系统原有的状况。另外，Ghost 能将硬盘上的内容“克隆”到其他硬盘上，如此便可在更换硬盘或者数据备份时，节省大量的时间，避免了一些重复和烦琐的操作，同时也避免了文件的丢失。

在 Ghost 程序界面中，左边的程序栏中共有 6 项：Local（本地的）、Peer to peer（点对点传送）、Ghostcast（多点传送）、Options（选项）、Help（帮助）、Quit（退出），如图 5-47 所示。

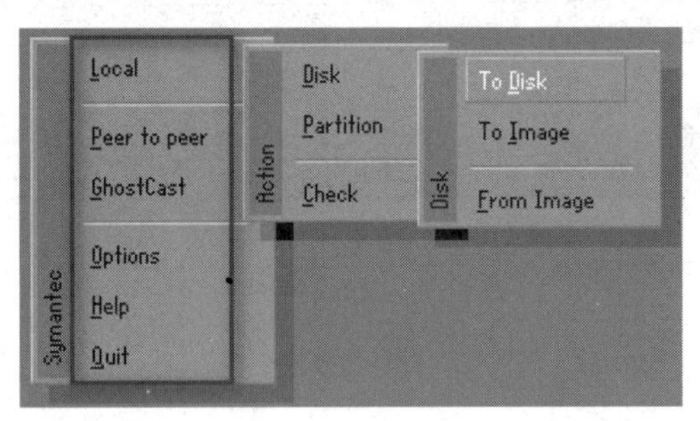

图 5-47　Ghost 软件主界面磁盘操作

一般选择 Local 选项，本地操作，也就是在本地 PC 上对磁盘进行操作，这是 PC 备份和恢复的常用方法，包括 Disk（磁盘）、Partition（分区）、Check（检查）3 项功能。

1．Disk 选项

在 Disk 选项中，可以选择 To Disk（磁盘到磁盘的复制）、To Image（磁盘文件备份为镜像）、From Image（从镜像文件恢复到整个磁盘）。

（1）选择 To Disk，可以实现本地计算机上不同磁盘间的对拷。

（2）选择 To Image，可以为本地磁盘生成备份文件（扩展名为.gho 的镜像文件）。

（3）选择 From Image，选择备份文件恢复系统（重装）或者建立操作系统（新建）。

2．Partition 选项

在 Partition 选项中，可以选择 To Partition（分区对拷）、To Image（生成备份文件）、From Image（从镜像文件恢复），如图 5-48 所示。

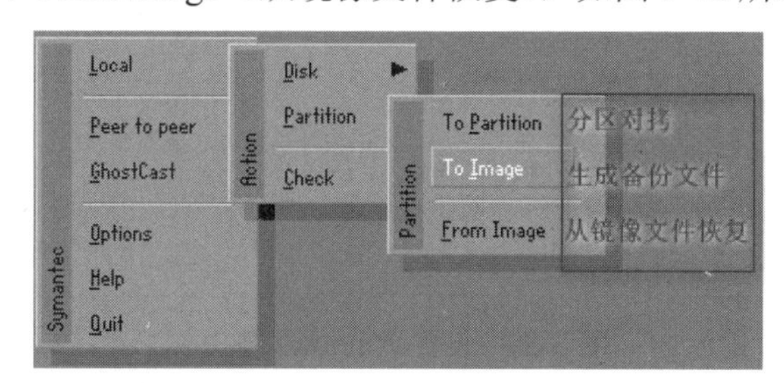

图 5-48　Ghost 软件主界面分区操作

（1）选择 To Partition，可以实现不同分区间的对拷，包括同一磁盘上各分区之间和不同磁盘上的各个分区之间的对拷。

（2）选择 To Image，可以为某一硬盘上的其中一个分区制作备份文件，一般常制作操作系统分区的镜像。

（3）选择 From Image，选择备份文件恢复被选择分区，同恢复硬盘的方法相同。

3．Check 选项

在 Check 选项中，可以检查复制的完整性，有两个选项，即 Check Disk 和 Check Image files。通过 CRC（循环冗余校验码）校验来检查文件或者复制盘的完整性。

5.4.2　Windows 系统自带还原和备份

下面以 Windows 7 为例介绍 Windows 自带的还原和备份工具。

1．创建备份

（1）单击“开始”菜单，选择“控制面板”→“系统和安全”→“备份和还原”命令，如图 5-49 所示。

（2）在打开的“备份和还原（Windows 7）”窗口下，找到并单击“设置备份”按钮，如图 5-50 所示。

（3）选中系统或者文件备份准备存放的磁盘，这里选择 E 盘，然后单击“下一步”按钮，如图 5-51 所示。

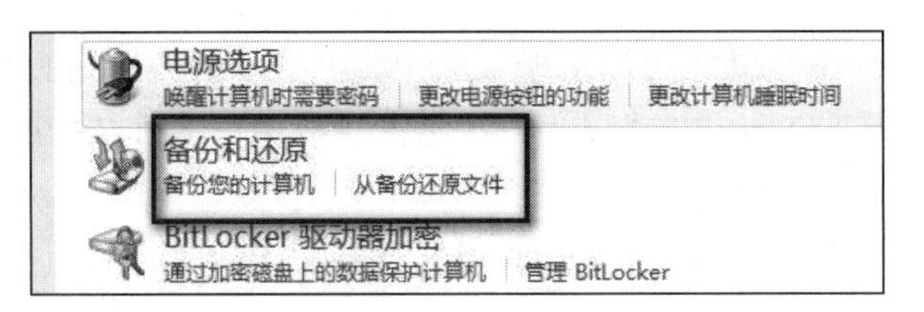

图 5-49　Windows 备份和还原选项

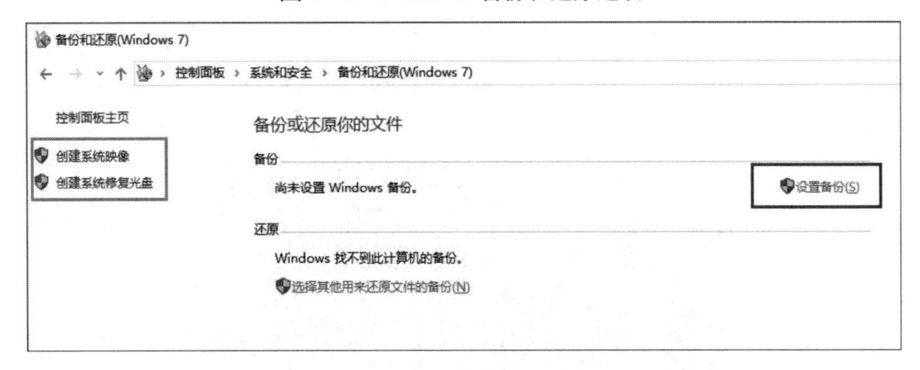

图 5-50　设置 Windows 备份

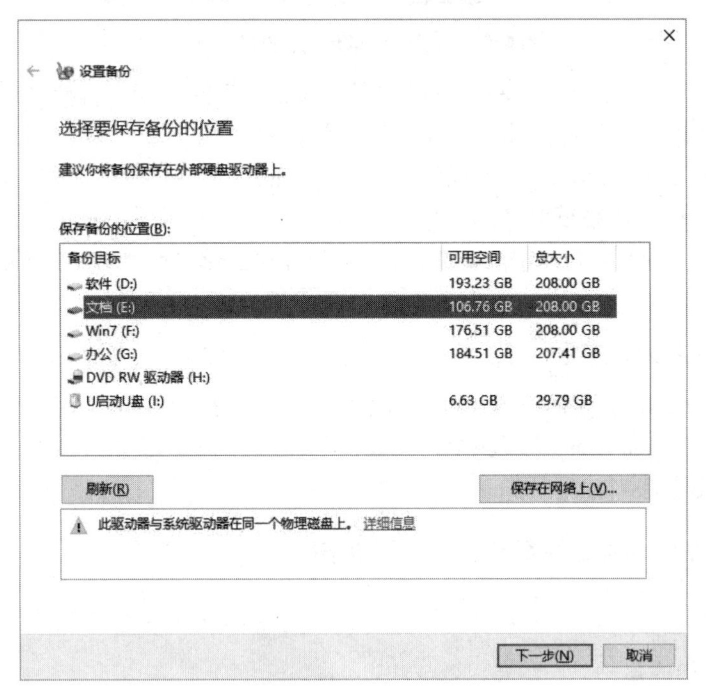

图 5-51　设置 Windows 备份存放位置

（4）选中“让我选择”单选按钮，如图 5-52 所示，单击“下一步”按钮。

（5）在这里选中要备份的文件、文件夹甚至整个磁盘，如图 5-53 所示。还可以对用户信息进行备份，全部选中之后，单击“下一步”按钮。

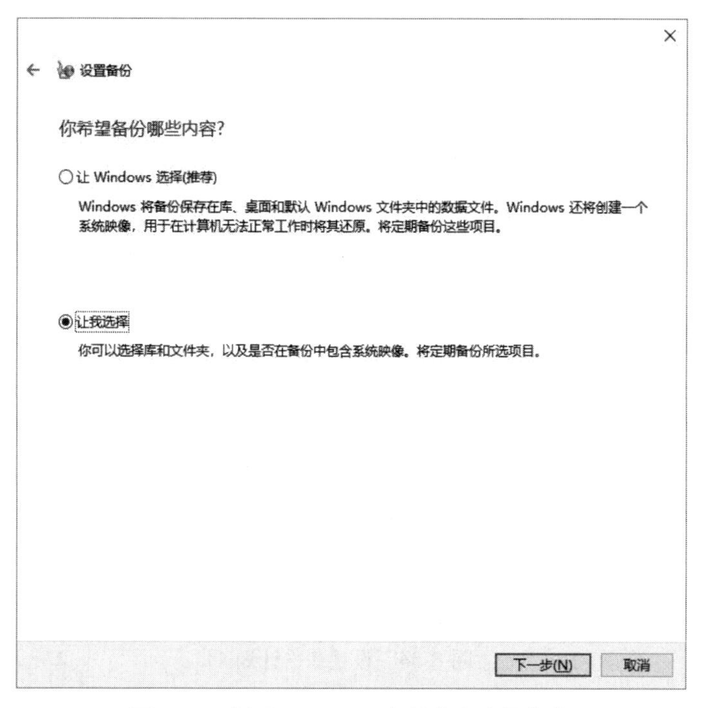

图 5-52　设置 Windows 备份内容选择方式

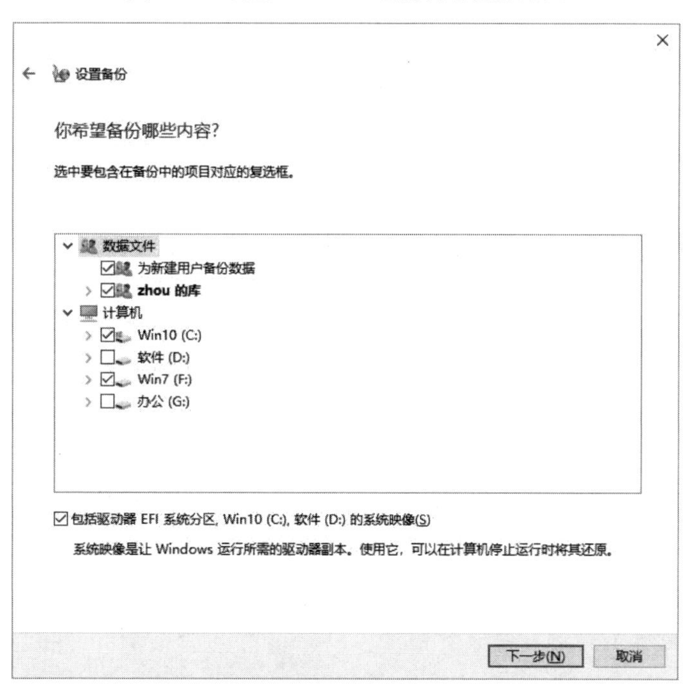

图 5-53　选择需要备份的文件夹或磁盘

（6）单击“更改计划”超链接，如图 5-54 所示，在这里设置备份开始的日期、时间还有频率，如图 5-55 所示，设置完成后依次单击“确定”“保存设置并运行备份”按钮。

图 5-54　设置备份计划

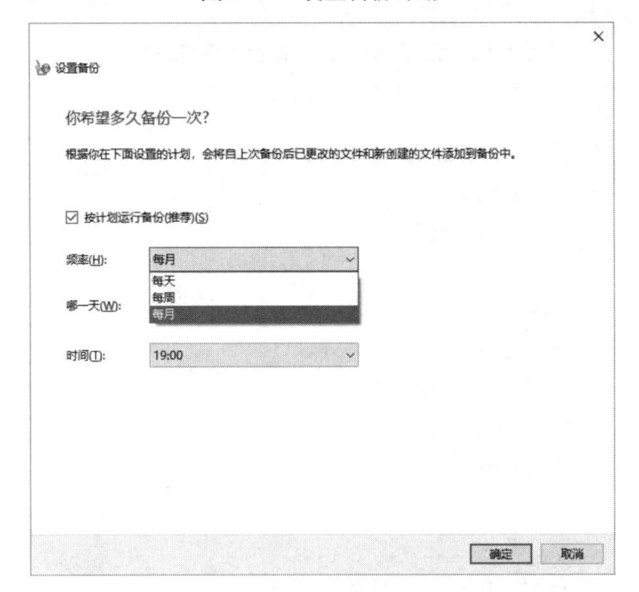

图 5-55　设置备份频率

注意：备份频率不要太频繁，以免备份文件占用过多的磁盘资源，可以更改默认的计划从每天到每月。

2. 系统还原点还原系统

（1）在桌面上右击“此电脑”，在弹出的快捷菜单中选择“属性”命令，打开“系统属性”对话框，再选择“系统保护”选项卡，打开如图 5-56 所示的界面。

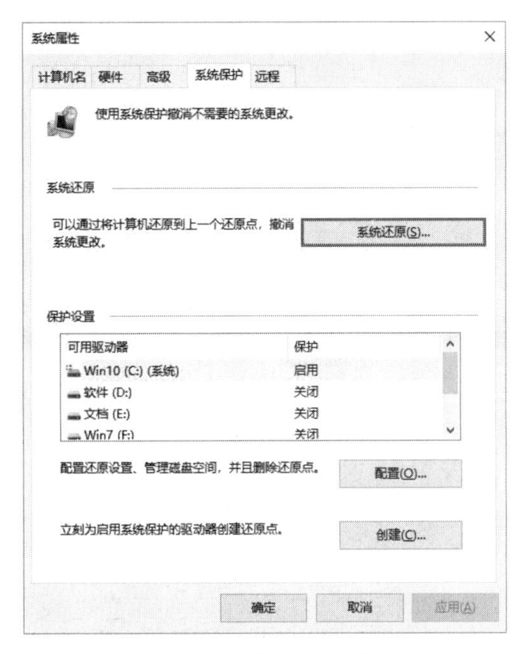

图 5-56 “系统保护”选项卡

（2）选择系统盘，单击下方的“创建”按钮。

（3）在弹出的对话框中输入要创建还原点的备份名称，单击“创建”按钮，如图 5-57 所示。

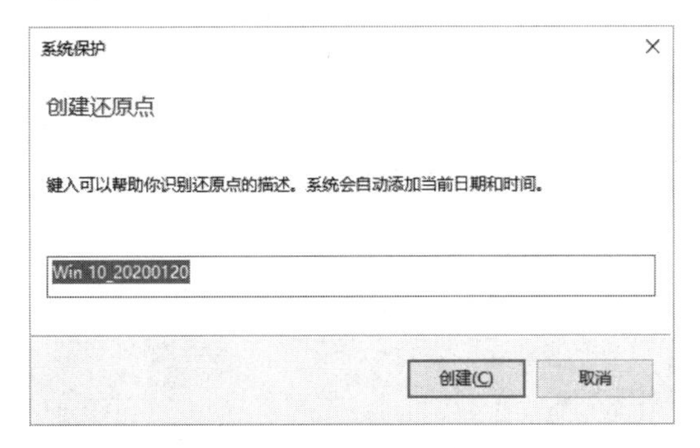

图 5-57 输入系统还原点描述

（4）系统正在创建还原点，稍等一会儿会提示计算机创建还原点成功，如图 5-58 所示。

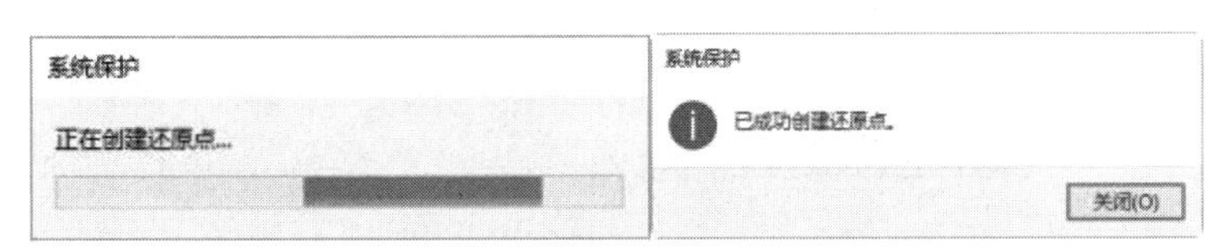

图 5-58 创建还原点进程、创建还原点成功

（5）如果以前创建了还原点，需要进行还原操作，只需在“系统保护”选项卡里单击“系统还原”按钮，根据提示操作即可将系统恢复到还原点

的状态，如图 5-59 示。

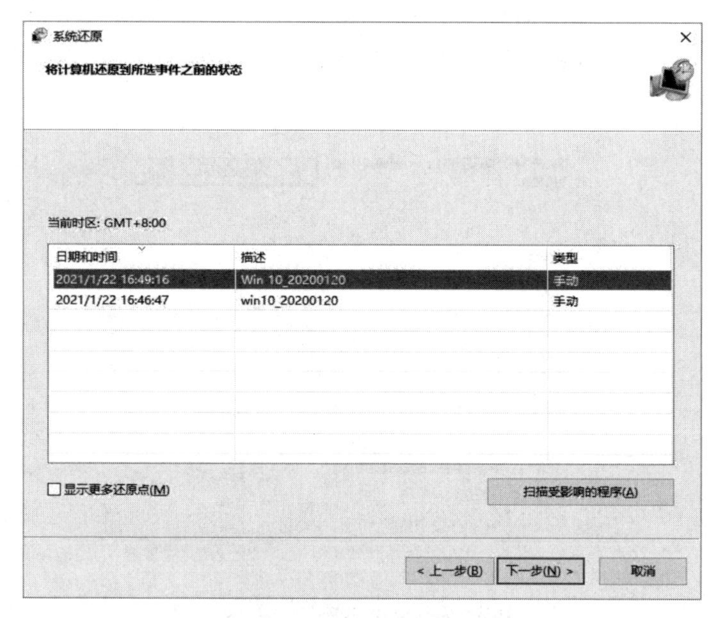

图 5-59　系统恢复到还原点

（6）如果还原点创建过多，可以单击“系统保护”选项卡中的“配置”按钮，删除还原点备份数据，如图 5-60 所示。

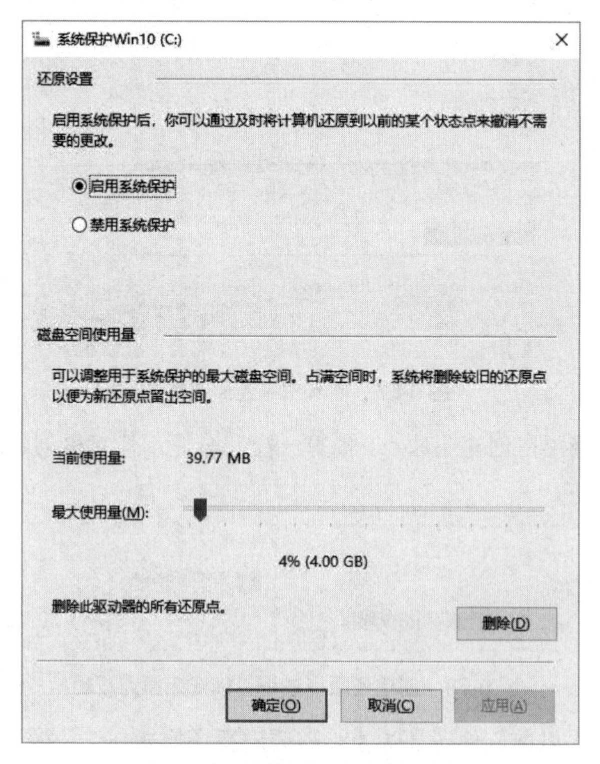

图 5-60　删除还原点备份数据

练习与提高

一、填空题

1．计算机的启动过程分为__________、__________、__________和__________4 种类型。

2．操作系统只有通过__________程序才能控制硬件设备的工作。

3．在设置还原点之前应该首先完成的工作是__________。

4．在 Ghost 软件中，选择 Disk to__________可以实现磁盘对拷。

二、选择题

1．计算机开机之后，首先运行的是（　　）。

A．Windows　　B．BIOS 程序

C．杀毒软件　　D．桌面组件

2．Secure Boot 的意思是（　　）。

A．安全启动　　B．冷启动

C．热启动　　D．复位启动

3．（　　）软件不是驱动程序管理软件。

A．驱动精灵　　B．驱动人生

C．360 驱动大师　　D．冰点还原

三、问答题

1．安装操作系统前要做哪些准备工作？

2．获取设备驱动程序有哪些渠道？

3．在实验室的计算机上至少安装两种操作系统。

4．在已安装的操作系统中，安装 Windows 自带的打印机驱动程序。

5．首先使用 Ghost 备份操作系统所在的 C 盘，并将镜像文件保存在 D 盘，然后将存储的镜像还原到操作系统所在的分区。

第6章 计算机网络应用配置

学习目标

- ❑ 能够掌握计算机网络的基本常识。
- ❑ 能够配置 IP 地址、家用路由器，排查常见网络故障。
- ❑ 能够掌握计算机文件共享的方法。
- ❑ 能够掌握计算机远程控制操作的方法。

6.1 计算机网络基本常识介绍

当今时代，计算机网络为人们的生活注入了丰富的色彩。通过网络，可以进行文字、语音、视频聊天，也可以查看新闻、在线观看电影、玩游戏，还可以查找资料、在线学习等。对于企业用户，可以通过网络宣传产品、进行网上交易等。总而言之，计算机网络不仅为人们提供了新的生活方式，还提供了资源共享和数据传输的平台。

计算机网络是将地理位置不同、具有独立功能的多台计算机及其外部设备，通过通信线路连接起来，在网络操作系统、网络管理软件及网络通信协议的管理和协调下，实现资源共享和信息传递的计算机系统。计算机网络的功能，如图 6-1 所示。

1. 计算机网络常用功能

1）硬件资源共享

可以在全网范围内，提供对处理资源、存储资源、输入/输出资源等昂贵设备的共享，使用户节省投资，也便于集中管理和均衡分担负荷。

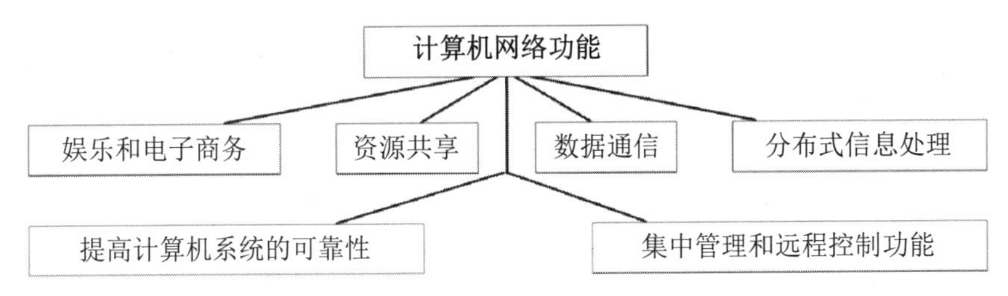

图 6-1 计算机网络的功能

2）软件资源共享

允许互联网上的用户远程访问各类大型数据库，可以得到网络文件传送服务、远程管理服务和远程文件访问服务，从而避免在软件研制上的重复劳动以及数据资源的重复存储，以便于集中管理。

3）用户间信息交换

计算机网络为分布在各地的用户提供了强有力的通信手段。用户可以通过计算机网络传送电子邮件、发布新闻消息和进行电子商务活动。

2. 计算机网络的用途

计算机网络的用途主要有以下 4 个方面。

1）信息浏览

WWW（World Wide Web，万维网）是 Internet 最基本的应用方式，用户只需用鼠标进行简单操作，就可以坐在家中浏览网上丰富多彩的多媒体信息，知晓天下事。

2）电子邮件

E-mail 是计算机技术与通信技术相结合的产物，主要用于计算机用户之间快速传递信息。国内免费的电子邮箱主要有网易的 163 邮箱、搜狐的 Sohu 邮箱、腾讯的 QQ 邮箱等，各公司也可以设立自己的邮箱服务器，提供给会员使用。

3）在线查询

利用丰富的网络资源，可以方便地查找到任何需要的信息。

4）聊天交友

利用 QQ、微信、微博、Facebook 等软件，可以进行在线聊天，从而拉近生活中人与人之间的距离。随着手持设备的发展，手机、平板电脑等更加速了聊天软件的发展。

除了常规的应用，还可以利用计算机网络进行一些特定的查询，例如，利用搜索引擎查询某地的天气情况、查找 IP 地址、查询手机号码归属地、使用在线电子地图查看地形等。

3. 计算机网络的类型

虽然网络类型的划分标准多种多样，但是以地理范围划分是一种大家都认可的通用网络划分标准。按这种标准，可以把各种网络类型划分为局域网、城域网、广域网和互联网 4 种。

1）局域网

局域网（Local Area Network，LAN）就是在局部地区范围内的网络，所覆盖的地区范围较小，是最常见、应用最广的一种网络。随着整个计算机网络技术的发展和提高，局域网得到了充分的应用和普及，几乎每个单位都有自己的局域网，甚至有些家庭和宿舍中都有自己的小型局域网。

局域网在计算机数量的配置上没有太多限制，少的可以只有两台，多的可达几百台。一般来说，在企业局域网中，工作站的数量有几十到两百台次左右。在网络所涉及的地理距离上可以是几米到 10 千米范围内。

局域网一般位于一幢建筑物或一个单位内，不存在寻径问题，不包括网络层的应用。局域网的连接范围窄，用户数量少，但其配置容易，连接速率高。

2）城域网

城域网（Metropolitan Area Network，MAN）是指在一个城市，但不在同一地理小区域范围内的计算机互联网。MAN 与 LAN 相比，扩展的距离更长，连接距离可达 10 千米到 100 千米，连接的计算机数量更多，在地理范围上可以认为是 LAN 的延伸。

通常一个 MAN 连接着多个 LAN，如连接政府机构的 LAN、医院的 LAN、电信的 LAN、公司企业的 LAN 等。由于光纤连接的引入，使 MAN 与中高速 LAN 的互连成为可能。

3）广域网

广域网（Wide Area Network，WAN）也称为远程网，其所覆盖的范围比城域网更广，一般是在不同城市之间的 LAN 或 MAN 的互连，地理范围可从几百千米到几千千米。

因为广域网的传输距离较远、信息衰减比较严重，所以这种网络一般是租用专线，通过 IMP（接口信息处理）协议和线路连接起来，构成网状结构。因为广域网所连接的用户多，总出口带宽有限，所以用户的终端连接速率一般较低。

4）互联网（Internet）

在网络应用迅猛发展的今天，互联网已成为人们每天都要打交道的一种网络，无论从地理范围还是从网络规模来讲，互联网都是最大的一种网络。从地理范围来讲，互联网可以是全球计算机的互连，这种网络的最大特点就是不确定性，整个网络的计算机每时每刻都在不断地变化。当计算机连在互联网上时，这台计算机可以算是互联网的一部分，一旦它断开与互联网的连接时，这台计算机就不属于互联网了。

互联网信息量大、传播广，无论用户身处何地，都可以享受互联网带来的便捷。正因为这种网络的复杂性，所以这种网络的实现技术也非常复杂。

6.1.1　局域网与互联网

1. 局域网

局域网是将小区域内的各种通信设备互连在一起的通信网络。它由互联的计算机、打印机和其他在短距离范围内共享硬件及软件资源的计算机设备组成。局域网可以使用多种传输介质来连接。决定局域网特性的主要技术有：用以连接各种设备的拓扑结构；用以传输数据的传输介质；用以共享资源的介质访问控制方法。在本章中主要涉及局域网的拓扑结构和传输介质。

1）局域网的特点

（1）局域网是一个通信网络，从协议层次的观点看，它包含着3层功能，由连接到局域网的数据通信设备、高层协议和网络软件组成。

（2）局域网覆盖的范围比较小，其服务区域可以是一间小型办公室、大楼的某一层或整个大楼。例如，某大学的计算机系，其中每间办公室和实验室的计算机都由通信电缆连接，数据传输距离短（0.1～10km），传输时间有限。

（3）局域网可以采用多种传输介质，包括双绞线、同轴电缆、光纤和无线介质等。

（4）传统的局域网传输速率为10～100Mb/s，高速局域网可达到10000Mb/s，传输延迟和误码率低。

2）局域网的分类

（1）按照组网方式分类。按照组网方式的不同（即网络中计算机之间的地位和关系的不同），局域网可以分为3种，即对等网、专用服务器局域网和客户机/服务器局域网。

① 对等网（Peer-to-Peer Networks）是局域网最简单的形式之一。它指的是在网络中没有专用的服务器（Server），每台计算机的地位平等，每台计算机既可充当服务器又可充当客户机（Client）的网络。这种网络没有客户机和服务器的区别，每台计算机都可以向其他计算机提供服务，如共享文件夹、共享打印机等。同时，每台计算机也可以享受别人提供的服务。在对等网中，用户自行决定自己的资源是否共享，或使别人只能访问他的资源而不能进行控制。对等网与网络拓扑的类型和传输介质无关。对等局域网的组建和维护比较容易，且成本低，结构简单，但数据的保密性较差，文件存储分散，不易升级。对等网计算机之间的关系，如图6-2所示。

② 专用服务器（Server-Based）局域网是一种主/从式结构，即“工作站/文件服务器”结构的局域网。它是由若干台工作站及一台或多台文件服务器，通过通信线路连接起来的网络。在该结构中，工作站可以存取文件服务器内的文件和数据，共享服务器存储设备。服务器作为一台特殊的计

算机，除了向其他计算机提供文件共享、打印共享等服务之外，还具有账号管理、安全管理的功能，它能赋予不同账号不同的权限，它与其他非服务器计算机之间的关系不是对等的，即存在制约与被制约的关系。并且工作站之间不能直接通信，也不能进行软硬件资源的共享，使得网络工作效率降低。随着数据库系统和其他复杂的应用系统的不断增加、用户的增多，为每个用户服务的程序也将增多。因为每个程序都是独立运行的大文件，运行极慢；所以服务器逐渐“不堪重负”；因此产生了客户机/服务器模式。

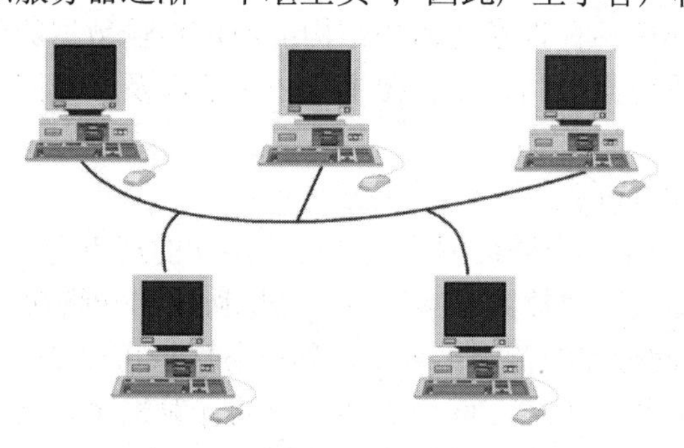

图 6-2　对等网计算机之间的关系

③ 客户机/服务器（Client/Server）局域网是由一台或多台专用服务器管理控制网络的运行的。其中一台或几台配置较高的计算机集中进行共享数据库的管理和存取，称为服务器。它将其他的应用处理工作分散到网络中，由其他客户机去做，构成分布式的处理系统。另外，该结构与专用服务器局域网不同的是，客户机之间可以自由访问，所以数据的安全性有所欠缺，服务器对工作站的管理存在困难。但在客户机/服务器局域网中，服务器的负担相对较低，工作站的资源得到充分的利用，网络的工作效率得到提高。它适用于计算机数量多、位置分散、信息量较大的单位。

（2）按照介质访问控制方法分类。从当前介质访问控制方法的发展情况来看，局域网可以分为以下两类，即共享介质局域网（Shared LAN）、交换式局域网（Switched LAN）。在传统的共享介质局域网中，所有结点共享一条公共通信传输介质，不可避免地会发生冲突。随着局域网规模的扩大，网中结点数不断增加，每个结点平均分配到的带宽越来越少。因此，当网络通信负荷加重时，冲突与重发现象将大量发生，网络效率将会急剧下降。为了克服网络规模与网络性能之间的矛盾，人们将共享介质的方式改为交换方式，从而促进了交换式局域网的发展。交换式局域网的核心设备是局域网交换机，局域网交换机可以在它的多个端口之间建立多个并行连接。下面简单介绍 3 种网络类型。

① 以太网。以太网（Ethernet，IEEE 802.3 标准）是一种使用广泛、采用总线形拓扑的网络技术。最初的以太网使用称为以太（Ether）的同轴电缆作为传输媒介，多台计算机连接在这根电缆上，可以运行在 10Mb/s 的带宽上。快速以太网（Fast Ethernet）运行在 100Mb/s 的带宽上，千兆位以太

网运行在 1000Mb/s 或 1Gb/s 的带宽上。

② 令牌环网。令牌环网（Token Ring，IEEE 802.5 标准）是一种星形环拓扑结构，其中数据以环形循环，网络物理布局是星形，它运行在单个共享介质上，其基本原理是利用令牌避免网络中的冲突，在任何时候，环上只有一个令牌。为了发送数据，计算机必须等待令牌到来，在令牌到来后，传输一帧数据，然后向下一台计算机传输令牌。当没有计算机要发送数据时，令牌在环上高速循环。它具有较好的抗干扰性，但是存在容易失效的缺点。

③ 无线局域网。无线局域网（Wireless LAN，IEEE 802.11 标准）是计算机网络与无线通信技术相结合的产物。它利用电磁波在空气中发送和接收数据，而不使用线缆介质。和其他局域网技术一样，无线局域网也采用共享方式。无线局域网中的所有计算机都使用相同的无线电频率，它们也必须轮流发送包。数据的传输速率可以达到 11Mb/s 和 54Mb/s，传输距离可至 20km 以上。它是对有线联网方式的一种补充和扩展。与有线网络相比，无线局域网具有安装便捷、使用灵活、经济节约、易于扩展的优点。

2. 互联网

每种网络技术都有特定的限制，如局部范围内的以太网适合于办公室环境；令牌环网适合于实时业务传送；令牌总线网则适合于流水线上的设备控制，在广域网络内各种类型网络的差别和应用局限性更加明显。不存在某种单一的网络技术对所有需求都是最好的情况，通常要根据实际的需求来确定网络的类型。使用多个物理网络的明显问题是，连接在一个网络内的计算机只能与连在同一网络内的其他计算机通信，而不能与连在其他网络上的计算机通信。当一个机构拥有多个网络时，会给使用和管理带来极大的不便，同时也会造成资源浪费。为解决这一问题，就必须提供一种通用服务，使得任意两台计算机（无论在哪个网络上）之间都能进行通信，就像任意两个电话之间可以通话一样。在异构网络之间实现通用服务的方案，称为网络互联。网络互联既需要硬件，也需要软件。通常使用专门的硬件将各种网络连接起来，在计算机及专用硬件上分别安装相应的服务软件。这种将各种网络连接起来构成的最终系统，称为互联网络。

互联网络没有大小的限制，通过软件为众多计算机提供单一、无缝的通信系统，实现通用服务，而用户无须了解网络互联的细节。因此，互联网络可以说是一个虚拟网络。因为通信系统是一个抽象系统，在用户看来，互联网络是一个庞大、单一的网络。但事实上，互联网络面对的只是所处的物理网络，与其他网络的通信是靠通用服务实现的。互联网络是计算机网络的重要研究课题。

1）网络互联的任务

（1）扩大网络通信范围与限定信息通信范围。将各个独立的局域网互联起来，扩大了各局域网信息传输的范围。但是当一个网络负荷过重时，就需要把这个网络系统分解成若干个小网络，再利用某种互联技术，把分解后的若干个小网络互联起来，这样可以减轻网络负荷，将各种信息局限在一定的范围内，减少全网的通信量，从而方便管理与操作。

（2）提高网络系统的性能与可靠性。如果一个网络系统的用户站点过多、通信时间过长、通信设备和数据处理设备都连接在同一个网络中，则系统的性能、数据传输速率、响应时间、系统安全性等会明显下降。网络互联技术要能有效地改善和提高网络系统的性能与可靠性。

2）网络互联的类型

由于网络分为局域网（LAN）和广域网（WAN）两大类，因此网络互联的形式有 LAN-LAN、LAN-WAN、WAN-WAN 和 LAN-WAN-LAN 4 种。为了将两个物理网络连接在一起，需要采用特殊的设备。根据作用和工作原理的不同，这些设备有不同的名称，通常被称为中继器、网桥、路由器、网关。

（1）LAN-LAN 互联是解决小区域范围内，局域网之间的互联。按局域网之间的关系来划分，可分为同构网和异构网，所以 LAN-LAN 互联可分为以下两类。

① 同构网（Homogeneous Net）的互联。同构网是指具有相同特性和性质的网络，即它们具有相同的通信协议，接入网络设备的界面也相同。同构网一般是由同一厂家提供的某种单一类型的网络，例如，两个以太网络的互联或两个令牌环网络的互联，都属于同构网的互联。同构网的互联比较简单，常用的设备有中继器、集线器、交换机、网桥等。

② 异构网（Heterogeneous Net）的互联。异构网则是指网络不具有相同的传输性质和通信协议。当前，网络之间的连接大多是异构网的互联，例如，一个以太网和一个令牌环网的互联。异构网常用的设备有网桥、路由器等。

（2）LAN-WAN 互联扩大了数据通信网络的范围，可以使不同机构的 LAN 连入更大范围的网络体系中，其扩大的范围可以超越城市、国家、洲界，从而形成世界范围的数据通信网络。LAN-WAN 互联的设备主要包括网关和路由器，其中路由器最为常用，它提供了若干不同通信协议的端口，可以连接不同的局域网和广域网。

（3）WAN-WAN 互联一般在政府的电信部门或国际组织间进行，它主要将不同地区的网络互联起来，以构成更大规模的网络，如全国范围内的公共电话交换网 PSTN、数字数据网 DDN、分组交换网 X.25、帧中继网、ATM 网等。

（4）LAN-WAN-LAN 互联是将分布在不同地理位置上的 LAN 进行互联。在这种互联方式中，两个局域网之间的通信要跨过中间网络。

6.1.2　无线局域网络

1．无线局域网的定义

无线局域网（Wireless Local Area Network，WLAN）是一种在不采用传统电缆线的同时，提供传统有线局域网的所有功能的无线网络。无线局域网的基础还是传统的有线局域网，是有线局域网的扩展和替换。它在有线局域网的基础上，通过无线路由器（Access Point，AP）、无线网卡等设备，使无线通信得以实现。相比传统有线局域网，无线局域网采用的传输介质不是双绞线或者光纤，而是红外线、无线电磁波等。如图 6-3 所示，是无线局域网的一种网络拓扑结构。

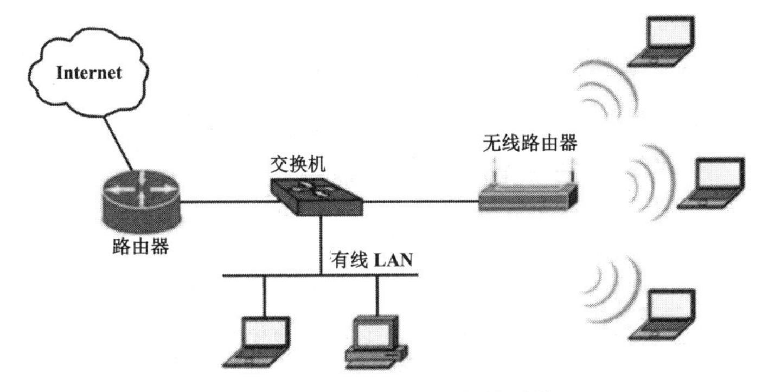

图 6-3　无线局域网络拓扑结构

2．无线局域网的优点和不足

相比有线局域网，无线局域网的优点有以下 3 项。

（1）安装便捷。随着企业和网络应用环境的不断更新、发展，原有的企业网络需重新布局，重新安装网络线路。电缆成本加上请技术人员来配线的成本很高，尤其是陈旧的大楼，配线工程费用将更高。因此，架设无线局域网络就成为组建局域网的最佳解决方案。

（2）网络终端位置灵活、可移动。在有线网络中，网络设备的安放位置受网络位置的限制，而无线局域网在无线信号覆盖区域内的任何一个位置，都可以接入网络，连接到无线局域网时可移动，且能同时与网络保持连接。

（3）故障定位容易。铺设电缆或检查电缆是否断线，是局域网管理的主要工作之一，其存在的问题是耗时、很容易令人烦躁、不易在短时间内找出断线之处。无线网络则很容易定位故障，只需更换故障设备，即可恢复网络连接。

但是，无线局域网在给网络用户带来便捷和实用的同时，也有它的不足之处，主要有以下 3 项。

（1）传输容易受干扰。无线局域网是依靠无线电波进行传输的。无线电波通过无线发射装置进行发射，当遇到建筑物、车辆、树木和其他障碍物时，都可能阻碍电磁波的传输，从而影响网络的性能。

（2）传输速率低。无线信道的传输速率比有线信道要低得多。无线局域网的最大传输速率为 1Gb/s，一般只适合应用于个人终端和小规模网络。

（3）容易被监听。本质上，无线电波不要求建立物理的连接通道，无线信号是发散的。从理论上讲，很容易监听到无线电波广播范围内的任何信号，造成通信信息泄露。

3. 无线局域网的标准协议

无线网络标准从硬件电气参数上规范了设备应该遵循的标准，只有采用同一标准的设备，彼此之间才能实现网络互连。

1）IEEE 802.11 标准

IEEE 802.11 无线局域网标准是无线局域网当前最常用的传输协议，也是无线网络技术发展中的一个里程碑。该标准使各种不同厂商的无线产品得以互连，并且降低了无线局域网的造价。各个企业都有基于该标准的无线网卡产品。

IEEE 802.11 标准定义了两种类型的设备：一种是无线站，即带有无线网卡的计算机、打印机及其他设备；另一种被称为无线接入点，用来提供无线与有线网络之间以及无线设备相互之间的桥接。一个无线接入点通常由一个无线输出口和一个有线网络接口构成。

IEEE 802.11 标准包括一组标准系列，现阶段主要使用的有 IEEE 801.11b、IEEE 802.11a 和 IEEE 802.11g。

注意： IEEE 802.11g 工作在 2.4GHz 频段，传输速率能达到 54Mb/s，除了高传输速率和兼容性上的优势外，该标准产品还具备穿透障碍的能力，能适应更加复杂的使用环境。

2）蓝牙

蓝牙（IEEE 802.15）是一项最新标准，该标准的出现是对 IEEE 802.11 标准的补充。蓝牙是一种极其先进的大容量、近距离无线数字通信的技术标准，其最高数据传输速率为 1Mb/s，传输距离为 10cm～10m。

蓝牙比 IEEE 802.11 标准更具移动性，例如，IEEE 802.11 标准将无线网络限制在办公室、校园等小范围内，而蓝牙却能把一个设备连接到 LAN（局域网）或 WAN（广域网），还支持全球漫游。

蓝牙具有成本低、体积小的优点，可以用于更多类型的设备。

3）HomeRF

HomeRF 主要为家庭网络设计，是 IEEE 802.11 与 DECT（数字无绳电话标准）的结合，旨在降低语音数据成本。当前 HomeRF 的传输速率较低，只有 1Mb/s 至 2Mb/s。

6.1.3 TCP/IP 协议

TCP/IP（Transmission Control Protocol/Internet Protocol）指传输控制协议/网络互联协议，它是针对 Internet 开发的一种体系结构和协议标准，其目的在于解决异种计算机网络的通信问题，使得网络在互联时把技术细节隐藏起来，为用户提供一种通用、一致的通信服务。TCP/IP 起源于美国的 ARPANET，由它的两个主要协议（TCP 和 IP）而得名。通常所说的 TCP/IP 实际上包含了大量的协议和应用，且由多个独立定义的协议组合在一起，因此，应该更确切地称其为 TCP/IP 协议簇。

研究 OSI 参考模型的初衷，是希望为网络体系结构与协议的发展提供一种国际标准，但由于 Internet 在全世界的飞速发展，使得 TCP/IP 协议得到了广泛的应用，虽然 TCP/IP 不是 ISO 标准，但广泛的使用也使 TCP/IP 成为一种“实际上的标准”，并形成了 TCP/IP 参考模型。不过，ISO 的 OSI 参考模型的制定参考了 TCP/IP 协议簇及其分层体系结构的思想，而 TCP/IP 在不断发展的过程中也吸收了 OSI 标准中的概念及特征。

TCP/IP 协议具有以下 4 个特点。

（1）开放的协议标准，可以免费使用，并且独立于特定的计算机硬件与操作系统。

（2）独立于特定的网络硬件，可以运行在局域网、广域网中，更适用于互联网中。

（3）统一的网络地址分配方案，使得所有 TCP/IP 设备在网络中都具有唯一的地址。

（4）标准化的高层协议，可以提供多种可靠的用户服务。

6.1.4 TCP/IP 的层次结构

TCP/IP 模型由 4 个层次组成，即网络接口层、网际层、传输层和应用层。OSI 模型与 TCP/IP 模型的对照关系如图 6-4 所示。

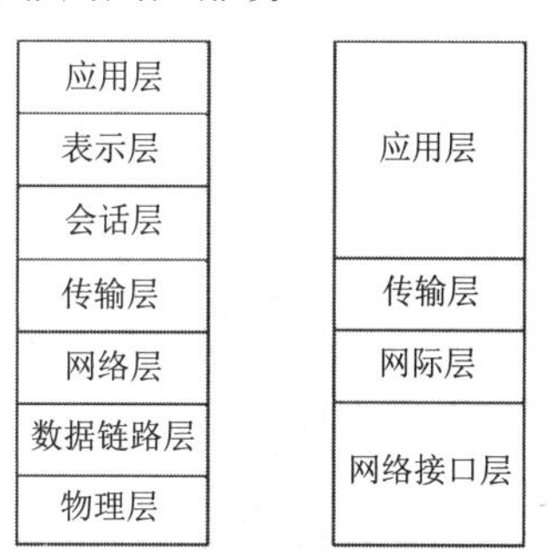

图 6-4 OSI 模型与 TCP/IP 模型的对照关系

1. 网络接口层

TCP/IP 模型的最低层是网络接口层，它包括能使用 TCP/IP 与物理网络进行通信的协议，且对应着 OSI 的物理层和数据链路层。它的功能是接收 IP 数据报并通过特定的网络进行传输，或从网络上接收物理帧，抽取出 IP 数据报并转交给上一层。TCP/IP 标准并没有定义具体的网络接口协议，目的是能够适应各种类型的网络，如 LAN、MAN 和 WAN。这也说明 TCP/IP 可以运行在任何网络上。

2. 网际层

网际层又称网络层、IP 层，负责相邻计算机之间的通信。它主要包括 3 个方面的功能。第一，处理来自传输层的分组发送请求，收到请求后，将分组装入 IP 数据报，填充报头，选择去往目标网络的路径，然后将数据报发往适当的网络接口。第二，处理输入的数据报，首先检查其合法性，然后进行路由选择。假如该数据报已经到达信宿本地机，则去掉报头，将剩下部分（TCP 分组）交给适当的传输协议；假如该数据报尚未到达信宿机，则转发该数据报。第三，处理路径、流量控制、拥塞等问题。另外，网际层还提供差错报告功能。

3. 传输层

TCP/IP 模型的传输层与 OSI 模型的传输层类似，它的根本任务是提供端到端的通信。传输层对信息流具有调节作用，提供可靠性传输，确保数据到达无误，顺序也不错乱。为此，在接收方安排了一种发回“确认”和要求重发丢失报文分组的机制。传输层软件把要发送的数据流分成若干个报文分组，在每个报文分组上加一些辅助信息，包括用来标示是哪个应用程序发送这个报文分组的标识符、哪个应用程序应接收这个报文分组的标识符以及给每一个报文分组附带校验码，使用这个校验码可以方便验证收到的报文分组的正确性。在一台计算机中，可以有多个应用程序同时访问网络。传输层同时从几个用户接收数据，然后把数据发送给下一个较低的层。

4. 应用层

在 TCP/IP 模型中，应用层是最高层，它对应 OSI 参考模型中的会话层、表示层和应用层。它向用户提供一组常用的应用程序，如文件传送、电子邮件等。严格来说，应用程序不属于 TCP/IP，但就上面提到的几个常用应用程序而言，TCP/IP 制定了相应的协议标准，所以，把它们也作为 TCP/IP 的内容。当然，用户完全可以根据需要，在传输层上建立自己的专用程序，这些专用程序要用到 TCP/IP，但却不属于 TCP/IP。在应用层，用户调用访问网络的应用程序，该应用程序与传输层协议相配合，发送或接收数据。每个应用程序都应选用自己的数据形式，它可以是一系列报文或字节流，不管采用哪种形式，都要将数据传送给传输层，以便交换信息。

应用层的协议很多，依赖关系相当复杂，这种现象与具体应用的种类繁多密切相关。应当指出，在应用层中，有些协议不能直接为一般用户所使用。那些能直接被用户所使用的应用层协议，往往是一些通用的、标准化的协议，如 FTP、Telnet 等。在应用层中，还包含很多用户的应用程序，它们是建立在 TCP/IP 协议簇基础上的专用程序，无法标准化。

6.2　计算机网络配置与测试

6.2.1　计算机 IP 地址配置及测试

Internet 上的主机与网络上的每个接口都必须有一个唯一的 IP 地址，任何两个不同的接口，它们的 IP 地址是不同的。如果某台主机或路由器同 Internet 有多个接口，则它们可拥有多个 IP 地址，每个接口对应一个 IP 地址。

IP 地址共有 5 类，即 A 类、B 类、C 类、D 类、E 类。每个地址的高几位为类型标志（A 类的最高位是一个 0 位，B 类是 10，C 类是 110，D 类是 1110，E 类是 11110）。地址的其余位分为网络标识和主机标识两部分。网络标识用于标识唯一一个网络，而主机标识说明主机在网络中的编号，全 0 和全 1 的标识具有特殊的含义。IP 地址的二进制格式如图 6-5 所示。

31　　23　　15　　7

	类型位		
A 类地址	0	网络号	主机号
B 类地址	10	网络号	主机号
C 类地址	110	网络号	主机号
D 类地址	1110	多重广播地址	
E 类地址	11110	保留	

图 6-5　IP 地址的二进制格式

为了保证 IP 地址的唯一性，专门设立了一个权威机构 InterNIC（Interneter Network Information Center），负责 IP 地址的管理。任何一个网络要接入 Internet，必须向 InterNIC 申请一个网络 IP 地址，InterNIC 只分配 IP 地址中的网络标识，主机标识由各个网络的管理员负责分配。

在实际应用中，仅靠网络标识来划分网络会有许多问题，例如，A 类地址和 B 类地址都允许网络中包含大量的机器，但实际上，不可能把这么多机器都连接到一个单一的网络中，这会给网络的寻址和管理带来很大困难。要解决这个问题，需要在网络中引入子网。

TCP/IP 要求网络中每台计算机都拥有自己的 IP 地址，对于对等网，由于没有服务器对网络中的计算机自动分配 IP 地址，所以需要手工配置 IP 地址。

1. Windows（以 Windows 10 为例）操作系统配置 IP 地址

（1）单击系统托盘中的网络连接图标，如图 6-6 所示，在弹出的菜单中选择“网络”命令。

（2）在以太网“设置”窗口中选择“网络和共享中心”命令，如图 6-7 所示。

图 6-6 网络连接

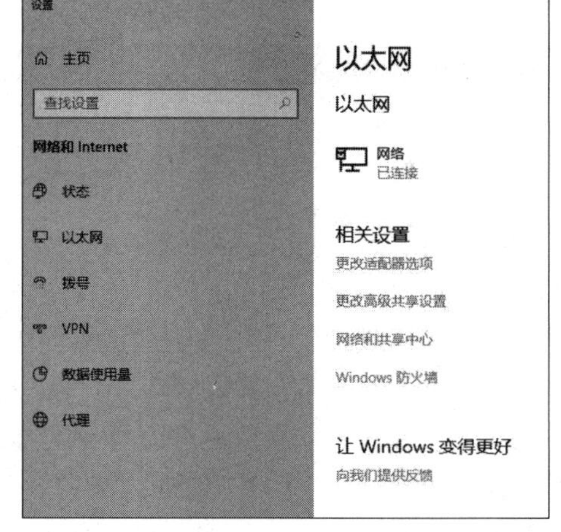

图 6-7 以太网设置

（3）在“网络和共享中心”窗口选择“以太网”命令，如图 6-8 所示。

图 6-8 网络和共享中心

（4）在“以太网 状态”窗口中单击“属性”按钮，如图 6-9 所示。

（5）如需要配置 IPv4 地址，在“以太网 属性”对话框中选中“Internet 协议版本 4（TCP/IPv4）”复选框，然后单击“属性”按钮，如图 6-10 所示。

（6）在“Internet 协议版本 4（TCP/IPv4）属性”对话框中输入 IP 地址、子网掩码、默认网关、首选 DNS 服务器后，单击“确定”按钮即可，如图 6-11 所示。若计算机所在网络支持 DHCP 自动分配 IP 地址，可以在该窗口中选中“自动获得 IP 地址”和“自动获得 DNS 服务器地址”单选按钮，然后单击“确定”按钮即可。

图 6-9 “以太网 状态”对话框　　　　图 6-10 “以太网 属性”对话框

（7）测试网络的联通性。在“运行”窗口中输入 cmd，单击“确定“按钮，打开命令窗口，如图 6-12 所示。

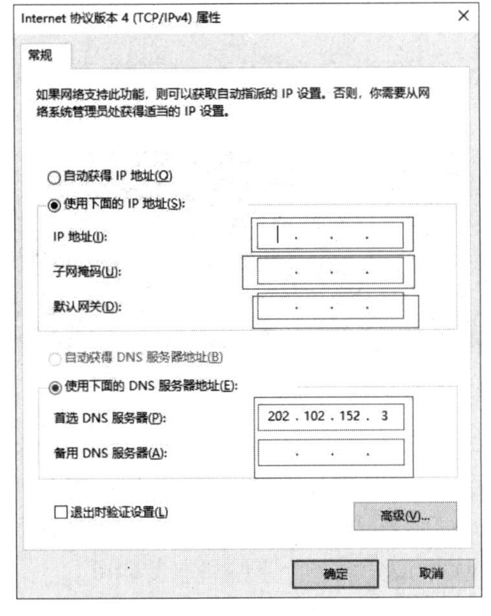

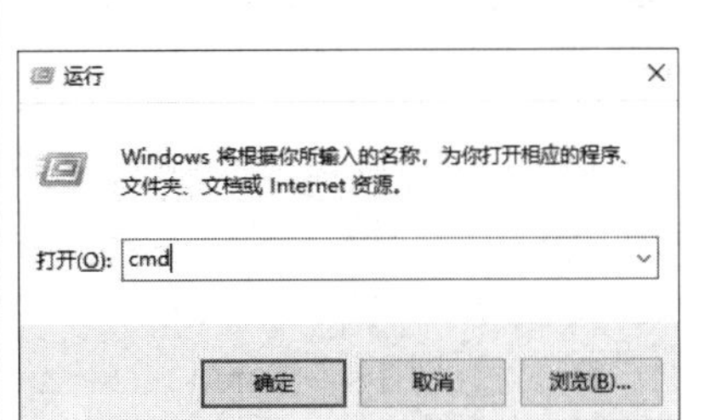

图 6-11 TCP/IPv4 属性对话框　　　　图 6-12 运行窗口

（8）在命令窗口输入 ipconfig 命令，查看当前计算机的 IP 配置情况，然后通过 ping 命令测试到“网关”、DNS 的连通性，若能测试通网关，说明计算机在局域网中工作正常，若配置了 Internet 公共 DNS 地址，而且能测试连通 DNS 地址，说明接入 Internet 正常，如图 6-13 所示。

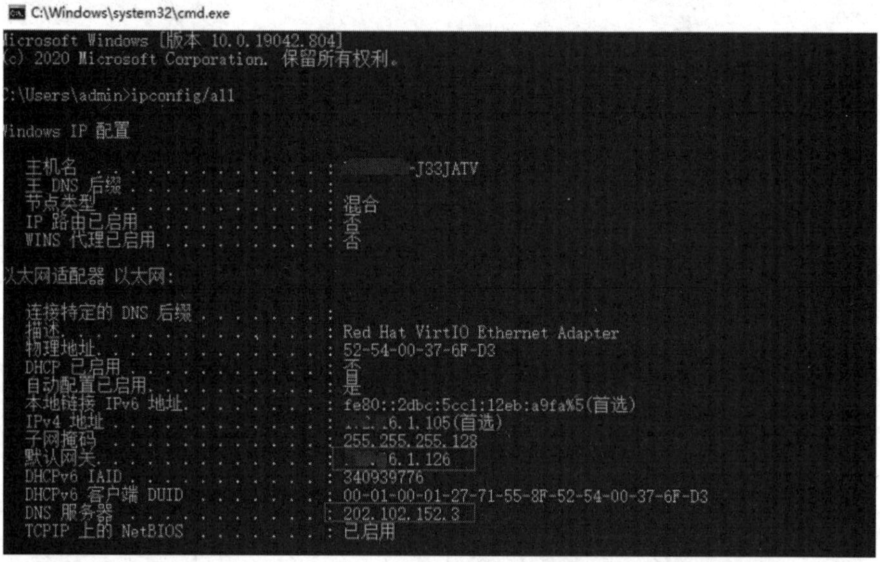

```
C:\Windows\system32\cmd.exe
icrosoft Windows [版本 10.0.19042.804]
(c) 2020 Microsoft Corporation. 保留所有权利。

:\Users\admin>ipconfig/all

indows IP 配置

   主机名  . . . . . . . . . . . . . : -J33JATV
   主 DNS 后缀 . . . . . . . . . . . :
   节点类型  . . . . . . . . . . . . : 混合
   IP 路由已启用 . . . . . . . . . . : 否
   WINS 代理已启用 . . . . . . . . . : 否

以太网适配器 以太网:

   连接特定的 DNS 后缀 . . . . . . . :
   描述. . . . . . . . . . . . . . . : Red Hat VirtIO Ethernet Adapter
   物理地址. . . . . . . . . . . . . : 52-54-00-37-6F-D3
   DHCP 已启用 . . . . . . . . . . . : 否
   自动配置已启用. . . . . . . . . . : 是
   本地链接 IPv6 地址. . . . . . . . : fe80::2dbc:5cc1:12eb:a9fa%5(首选)
   IPv4 地址 . . . . . . . . . . . . : ...6.1.105(首选)
   子网掩码  . . . . . . . . . . . . : 255.255.255.128
   默认网关. . . . . . . . . . . . . : ...6.1.126
   DHCPv6 IAID . . . . . . . . . . . : 340939776
   DHCPv6 客户端 DUID  . . . . . . . : 00-01-00-01-27-71-55-8F-52-54-00-37-6F-D3
   DNS 服务器  . . . . . . . . . . . : 202.102.152.3
   TCPIP 上的 NetBIOS  . . . . . . . : 已启用
```

图 6-13 使用 ipconfig 命令查看 IP 配置界面

2. Linux（以 CentOS 7 为例）操作系统配置 IP 地址

CentOS 7 获取 IP 地址的方法主要有两种，即动态获取 IP 地址、设置静态 IP 地址。

在配置网络之前要先知道 CentOS 的网卡名称是什么，可通过命令 ip addr 查看，如图 6-14 所示。网卡名为 ens32，是没有 IP 地址的。

```
[root@mini ~]# ip addr
1: lo: <LOOPBACK,UP,LOWER_UP> mtu 65536 qdisc noqueue state UNKNOWN group default qlen 1000
    link/loopback 00:00:00:00:00:00 brd 00:00:00:00:00:00
    inet 127.0.0.1/8 scope host lo
       valid_lft forever preferred_lft forever
    inet6 ::1/128 scope host
       valid_lft forever preferred_lft forever
2: ens32: <BROADCAST,MULTICAST,UP,LOWER_UP> mtu 1500 qdisc pfifo_fast state UP group default qlen 10
00
    link/ether 00:0c:29:d2:42:55 brd ff:ff:ff:ff:ff:ff
[root@mini ~]#
```

图 6-14 查看 IP 地址配置情况

（1）动态获取 IP 地址。使用命令 vi /etc/sysCONFIG/network-scrIPts/ifcfg-ens32 修改网卡配置文件（最后为网卡名称），动态获取 IP 地址需要修改两处地方，即 BOOTPROTO = dhcp 和 ONBOOT = yes，如图 6-15 所示。

修改后使用 systemctl restart network 命令重启一下网络服务即可。

通过以上操作，动态配置 IP 地址就完成了，这时再查看一下 ip addr，可以看到已经获取了 IP 地址，且可以上网（通过 ping 百度测试），如图 6-16 所示。

```
TYPE=Ethernet
PROXY_METHOD=none
BROWSER_ONLY=no
BOOTPROTO=dhcp
DEFROUTE=yes
IPV4_FAILURE_FATAL=no
IPV6INIT=yes
IPV6_AUTOCONF=yes
IPV6_DEFROUTE=yes
IPV6_FAILURE_FATAL=no
IPV6_ADDR_GEN_MODE=stable-privacy
NAME=ens32
UUID=686cb990-9a5b-4e8c-9afb-266b97b31555
DEVICE=ens32
ONBOOT=yes
```

图 6-15　配置动态获取 IP 地址参数

```
[root@mini ~]# ip addr
1: lo: <LOOPBACK,UP,LOWER_UP> mtu 65536 qdisc noqueue state UNKNOWN group default qlen 1000
    link/loopback 00:00:00:00:00:00 brd 00:00:00:00:00:00
    inet 127.0.0.1/8 scope host lo
       valid_lft forever preferred_lft forever
    inet6 ::1/128 scope host
       valid_lft forever preferred_lft forever
2: ens32: <BROADCAST,MULTICAST,UP,LOWER_UP> mtu 1500 qdisc pfifo_fast state UP group default qlen 10
00
    link/ether 00:0c:29:d2:42:55 brd ff:ff:ff:ff:ff:ff
    inet 192.168.16.107/24 brd 192.168.16.255 scope global noprefixroute dynamic ens32
       valid_lft 7133sec preferred_lft 7133sec
    inet6 fe80::f86e:939e:ff9b:9aec/64 scope link noprefixroute
       valid_lft forever preferred_lft forever
[root@mini ~]# ping www.baidu.com
PING www.a.shifen.com (183.232.231.172) 56(84) bytes of data.
64 bytes from 183.232.231.172 (183.232.231.172): icmp_seq=1 ttl=54 time=26.7 ms
64 bytes from 183.232.231.172 (183.232.231.172): icmp_seq=2 ttl=54 time=25.3 ms
64 bytes from 183.232.231.172 (183.232.231.172): icmp_seq=3 ttl=54 time=25.4 ms
64 bytes from 183.232.231.172 (183.232.231.172): icmp_seq=4 ttl=54 time=27.3 ms
^C
--- www.a.shifen.com ping statistics ---
4 packets transmitted, 4 received, 0% packet loss, time 3009ms
rtt min/avg/max/mdev = 25.343/26.243/27.372/0.856 ms
[root@mini ~]# _
```

图 6-16　Linux 系统查看 IP 配置及连通性测试界面

（2）配置静态 IP 地址。使用命令 vi etc/sysCONFIG/network-scrIPts/ifcfg-ens32 修改网卡配置文件（最后为网卡名称），将参数修改如下。

```
BOOTPROTO=static
ONBOOT=yes
```

在最后加上 5 行，即 IP 地址、子网掩码、网关、DNS 服务器，如图 6-17 所示。

```
IPADDR=192.168.1.160
NETMASK=255.255.255.0
GATEWAY=192.168.1.1
DNS1=119.29.29.29
DNS2=8.8.8.8
```

修改后使用 systemctl restart network 命令，重启一下网络服务即可。

通过以上操作，配置静态 IP 地址就完成了，这时再查看一下 ip addr，可以看到 IP 已经设置成配置的地址了。

```
[root@mini ~]# cat /etc/sysconfig/network-scripts/ifcfg-ens32
TYPE=Ethernet
PROXY_METHOD=none
BROWSER_ONLY=no
BOOTPROTO=static
DEFROUTE=yes
IPV4_FAILURE_FATAL=no
IPV6INIT=yes
IPV6_AUTOCONF=yes
IPV6_DEFROUTE=yes
IPV6_FAILURE_FATAL=no
IPV6_ADDR_GEN_MODE=stable-privacy
NAME=ens32
UUID=686cb990-9a5b-4e8c-9afb-266b97b31555
DEVICE=ens32
ONBOOT=yes
IPADDR=192.168.1.160
NETMASK=255.255.255.0
GATEWAY=192.168.1.1
DNS1=119.29.29.29
DNS2=8.8.8.8
```

图 6-17 配置静态 IP 地址

6.2.2 家用路由器的配置及测试

在正式使用路由器之前，必须先按下列步骤进行配置。

（1）在配置路由器之前，需要先将路由器的 LAN 口（4 个 LAN 口中的任何一个都可以）用一根双绞线连接至计算机的网络接口，如图 6-18 所示。

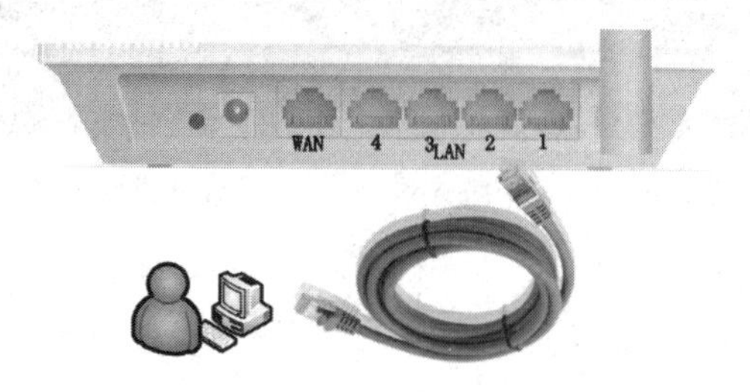

图 6-18 家用路由器常见接口

（2）查看路由器背面的铭牌，可以看到路由器的管理 IP 及对路由器进行管理时登录的用户名及口令，如图 6-19 所示。本例中管理 IP 为 192.168.1.1，登录用户名及密码均为 admin。

图 6-19 家用路由器铭牌

（3）在个人计算机的 IP 属性中，IP 地址必须和路由器的管理 IP 在同一个网段，只要最后的数字不同即可（如果相同会提示 IP 冲突）。在本例中设 IP 地址为 192.168.1.10。也可以设为“自动获得 IP 地址”，因为有的路由器本身有 DHCP 服务，会为计算机动态分配 IP 地址。若默认没有启用，则必须手动分配一个 IP 地址，如图 6-20 所示。

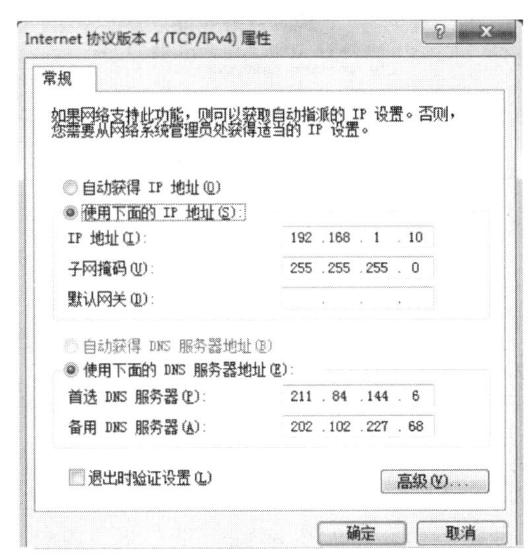

图 6-20　手动配置计算机的 IP 地址

（4）登录到路由器，打开浏览器，在地址栏中输入 http://路由器的管理 IP 地址（本例中为 http://192.168.1.1），如图 6-21 所示。按 Enter 键确定后，即可打开路由器的登录界面，输入背后铭牌上的用户名和密码（本例均为 admin）。输入完之后单击“确定”按钮。

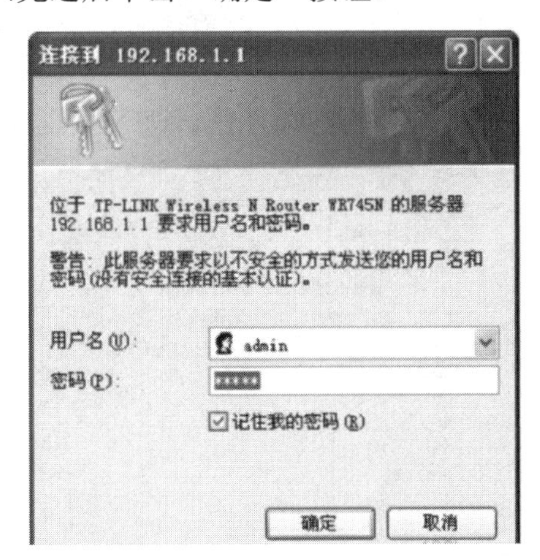

图 6-21　路由器管理登录界面

（5）正确登录后的界面如图 6-22 所示。接下来就可以开始配置路由器了。

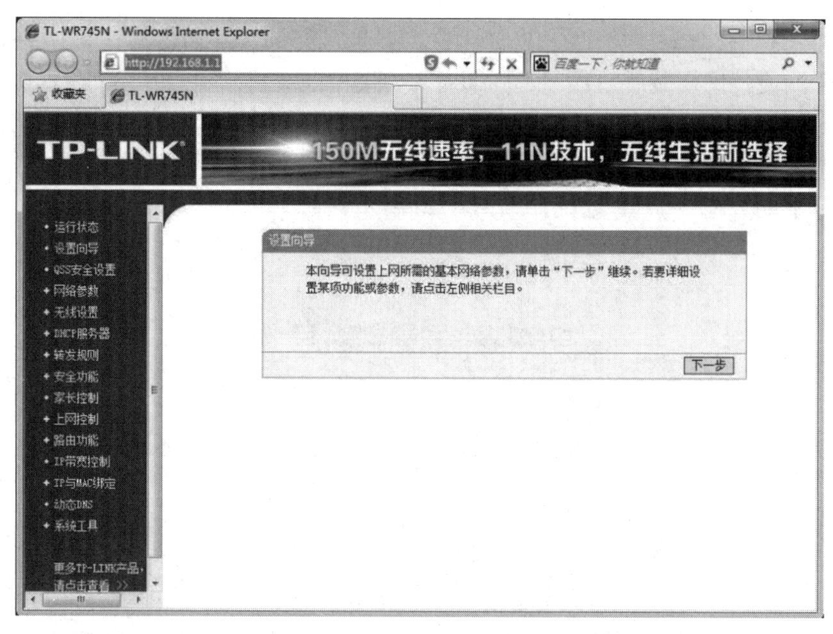

图 6-22 家用路由器配置界面

（6）配置 WAN 口、LAN 口参数。从左侧的菜单栏中选择“网络参数”→“WAN 口设置”命令，如图 6-23 所示。将“WAN 口连接类型”设置为“静态 IP”，然后按提示填入外网分配的网络参数，正确填完后单击“保存”按钮。

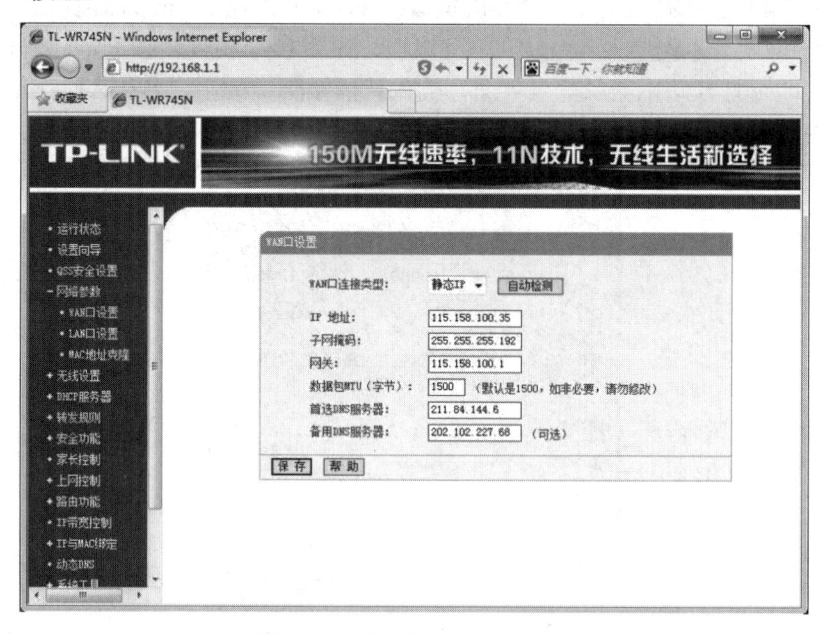

图 6-23 路由器 WAN 口设置

选择“LAN 口设置”命令，如图 6-24 所示，这里的默认 IP 地址即为路由器的管理 IP 地址，完成之后单击“保存”按钮。

如果修改了 LAN 地址，单击“保存”按钮之后路由器会提示重新启动，重启需要使用新的地址登录路由器，本例中为 http://192.168.15.1（即管理 IP 地址变更为 192.168.15.1，在计算机上也需要做相应变更，否则不能重新登录）。

（7）无线接入参数设置。从左侧菜单栏中选择“无线设置”→“基本设置”命令，如图 6-25 所示，可以按自己的需要修改 SSID 号。

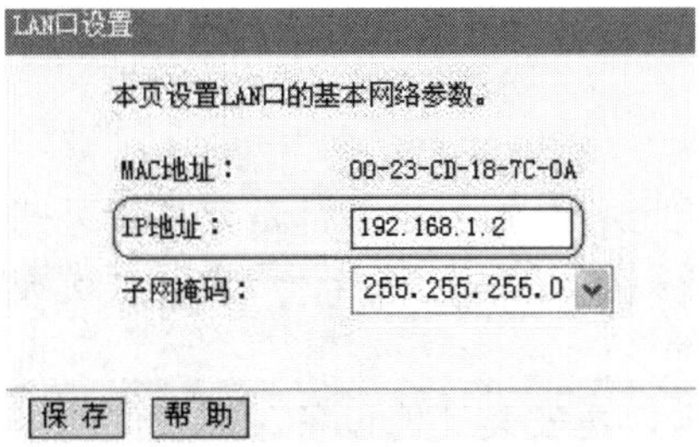

图 6-24　路由器 LAN 口设置

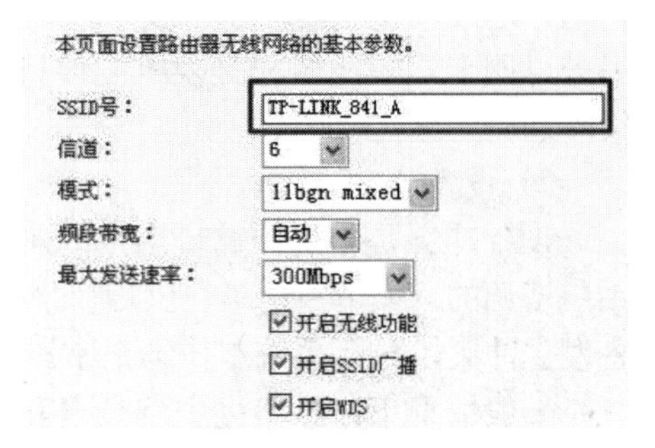

图 6-25　无线网络基本设置

（8）为保证用户的使用利益及信息安全，启用接入认证机制，务必启用安全认证协议。若不启用，则在无线覆盖范围内，其他任何人均可以无线连接到路由器，占用带宽资源，并可能产生信息安全责任。“PSK 密码”为用户在连接至自己的无线网时，提示输入的密码。建议密码设为 8 个字符以上，包含字母、数字及特殊符号。如图 6-26 所示，图中设置的密码安全性就比较好。严禁使用“12345677”“11111111”“7777777”“abc12345”等弱密码，因为这些密码太容易被猜到，安全度过低。

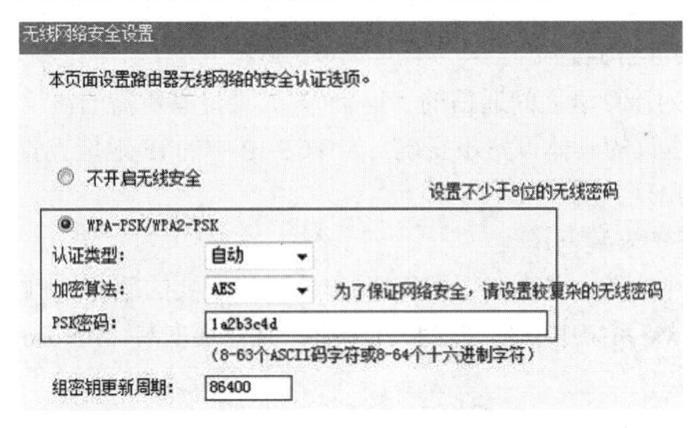

图 6-26　无线网设置

6.2.3　常见网络故障及排除方法

在进行网络硬件和软件的安装之后，可能会遇到各种问题，导致无法连通网络。要解决这些网络问题，必须具备丰富的软、硬件知识。局域网的组建并不复杂，但是很多时候局域网的故障会把人弄得焦头烂额。因此对网络故障测试和调试的方法是解决问题的关键。局域网的故障主要分为硬件故障和软件故障。其中硬件故障比较难诊断和解决。

1. 硬件故障

硬件故障分为以下 3 种。

1）设备故障

设备故障是指网络设备本身出现问题，例如，网线制作或使用中出现问题，造成网络不通。在一般硬件故障中，网线的问题占其中很大一部分。另外，网卡、集线器和交换机的接口甚至主板的插槽都有可能损坏造成网络不通。

2）设备冲突

设备冲突是困扰计算机用户的难题之一。计算机设备都是要占用某些系统资源的，如中断请求、I/O 地址等。网卡最容易与显卡、声卡等关键设备发生冲突，导致系统工作不正常。

一般情况下，如果先安装显卡和网卡，再安装其他设备，则发生网卡与其他设备冲突的可能性就相对会小一些。

3）设备驱动问题

设备驱动问题严格来说应该算是软件问题，不过由于驱动程序与硬件的关系比较大，所以也将其归纳为硬件问题。主要问题是出现不兼容的情况，如驱动程序与驱动程序、驱动程序与操作系统、驱动程序与主板 BIOS 之间不兼容。

2. 软件设置故障

除硬件故障外，软件设置不正确也会导致局域网出现各种各样的故障。

1）协议配置问题

协议作为计算机之间通信的“语言”，如果没有所需的协议，或协议绑定不正确，协议的具体设置不正确，如 TCP/IP 中的 IP 地址设置不正确，都将导致网络出现故障。

2）服务的安装问题

局域网中，除协议外，往往需要安装一些重要的服务。例如，如果需要在 Windows 系统中共享文件和打印机，就需要安装 Microsoft 文件和打印共享软件。

3）安装相应的用户

例如，在 Windows 系统中，如果是对等网中的用户，只要使用系统默认的 Microsoft 友好登录即可。但是如果用户需要登录 Windows NT 域，就需要安装 Microsoft 网络用户。

4）网络标识的设置问题

Windows 对等网和带有 Windows NT 域的网络中，如果不正确设置用户计算机的网络标识，也会造成不能访问网络资源的问题。

5）网络应用中的其他故障

上面所介绍的故障，一般都是因为疏忽或对系统情况了解不清造成的，因此比较容易避免。但是网络应用中的其他故障就不是很容易解决的了，如网络通信阻塞、广播风暴以及网络密集型应用程序造成的网络阻塞等。

3．排除网络故障的一般方法

1）首先进行基本检查

有些问题很简单，只需进行简单的检查和操作就可以解决。

（1）思考问题是不是由用户的错误操作所引起的。很多时候网络用户出现的问题实际上与网络没有什么关系，而是用户对计算机进行了某些错误操作造成的。例如，可能改动了计算机的配置，安装了一些会引起问题的软件，或者是误删了一些重要文件，表面上好像是网络引起的。所以，在动手解决问题前，必须向用户询问清楚故障发生前后，他所做的操作，以及当时计算机的反应和表现。

（2）检查物理连接是否正确。看看网线有没有松脱，还是根本就没插入网卡或集线器的接线口。集线器或交换机的电源是否打开？交换机或集线器的电源插头是否松脱？就像显示器没接电源线造成显示器出现故障的假象一样，由于物理连接造成的网络故障很有迷惑性。

（3）重新启动计算机。有很多问题，只要重新启动一下计算机，就可以迎刃而解。注意，上述的方法用于问题发生在一两台机器时，可能很快就能解决问题。但如果很多用户都反映同一问题，那就很可能是网络的问题。

2）解决网络问题的一般顺序

检查网络问题有一定的操作步骤，如果方法得当，那么在处理故障时就会少走很多弯路。

首先询问用户，了解他们都遇到了什么故障，他们认为是哪里出了问题。用户是故障信息的主要来源，毕竟他们在每天使用网络，而且他们所遇到的故障现象最明显、最直接。

然后如果可能，问问一起做管理的同事，有多少用户受到了影响？受影响的用户有什么共同点？发生的故障是持续的还是间歇的？在故障发生之前，是否对局域网中的设备和软件进行了改动？办公楼是否在装修或施工？是不是停过电？以前是不是有同样的问题出现？

然后对收集到的信息，进行整理和分类，找出引发问题的若干可能。对故障的排除进行计划，想好从哪里入手，哪些故障需要先排除？对要处理的问题做到心中有数，行动起来就会有的放矢，不会顾此失彼。

根据故障分析，把认为可能的故障点隔离出来，然后一个一个地对可能的故障点进行排除。例如，在处理某台计算机不能联网的问题时，可以用交叉电缆直接连接两台计算机，看是否能够连通，将计算机与网络设备隔离开来，判断是计算机的问题，还是网络设备的问题。

4．网络安装常见故障分析

下面按照网络安装的顺序，介绍两种故障处理和排除的方法。在开始之前，要准备好几个常用的工具：一字和十字螺钉旋具、网线钳、一根制作好的3m交叉线和电缆测试仪。

1）无法在用户计算机中安装网卡

用户在安装网卡时，有时会发现新安装的驱动程序不起作用，看不到新安装的网卡，甚至连机器的启动都无法完成。出现这种情况，主要是因为用户的计算机中设备冲突所致。

按照如下方法可以解决。

（1）把其他板卡，如声卡、内置 Modem 等设备卸下，只保留显卡和网卡，然后开机引导系统。

（2）安装显卡的驱动程序。

（3）安装网卡的驱动程序。

（4）等一切正常后，再插入其他板卡，并安装这些设备的驱动程序。

还有一种情况，就是网卡与主板接触不良，如果在发生故障之前移动过计算机，可以将网卡卸下，然后再插入主板的扩展槽。

只要经过以上几步，一般的冲突问题都可以解决。如果问题还不能解决，就需要在 CMOS 设置中对系统资源进行进一步设置。具体的做法是，首先设置让系统自动分配资源，然后禁用系统中不存在的设备（将这些设备的设置值设为 Disabled）。由于目前的主流计算机设备和操作系统都已经支持即插即用，因此经过修改 CMOS 设置、重新安装驱动程序之后，无法安装网卡的情况一般都可以解决。

2）查看网络邻居时，系统提示“无法访问网络”

导致这种情况发生的原因有很多，用户按照以下步骤就可解决。

（1）检查网卡是否正确安装。

（2）检查网线和集线器。先检查网线是不是已经松脱，或者干脆就没插在网卡上。检查集线器端，网线是否连接好，集线器的电源是否打开。最直接的方法是检查网卡和集线器上的工作状态指示灯，如果指示灯不亮，就说明硬件连接有问题。把网线从接口上拔下来，再重新插好，看看问题是否解决。

如果问题依旧，就把网线换到集线器的另一个接口试一试。如果问题解决了，就说明问题出在集线器上；如果换接口不奏效，就使用电缆测试仪对网线进行检查。如果确实是网线的问题，就需要重新制作网线。

如果问题还没有解决，网卡和集线器的指示灯显示工作正常，就需要通过软件对网卡进行诊断，最直接的方法就是使用 ping 命令进行诊断。

方法为在“运行”对话框的文本框中输入 cmd 打开命令行终端，然后 ping 本机 IP 地址，如果可以连通，表明本机网卡没有硬件问题。如果无法连通，则表示本机的网卡已损坏，解决的办法只能是更换网卡。

ping 命令是最基本的命令行网络工具，主要用来检测网络中设备的连通性，可以判断网络连接是否正常。虽然这一工具很简单，但是这一工具对判断线路状况、协议设置状况和服务器问题有很大帮助。

① ping 127.0.0.1。127.0.0.1 被规定为 loop back 地址。这个测试包不会被送到本机上的网络设备，而是被送到本机的 loop back driver（回环驱动器）。这一操作通常用来测试 TCP/IP 协议簇是否正常运行和工作。

② ping 本机 IP 地址。如果前面 TCP/IP 协议簇工作正常，这一命令就可检查本机的网络设备是否工作正常。如果设备出现故障，就不会有回应。

③ ping 本地网络中其他计算机的 IP。这一命令可以检查本地网络的工作情况。如果所有计算机都无法 ping 通，那么可能是与本机相连的网络设备，如网线和集线器等出现了故障。如果可以连通部分计算机，则问题可能出在被 ping 的设备上。

④ ping 网关 IP。网关实际上是网络的出口，如果能够成功 ping 通，就说明本地网络与网关的设置都没有问题。

⑤ ping 互联网上的 IP 地址或者域名。ping 互联网上的 IP 地址，如果成功，就说明本地的网络设置正确。接着如果 ping 域名（或主机名）无法 ping 通，那么就说明网络中的 DNS 有问题。

3）检查是否安装了局域网中所需的协议

如果进行了以上检查仍然一无所获，看一看计算机是否安装了局域网中使用的通信协议。可以在以太网属性所示的该连接的“属性”对话框中查看所使用的网络组件列表，如图 6-27 所示。

图 6-27　计算机安装使用的通信协议列表

4）检查是否安装了 Microsoft 网络用户

检查计算机加入的域或者工作组的设置是否正确，可以使用 ipconfig 命令。打开 MS-DOS 对话框，然后在命令行后输入 ipconfig/all，计算机将列出本机的 TCP/IP 设置，查看主 DNS 后缀就可以了解本机的工作组或域的设置，如图 6-28 所示。

ipconfig 命令是用于检查 TCP/IP 协议簇的常用工具，通过 ipconfig/all 命令可以详细查看每一块网卡的设置情况。由图 6-28 中可以了解到机器的域名、IP 地址、DNS 和 DHCP 服务器的地址等重要配置情况。

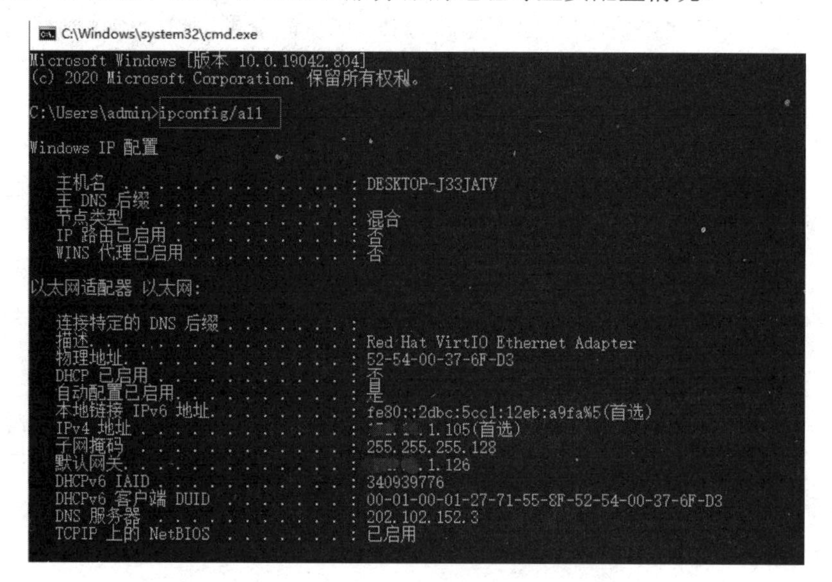

图 6-28　使用 ipconfig/all 命令查看工作组或域的设置

6.3　计算机文件共享

文件共享是指主动地在网络上共享自己计算机中的文件。一般文件共享使用 P2P 模式，文件本身存在用户本人的个人计算机上。大多数参加文件共享的人也同时下载其他用户提供的共享文件。

6.3.1　常用文件共享方式

1．通过网上邻居

网上邻居是用来访问局域网上其他计算机的。在计算机技术飞速发展的今天，网上办公已成为可能，而局域网的组建和管理也成为工作单位中办公人员互相沟通、资源共享的一种简易的模式。在局域网中实现资源共享用得比较多的工具就是“网上邻居”。

2．映射网络驱动器

在局域网中把别人的共享文件夹映射为一个本地的驱动器（如 Z 盘），

这样你的计算机里就会多出一个盘 Z，双击它就可以直接访问该共享文件夹。Windows 系统提供了几种“映射网络驱动器”的方法，在命令行模式下，可以使用“NET USE \计算机名\共享名\路径”命令实现。除了使用命令来实现之外，还可以通过在“开始”→“网上邻居”右击，在弹出的快捷菜单中选择“映射网络驱动器”命令，在弹出的窗口中可以直接输入“\计算机名\共享路径”映射网络驱动器。也可以单击“浏览”按钮找到目前局域网中存在的共享内容。除以上途径外，在“此电脑”中的“工具”菜单中也能找到“映射网络驱动器”选项。

3. 通过 UNC 路径

UNC 路径就是类似\\softer 形式的网络路径。它符合\\servername\sharename 格式，其中 servername 是服务器名，sharename 是共享资源的名称。目录或文件的 UNC 名称可以包括共享名称下的目录路径，格式为\\servername\sharename\directory\filename。例如，softer 计算机的名为 it167 的共享文件夹，用 UNC 表示就是\\softer\it167，如果是 softer 计算机的默认管理共享 C$则用\\softer\c$来表示。

4. 通过命令

在“运行”对话框的文本框中输入 cmd，然后在命令窗口中输入 net use UNC\IPC$ password /user:username 命令。

6.3.2 Windows 自带文件共享方式配置

1. 记录下同组计算机名称

在桌面上右击“此电脑”，在弹出的快捷菜单中选择“属性”命令，打开“系统属性”对话框，在“计算机名”选项卡下查看完整的计算机名称，记录下来，如图 6-29 所示。

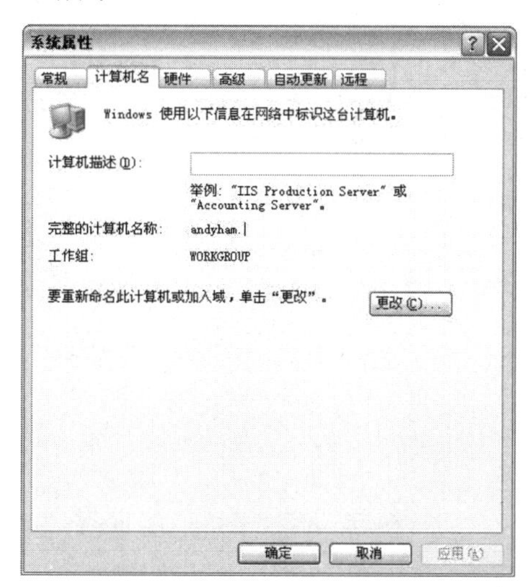

图 6-29　“系统属性”对话框

2．设置共享文件

（1）选择需要共享的文件夹，右击，在弹出的快捷菜单中选择“属性”命令，弹出如图 6-30 所示的对话框。

选中“共享该文件夹”单选按钮，输入共享名，设置根据需要的用户数。确定后返回属性对话框。

（2）设置访问权限，在属性对话框中，单击“权限”按钮，弹出如图 6-31 所示对话框，可以根据自己的需要，更改安全控制权限。

图 6-30　共享文件夹

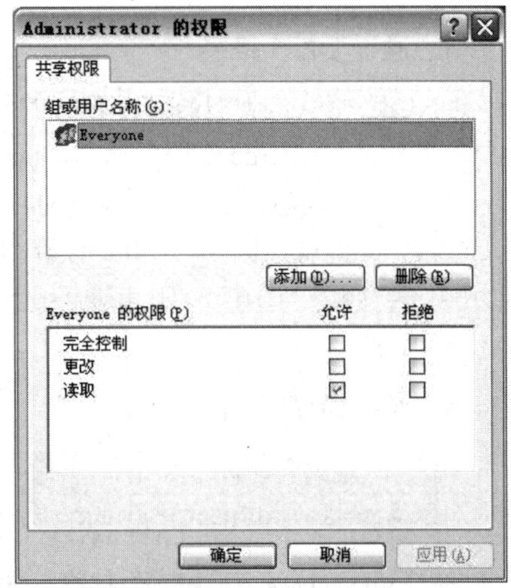

图 6-31　访问权限

添加新用户作为权限测试用，用户名为 newuser。

在桌面上右击“此电脑”，在弹出的快捷菜单中选择“管理”命令，弹出如图 6-32 所示窗口。

图 6-32　本地用户和组

展开“本地用户和组”，右击“用户”文件夹，在弹出的快捷菜单中选择“新用户”命令，弹出如图 6-33 所示对话框，在“用户名”处填写 newuser，“密码”自定。单击“创建”按钮，用户即创建成功。

图 6-33 添加新用户

3．对共享文件夹进行操作

双击打开“我的电脑”，在地址栏中输入 file:\\IP 地址（对方的 IP 地址），按 Enter 键，即可登录共享文件夹，如图 6-34 所示。

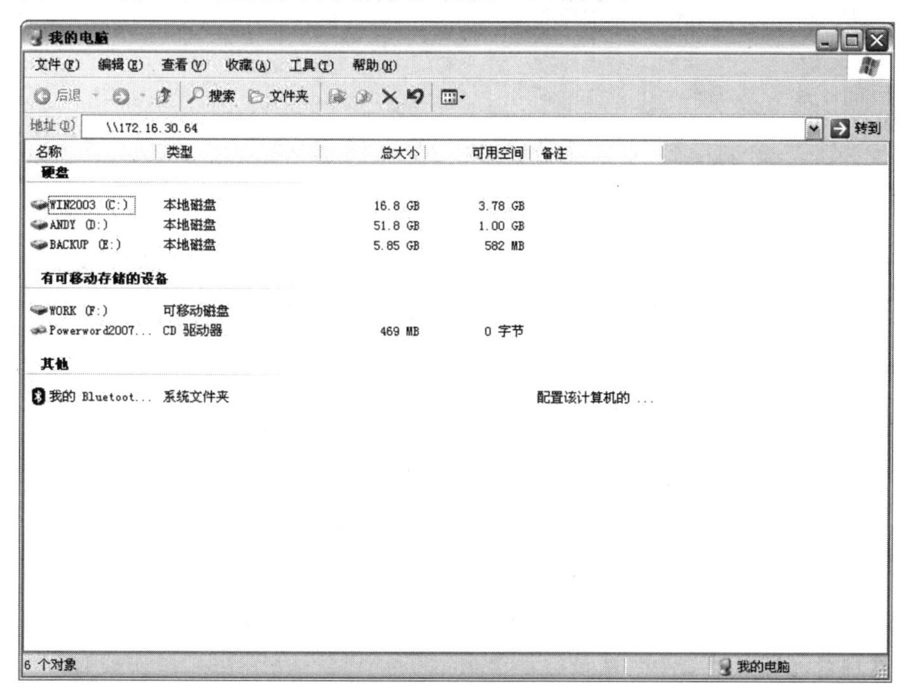

图 6-34 文件共享界面

◉ **注意：**在“运行”文本框中输入\\IP 地址，可以达到同样的效果。

有时候会弹出如图6-35所示对话框。

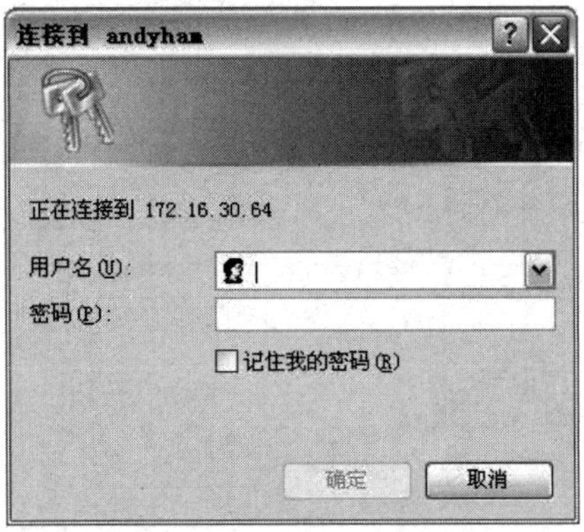

图6-35 共享资源身份验证界面

输入之前设置添加的用户名newuser和密码，取得对方共享的资源，进行读写操作，如图6-36所示。

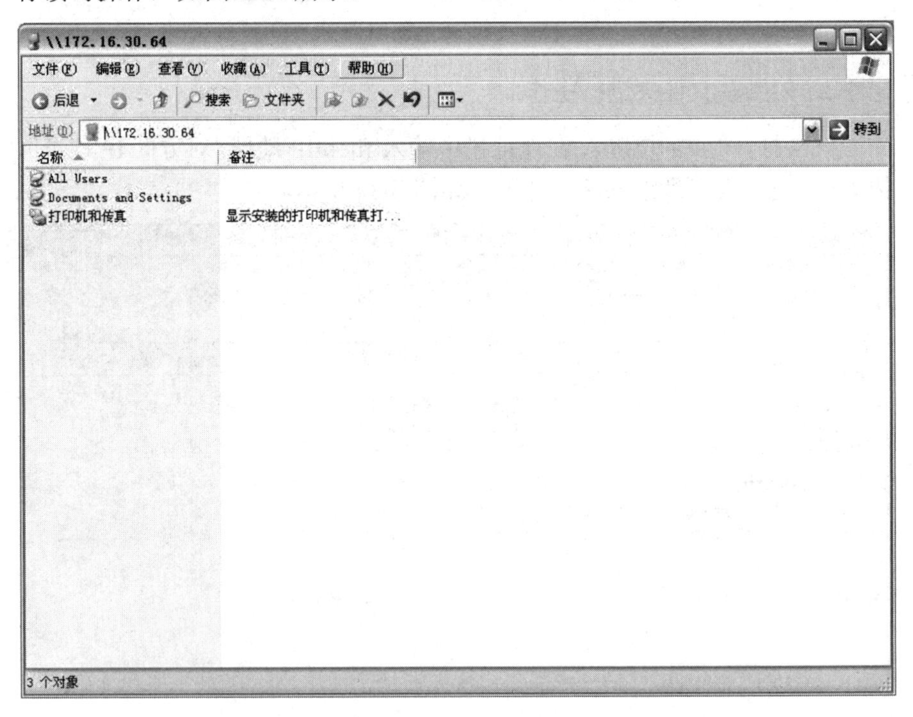

图6-36 访问共享文件夹

注意：有时候有的机器一直提示以默认来宾身份验证（Guest），或者没有添加用户名和密码同样弹出提示输入用户名和密码的对话框。对于这种情况可以按如下步骤进行设置。

（1）在“运行”文本框中输入secpol.msc命令，打开“本地安全设置”窗口，如图6-37所示。

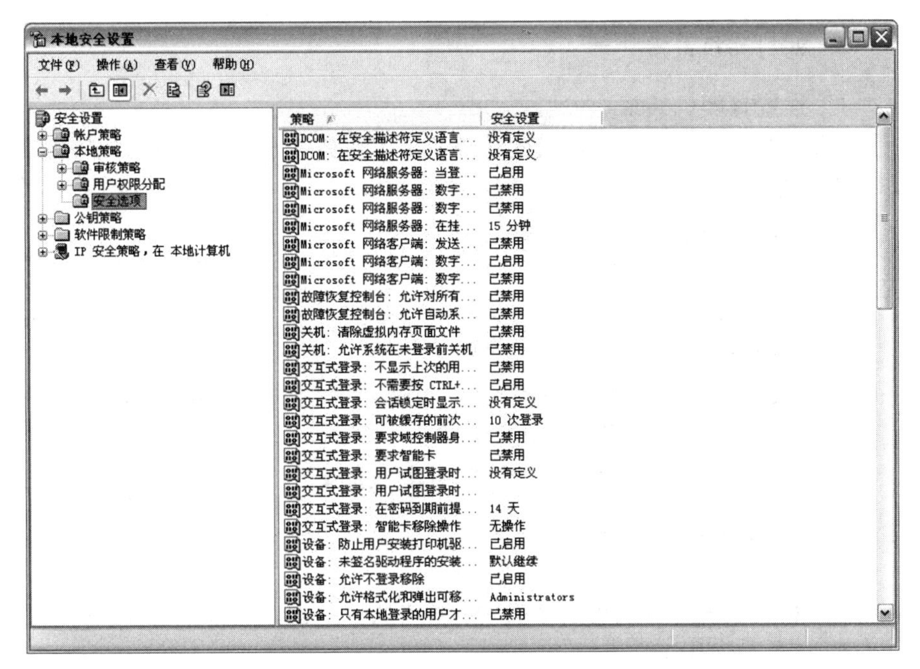

图 6-37 “本地安全设置”窗口

（2）依次选择“本地策略”→“安全选项”→“网络访问”命令，打开“网络访问：本地账户的共享和安全模式 属性”窗口，在“本地安全设置”选项卡下选择“经典-本地用户以自己的身份验证”选项，如图 6-38 所示。

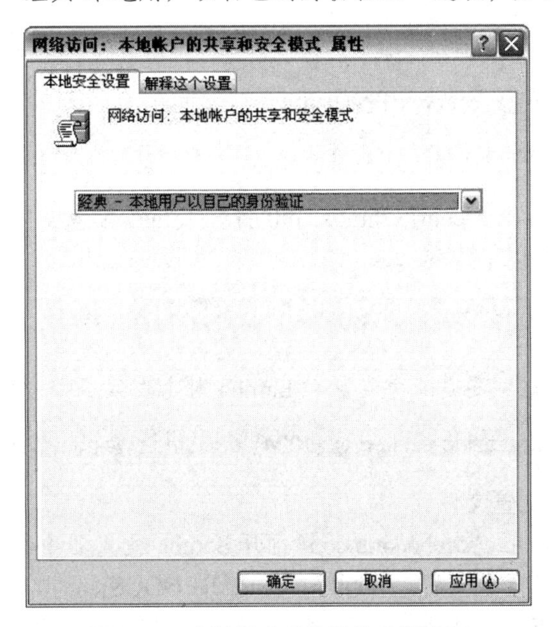

图 6-38 本地用户以自己的身份验证

这样就可以不用输入用户名和密码了，并且在其他本地用户访问时就好像自己登录一样，直接可以浏览文件夹。

4. 对打印机设置共享

1）设置打印机共享

（1）在一台连接了打印机的计算机上，进入“控制面板”，选择“打印机”命令。

（2）设置共享，输入共享名字。

（3）单击“完成”按钮。

2）共享网络中的打印机

（1）登录对方的计算机。

（2）进入“控制面板”，选择“打印机”→“添加打印机”命令。

（3）选择“添加网络打印机”命令。

（4）在“添加网络打印机向导”列表中选择要共享的网络打印机。

6.3.3 Linux 文件共享配置

在 Linux 环境下实现文件夹共享，常用的方法就是安装 Samba。其实现步骤如下。

1. 安装 Samba

在 Linux 命令行界面，输入命令 yum -y install samba samba-client samba-common 安装 Samba。

2. 修改 Samba 配置文件

（1）配置内核参数，内容如下。

```
ulimit -n 16374
```

通过命令 vi /etc/security/limits.conf 打开 Limits 配置文件。
在最后加入以下内容：

```
* - nofile 16374
```

注意：这主要是避免在启动 Samba 时出现以下警告信息：

```
rlimit_max: increasing rlimit_max (1024) tominimum Windows limit (16374)
```

（2）修改配置文件。

通过命令 vi /etc/samba/smb.conf 打开 Samba 配置文件。
修改[global]配置内容，并新添加[SHAREDOCS]内容。
SHAREDOCS 为共享文件夹名（本例访问共享文件夹不需要用户名和密码）。

```
[global]
    workgroup = WORKGROUP
```

```
netbios name=SHAREDOCS
server string=Samba Server
security = user
map to guest = Bad User
[SHAREDOCS]
path=/        注意：path 的值为要共享的文件夹名称，此处选择根目录
writable=yes
browseable=yes
public= yes
guest ok=yes
```

配置结果如图 6-39 所示。

```
[root@master01 samba]# cat smb.conf
# See smb.conf.example for a more detailed config file or
# read the smb.conf manpage.
# Run 'testparm' to verify the config is correct after
# you modified it.

[global]
        workgroup = WORKGROUP
        netbios name=SHAREDOCS
        server string=Samba Server
        security = user
        map to guest = Bad User
[homes]
        comment = Home Directories
        valid users = %S, %D%w%S
        browseable = No
        read only = No
        inherit acls = Yes

[printers]
        comment = All Printers
        path = /var/tmp
        printable = Yes
        create mask = 0600
        browseable = No
[SHAREDOCS]
        path=/
        writable=yes
        browseable=yes
        public= yes
        guest ok=yes
[print$]
        comment = Printer Drivers
        path = /var/lib/samba/drivers
        write list = root
        create mask = 0664
        directory mask = 0775
```

图 6-39　smb.conf 配置

3．重启服务

在 Linux 命令行界面输入以下命令重启服务。

```
systemctl restart smb
systemctl enable smb
systemctl status smb
```

4．让 samba 通过防火墙

（1）直接关闭防火墙，命令如下。

```
systemctl stop firewalld
```

如果要开机自动关闭防火墙则使用以下命令。

```
systemctl disable firewalld
```

（2）配置/etc/sysconfig/iptables 文件，添加如下内容。

```
-a input -m state --state new -m tcp -p tcp --dport 139 -j accept
    -a input -m state --state new -m tcp -p tcp --dport 445 -j accept
    -a input -m state --state new -m udp -p udp --dport 137 -j accept
    -a input -m state --state new -m udp -p udp --dport 137 -j accept
```

添加以上端口，配置完使用命令 systemctl restart firewalld 重启防火墙。

5．关闭 SELINUX

使用命令 vim /etc/selinux/CONFIG 关闭 SELINUX。

把 SELINUX 的值改为 disabled，之后需重启系统。配置结果如图 6-40 所示。

```
# This file controls the state of SELinux on the system.
# SELINUX= can take one of these three values:
#     enforcing - SELinux security policy is enforced.
#     permissive - SELinux prints warnings instead of enforcing.
#     disabled - No SELinux policy is loaded.
SELINUX=disabled
# SELINUXTYPE= can take one of three two values:
#     targeted - Targeted processes are protected,
#     minimum - Modification of targeted policy. Only selected processes are p
rotected.
#     mls - Multi Level Security protection.
SELINUXTYPE=targeted
```

图 6-40　SELINUX 配置

执行以上操作后，在局域网内其他计算机文件夹内输入\\IP 即可访问共享文件夹。

6.3.4　网盘的使用

网盘，又称网络 U 盘、网络硬盘，是由互联网公司推出的在线存储服务。服务器机房为用户划分一定的磁盘空间，为用户免费或收费提供文件的存储、访问、备份、共享等文件管理功能，并且拥有高级的世界各地的容灾备份。用户可以把网盘看成一个放在网络上的硬盘或 U 盘，不管是在家中、单位或其他任何地方，只要连接到 Internet，就可以管理、编辑网盘里的文件。不需要随身携带，更不怕丢失。

下面以百度网盘的使用为例介绍网盘的使用方法。

首先打开百度网盘 https://pan.baidu.com/，如果还没有账号，就需要找到下方的“立即注册”按钮，单击进入完成注册，如图 6-41 所示。

输入手机号，填写用户名，设置好密码，选中阅读并接受《用户协议》

复选框，单击“注册”按钮，如图 6-42 所示。

图 6-41　百度网盘登录界面

图 6-42　百度网盘注册界面

注册成功后，登录百度网盘，界面如图 6-43 所示。

图 6-43　百度网盘界面

（1）文件上传。单击“上传”按钮，可以选择“上传文件”或“上传文件夹”命令，如图 6-44 所示。

图 6-44　百度网盘文件上传界面

（2）文件下载。单击“下载”按钮，即可实现文件下载，如图 6-45 所示。

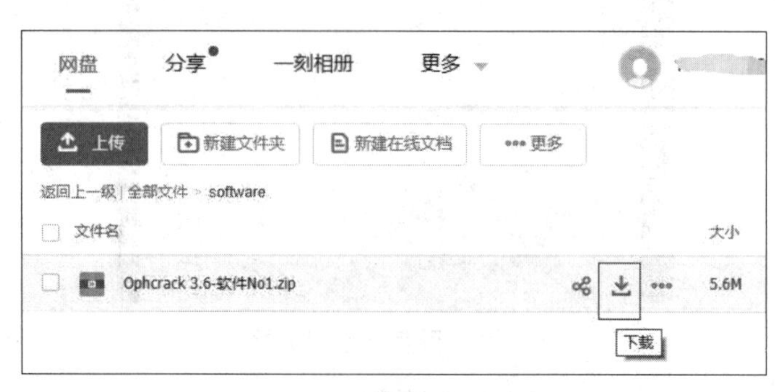

图 6-45　百度网盘下载界面

（3）文件共享。单击“分享”按钮，即可弹出文件分享窗口，如图 6-46 所示。

图 6-46　百度网盘文件分享方式

单击“复制链接及提取码”按钮，即可将文件分享的链接及提取码复制到剪贴板；可以直接发送给需要分享的用户，从而实现文件的分享（共享），如图 6-47 所示。

图 6-47　百度网盘文件分享界面

6.4　计算机远程操作

6.4.1　计算机远程控制简介

远程控制是指管理人员在异地通过计算机网络异地拨号或双方都接入 Internet 等手段，连通需被控制的计算机，将被控计算机的桌面环境显示到自己的计算机上，通过本地计算机对远端计算机进行配置、软件安装、修改等工作。例如，远程唤醒技术（Wake-on-LAN，WOL）是由网卡配合其他软硬件，通过给处于待机状态的网卡发送特定的数据帧，实现计算机从待机状态启动的一种技术。

远程控制通常通过网络才能进行。位于本地的计算机是操纵指令的发出端，称为主控端或客户端，非本地的被控计算机叫作被控端或服务器端。

远“程”不等同于远“距离”，主控端和被控端可以是位于同一局域网的同一房间中，也可以是连入 Internet 的处在任何位置的两台或多台计算机。早期的远程控制往往指在局域网中的远程控制，随着互联网和技术革新，就如同坐在被控端计算机的显示器前一样，可以启动被控端计算机的应用程序，可以使用或窃取被控端计算机的文件资料，甚至可以利用被控端计算机的外部打印设备（打印机）和通信设备（调制解调器或者专线等）来进行打印和外网和内网的访问，就像利用遥控器遥控电视的音量、变换频道或者开关电视机一样。早期的远程控制大部分指的是计算机桌面控制，而后的远程控制可以使用手机、计算机控制联网的灯、窗帘、电视机、摄像机、投影仪、指挥中心、大型会议室等。

1．基本原理

远程控制，主控端计算机只是将键盘和鼠标的指令传送给远程计算机，同时将被控端计算机的显示器画面通过通信线路回传过来。也就是说，控制被控端计算机进行操作似乎是在眼前的计算机上进行的，实质是在远程的计算机中实现的，不论打开文件，还是上网浏览、下载等操作都是存储在远程的被控端计算机中的。

2．技术软件

计算机的远程控制技术，始于 DOS 时代，只是当时由于技术上没有什么大的变化，网络不发达，市场没有更高的要求，所以远程控制技术没有引起更多人的注意。但是，随着网络的快速发展，以及计算机的管理及技术支持的需要，远程操作及控制技术越来越引起人们的关注。远程控制一般支持 LAN、WAN、拨号方式及互联网方式。此外，有的远程控制软件还支持通过串口、并口、红外端口来对远程计算机进行控制。传统的远程控制软件一般使用 NETBEUI、NETBIOS、IPX/SPX、TCP 等协议来实现远程控制。不过，随着网络技术的发展，很多远程控制软件提供通过 Web 页面以 Java 技术来控制远程计算机，这样可以实现不同操作系统下的远程控制。

远程控制软件一般分客户端程序（Client）和服务器端程序（Server）两部分，通常将客户端程序安装到主控端的计算机上，将服务器端程序安装到被控端的计算机上。使用时客户端程序向被控端计算机中的服务器端程序发出信号，建立一个特殊的远程服务，然后通过这个远程服务，使用各种远程控制功能发送远程控制命令，控制被控端计算机中的各种应用程序运行。

3．应用场景

1）远程办公

通过远程控制技术，或远程控制软件，对远程计算机进行操作办公，实现非本地办公，即在家办公、异地办公、移动办公等远程办公模式。这种远程的办公方式不仅大大缓解了城市交通状况，减少了环境污染，还免去了人们上下班路上奔波的辛劳，更可以提高企业员工的工作效率和工作热情。

2）远程教育

远程教育是学生与教师、学生与教育机构之间主要采取多种媒体方式进行系统教学和通信联系的教育形式，是将课程传送给校园外一处或多处学生的教育形式。现代远程教育则是指通过音频、视频（直播或录像）以及包括实时和非实时在内的计算机技术把课程传送到校园外的教育方式。现代远程教育是随着现代信息技术的发展而产生的一种新型教育方式。计算机技术、多媒体技术、通信技术的发展，特别是 Internet 的迅猛发展，使远程教育的手段有了质的飞跃，成为现代技术条件下的远程教育。

3）远程维护

计算机系统技术服务工程师或管理人员通过远程控制目标维护计算机或所需维护管理的网络系统，进行配置、安装、维护、监控与管理，解决以往服务工程师必须亲临现场才能解决的问题。大大降低了计算机应用系统的维护成本，最大限度地减少了用户损失，实现了高效率、低成本。

4）远程协助

任何人都可以利用一技之长通过远程控制技术为远端计算机前的用户解决问题，如安装和配置软件、绘画、填写表单等协助用户解决问题。

5）设备遥控

在大型指挥中心或智能会议室控制所有设备，可以控制道路上的摄像机，也可以控制大屏幕、窗帘、电视、DVD、投影仪、电视机、灯光等。在个人应用上，例如，别墅的控制——可以控制家里的灯、窗帘，可以控制家里的摄像头，还可以通过 3G 技术查看家里的灯开了没有，有没有人等。

4．实现远程控制的主要方法

实现远程控制主要方法如下。

（1）系统自动的控制方法，如 Windows 操作系统的远程桌面、Linux 系统常用的 Telnet、SSH 服务等。

（2）第三方远程控制软件，如向日葵、Teamviewer 等软件。

6.4.2　Windows 远程桌面的使用

Windows 自带的远程桌面，比较便利的一点是不需要额外安装，在局域网内很方便，如果不在局域网内，就需要给远程的主机分配一个公网 IP，或者将地址的 3379 端口映射到公网上方可访问。下面开始以 Windows 10 系统举例。

（1）右击“此电脑”，在弹出的快捷菜单中选择“属性”命令，如图 6-48 所示，进入“系统属性”对话框，然后选择“远程”选项卡，选中“允许远程连接到此计算机”单选按钮，单击“确定”按钮允许远程连接，如图 6-49 所示。

图 6-48　选择“属性”命令　　　　图 6-49　计算机允许远程连接

（2）单击“选择用户”按钮添加一个用户到远程桌面用户（建议添加 administrator 用户，权限较高），添加完后单击“确定”按钮，如图 6-50 所示。

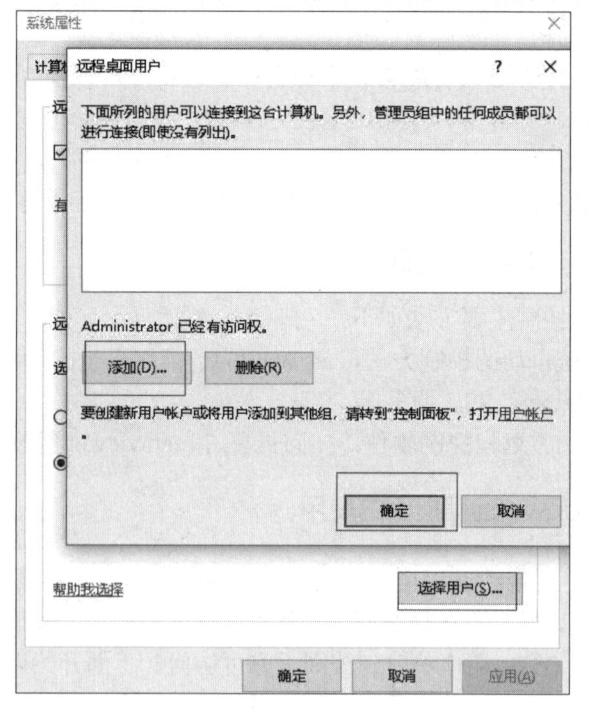

图 6-50　添加远程桌面用户

（3）如果远程桌面无法连接，检查“计算机管理”→“服务和应用程序”→“服务”中的 Remote Desktop Services 是否开启，如果是停止状态，需要设置为启动，如图 6-51 所示。

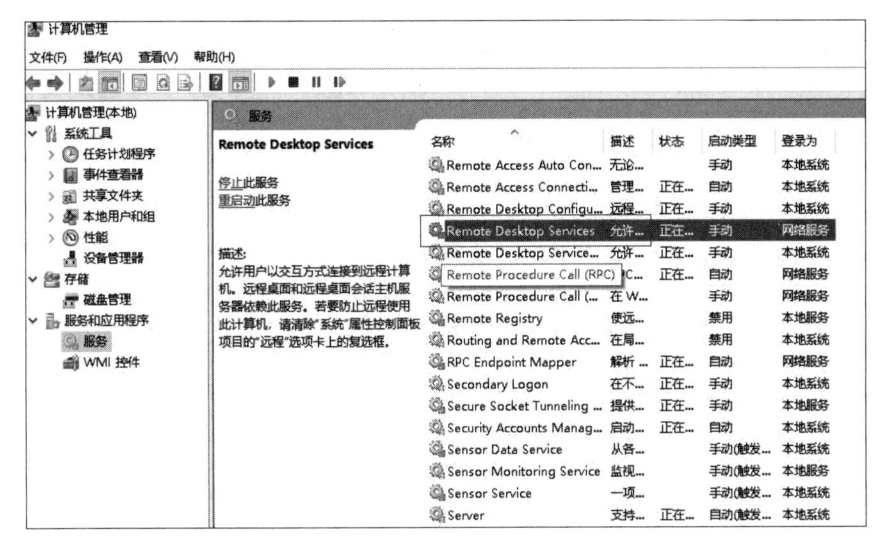

图 6-51 计算机服务管理

（4）客户端想连接刚才设置好的计算机，使用快捷键 Win+R 打开“运行”对话框，输入 mstsc 调出远程桌面界面，如图 6-52 所示。

（5）调出远程桌面界面后，输入远程主机的 IP 地址，输入用户名和密码，就可以实现远程控制，如图 6-53 所示。

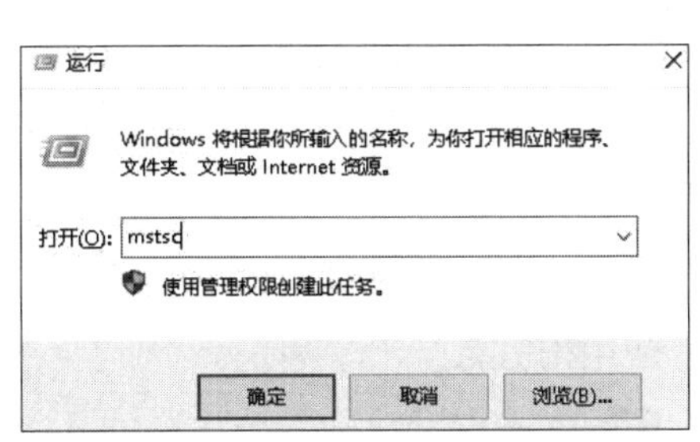

图 6-52 远程桌面客户端启动方式

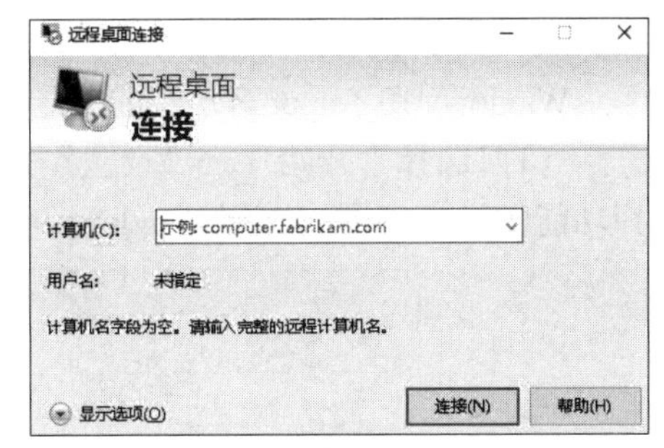

图 6-53 远程桌面客户端登录界面

6.4.3 Telnet 及 SSH 的使用

1. Telnet

1）Telnet 简介

Telnet 协议是 TCP/IP 协议簇中的一员，是 Internet 远程登录服务的标准协议和主要方式。它为用户提供了在本地计算机上完成远程主机工作的能力。在终端使用者的计算机上使用 Telnet 程序，用它连接到服务器。终端使用者可以在 Telnet 程序中输入命令，这些命令会在服务器上运行，就像直接在服务器的控制台上输入一样。可以在本地就能控制服务器。要开始一个 Telnet 会话，必须输入用户名和密码来登录服务器。Telnet 是常用的远程控制 Web 服务器的方法。

使用 Telnet 协议进行远程登录时需要满足的条件：在本地计算机上必须装有包含 Telnet 协议的客户端程序；必须知道远程主机的 IP 地址或域名；必须知道登录标识与口令。

Telnet 远程登录服务分为以下 4 个过程。

（1）本地与远程主机建立连接。该过程实际上是建立一个 TCP 连接，用户必须知道远程主机的 IP 地址或域名。

（2）将本地终端上输入的用户名和口令及以后输入的任何命令或字符以 NVT（Net Virtual Terminal）格式传送到远程主机。该过程实际上是从本地主机向远程主机发送一个 IP 数据包。

（3）将远程主机输出的 NVT 格式的数据转换为本地所接受的格式送回本地终端，包括输入命令回显和命令执行结果。

（4）最后，本地终端对远程主机进行撤消连接。该过程是撤销一个 TCP 连接。

虽然 Telnet 较为简单实用也很方便，但是在格外注重安全的现代网络技术中，Telnet 并不被重用。原因在于 Telnet 是一个明文传送协议，它将用户的所有内容，包括用户名和密码都明文在互联网上传送，具有一定的安全隐患；因此许多服务器都会选择禁用 Telnet 服务。如果要使用 Telnet 的远程登录功能，使用前应在远端服务器上检查并设置允许 Telnet 服务的功能。

2）Telnet 使用方法（Windows 10 Telnet 客户端使用方法）

Windows 10 Telnet 客户端的功能默认是关闭的，需要通过以下方法启动。

（1）选择“开始”→“设置”→“应用”→“应用和功能”→“程序和功能”→“启用或关闭 Windows 功能”命令，如图 6-54 所示。

图 6-54 Windows 可选功能设置界面

（2）打开“Windows 功能”窗口，选中 Telnet Client 复选框，单击“确定”按钮即可启动 Telnet 客户端功能，如图 6-55 所示。

图 6-55　启动 Telnet 客户端

（3）启动 Telnet 客户端后，即可在命令行窗口中通过 Telnet 命令连接提供 Telnet 的服务器，以进行远程管理，如图 6-56 和图 6-57 所示。

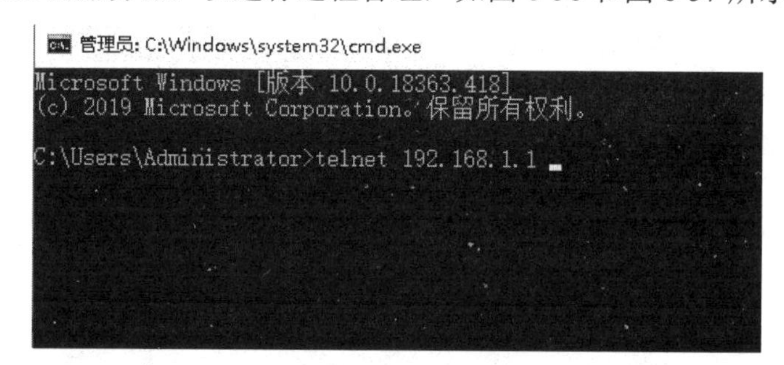

图 6-56　Telnet 远程登录

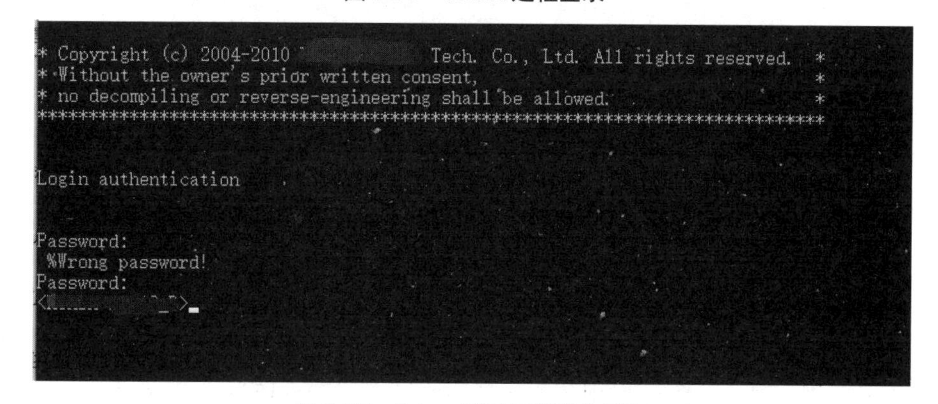

图 6-57　Telnet 登录远程服务界面

2. SSH

1）SSH 简介

SSH 为 Secure Shell 的缩写，由 IETF 的网络小组（Network Working Group）所制定。SSH 为建立在应用层基础上的安全协议。SSH 是较可靠的、专为远程登录会话和其他网络服务提供安全性的协议。利用 SSH 协议可以有效防止在远程管理过程中的信息泄露问题。SSH 最初是 UNIX 系统上的一个程序，后来又迅速扩展到其他操作平台。SSH 在正确使用时可弥补网络中的漏洞。SSH 客户端适用于几乎所有 UNIX 平台，包括 HP-UX、Linux、AIX、Solaris、Digital UNIX、Irix，以及其他平台。

传统的网络服务程序，如 FTP、POP 和 TELNET 在本质上都是不安全的，因为它们在网络上用明文传送口令和数据，别有用心的人非常容易就可以截获这些口令和数据。而且，这些服务程序的安全验证方式也是有其弱点的，就是很容易受到“中间人”（man-in-the-middle）这种方式的攻击。所谓“中间人”的攻击方式，就是“中间人”冒充真正的服务器接收用户传给服务器的数据，然后再冒充用户把假数据传给真正的服务器。服务器和用户之间的数据传送被“中间人”转手做了手脚之后，就会出现很严重的问题。通过使用 SSH，用户可以把所有传输的数据进行加密，这样“中间人”这种攻击方式就不能实现，而且也能够防止 DNS 欺骗和 IP 欺骗。使用 SSH，还有一个额外的好处，就是传输的数据是经过压缩的，所以可以加快传输的速度。SSH 有很多功能，它既可以代替 Telnet，又可以为 FTP、POP，甚至是 PPP 提供一个安全的“通道”。

从客户端来看，SSH 提供了以下两种级别的安全验证。

（1）基于口令的安全验证。

基于口令的安全验证属于第一级别安全验证方式。只要知道用户的账号和口令，就可以登录到远程主机。所有传输的数据都会被加密，但是不能保证用户正在连接的服务器就是用户想连接的服务器。可能会有其他服务器正在冒充真正的服务器，也就是受到“中间人”这种方式的攻击。

（2）基于密钥的安全验证。

基于密钥的安全验证是第二级别的安全验证方式。需要依靠密钥，也就是必须为用户创建一对密钥，并把公用密钥放在需要访问的服务器上。如果要连接到 SSH 服务器上，客户端软件就会向服务器发出请求，请求用密钥进行安全验证。服务器收到请求之后，先在该服务器上用户的主目录下寻找公用密钥，然后把它和发送过来的公用密钥进行比较。如果两个密钥一致，服务器就用公用密钥加密“质询”并把它发送给客户端软件。客户端软件收到“质询”之后就可以用私人密钥解密再把它发送给服务器。

用这种方式，必须知道用户密钥的口令。但是，与第一种级别的安全验证方式相比，第二种级别的安全验证方式不需要在网络上传送口令。第二种级别的安全验证方式不仅加密所有传送的数据，而且“中间人”这种攻击方式也是不可能的（因为没有用户的私人密钥）。但是整个登录的过程可能需要花费10秒。

2）SSH的使用方法（以SecureCRT软件为例）

在SecureCRT软件中选择“新建”命令，在弹出的“新建会话向导”对话框中选择SSH2，单击“下一步”按钮，输入SSH登录主机的IP地址、端口号和用户名，然后单击“下一步”按钮即可登录，如图6-58和图6-59所示。

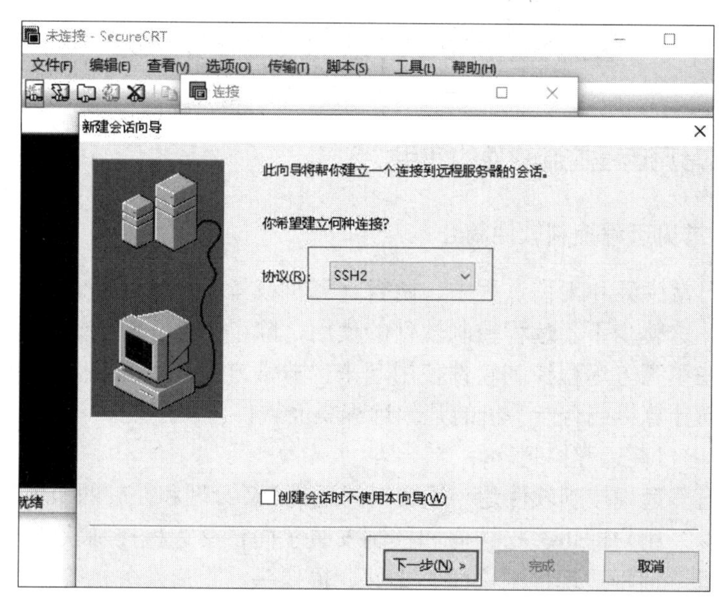

图6-58 建立SSH2连接

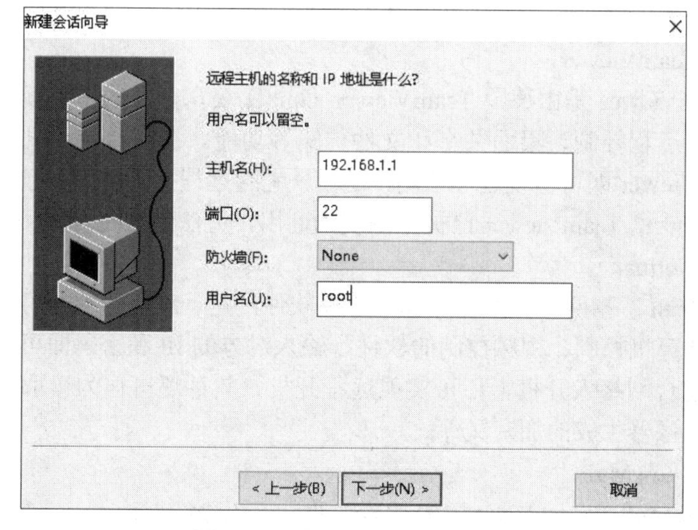

图6-59 配置SSH2连接参数

在弹出的对话框中输入正确的密码，即可登录远程主机，进行远程操作，如图6-60所示。

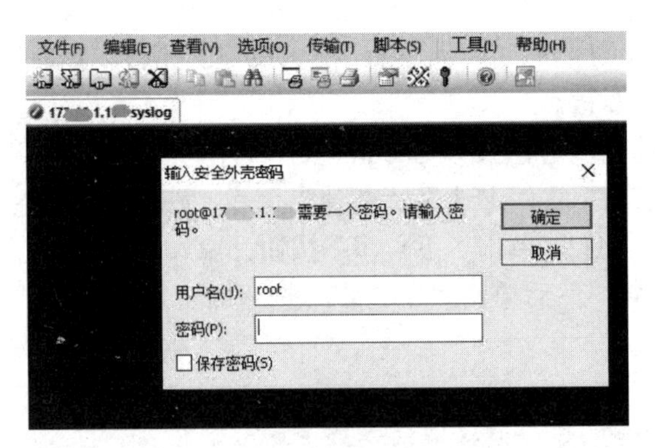

图 6-60 SSH2 连接登录界面

6.4.4 常见远程控制软件的使用

1. 常见远程控制软件简介

在日常生活和工作过程中，两台计算机或者手机之间的远程控制经常被使用，这就少不了远程控制软件的使用，除了上面介绍的远程控制方法外，一些第三方远程控制软件使用起来也非常方便。下面就来简单介绍下能够访问计算机或智能手机的几款远程桌面软件。

1）向日葵远程控制软件

向日葵远程控制软件是一款实用的远程 PC 管理和控制的服务软件。只要能上网，用户即可轻松访问和控制安装了向日葵远程控制软件被控端的远程主机，远程实现控制桌面、文件、摄像头、重启及关机等操作，功能十分强大，广受用户欢迎。尤其是基础功能免费，且免费用户和付费用户都可享受售后服务的特点备受用户认可。

2）TeamViewer

TeamViewer 是由德国 TeamViewer GmbH 公司开发的一款远程控制软件，拥有远程控制、桌面共享和文件传输等功能。在两台计算机上同时运行 TeamViewer 即可实现远程控制，是一款老牌远程控制软件。但最近很多个人用户吐槽 TeamViewer 已被检测变为商用，无法继续免费使用。

3）Netman

Netman 即指网络人远程计算机监控软件，是一款免费的、可远程进行办公、计算机控制、视频控制的软件，输入对方的 IP 和密码即可实现远程监控，配合网络人开机卡还可实现远程开机，软件还可作为读取器读取定时屏幕录像器生成的加密文件。

4）ShowMyPC

ShowMyPC 采用 VNC 技术，其软件设计免除纪录输入 IP address 及输入账号密码的认证过程，操作十分简单。用户只需采用显示的一组密码，即可在任何一台计算机启动 ShowMyPC 软件，连接到要控制的计算机，显示出桌面然后进行操控。

5）Ammyy Admin

Ammyy Admin 是一款使用方便的免费远程控制软件，无须安装或配置，数秒即可连接远程计算机，进行浏览或者控制运行在远程计算机上的任何应用。

6）Yuuguu

Yuuguu 是一款 web-conferencing（网络会议）软件，支持 Mac OS、Windows 和 Linux 系统。虽然远程控制只是其附属功能，但是因为速度快，使用方便，受到不少用户的欢迎。

7）Radmin

Radmin 是基于 Web 浏览器的 Radius 用户管理系统，支持 Radiator 和任何平台上的任何数据库使用，用户可通过该软件添加、删除和修改用户账号，还可查看该账号的使用情况等。

8）LogMeIn

LogMeIn 具有强大的远程控制功能，用户可以在任何联网的计算机上控制家中或办公室中的 PC，支持双密码验证和 RSA SecureID，简单实用。

9）GoToMyCloud

GoToMyCloud 软件包含主控端和被控端两部分，用户安装 GoToMyCloud 软件后，即可在联网状态下连接世界上任何一台上网的计算机，进行远程办公和远程管理。

总体上来说，这几款远程控制软件各有千秋，各有优势，不过从受欢迎程度来看，向日葵名列榜首，无论选择何种远程控制软件，用户一定要选择适合自己的远程控制软件。

2．向日葵远程控制软件的使用

（1）打开向日葵官方网站 https://sunlogin.oray.com/download，根据操作系统的类型下载相应版本，如图 6-61 所示。

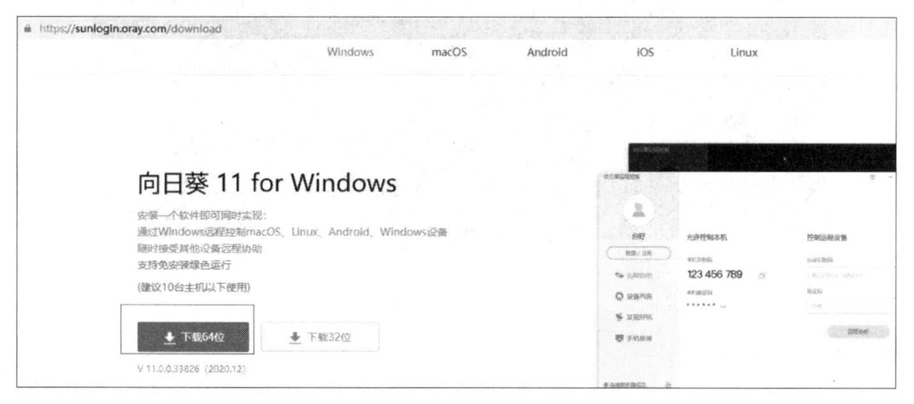

图 6-61　向日葵下载界面

（2）下载完成后，运行安装程序，选择“免安装，以绿色版运行”命令，即可实现快速运行，如图 6-62 所示。

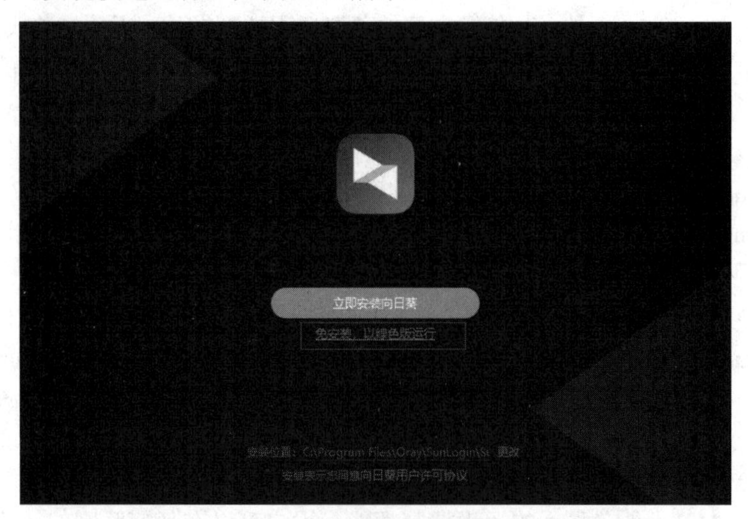

图 6-62 向日葵启动界面

在向日葵工作界面，如图 6-63 所示可以看到允许控制本机的“本机识别码”和“本机验证码”；可以把这两部分信息提供给控制方，控制方在其向日葵控制界面（和图 6-63 相同）中的“控制远程设备”中输入“伙伴识别码”和“验证码”，即可实现对本机的远程操作。

图 6-63 向日葵工作界面

练习与提高

一、填空题

1. 计算机网络的常用功能有__________、__________、__________

和____________。

2．局域网可以分为 3 种，分别是_________、_________和_________。

3．TCP/IP 模型的最低层是____________。

4．常用文件的共享方式有___________、___________、___________和____________。

二、选择题

1．计算机互联的主要目的是（　　）。

A．制定网络协议　　B．集中计算

C．资源共享　　D．将计算机技术与通信技术相结合

2．以下网络分类中，（　　）分类方法有误。

A．局域网、广域网　　B．对等网、城域网

C．环形网、星形网　　D．有线网、无线网

3．可以被用来远程上机到任何类型的主机的命令是（　　）。

A．login　　B．ftp

C．tftp　　D．telnet

4．在 TCP/IP 中，解决计算机到计算机通信问题的层是（　　）。

A．网络接口层　　B．网际层

C．传输层　　D．应用层

三、问答题

1．无线局域网有哪些优点和不足？

2．家用路由器的主要配置步骤有哪些？

3．常见的远程控制软件有哪些？

第7章 计算机日常管理与维护

学习目标

- ❑ 掌握计算机硬件管理方法。
- ❑ 掌握计算机软件维护方法。
- ❑ 了解计算机硬件维护工具。
- ❑ 掌握计算机任务管理器的使用方法。
- ❑ 掌握计算机磁盘扫描工具的使用方法。
- ❑ 了解计算机常见启动项内容。

7.1 计算机硬件维护方法

计算机的日常维护是保证计算机正常运行、延长使用寿命、防止重要数据丢失和损坏的一项不可忽视的经常性工作。所以，学会使用计算机后，如何维护它就显得尤为重要。除了要正确使用计算机外，日常的维护保养也十分重要。大量的故障都是由于缺乏日常维护或维护方法不当造成的。一般每半年需要进行一次计算机的硬件维护，如果灰尘比较多，则维护周期应相应缩短。

7.1.1 硬件维护工具

1. 硬件维护工具

计算机的维护不需要很复杂的工具，一般的除尘维护只需要用十字螺钉旋具、一字螺钉旋具、油漆刷（或者油画笔，普通毛笔容易脱毛，不宜使用)、吹灰球、棉签、橡皮擦、回形针等。

2. 维护注意事项

(1) 有些原装机和品牌机在保修期内不允许用户自行打开机箱，如擅自打开机箱，可能会失去享受由厂商提供的保修服务的权利，应该特别注意。

(2) 必须完全切断电源，把主机、显示器与电源插线板之间的连线拔掉。

(3) 要轻拿轻放各部件，尤其是硬盘和光驱。

(4) 拆卸时应注意各插接线的方向，如硬盘线、电源线等，以便正确还原。

(5) 还原用螺钉固定的各部件时，应首先对准位置，然后再拧紧螺钉。尤其是主板，略有位置偏差就可能导致插卡接触不良，主板安装不平还可能导致内存条、适配卡接触不良或造成短路，时间久了甚至可能会发生变形，导致故障发生。

(6) 由于计算机板卡上的集成电路器件多采用 MOS 技术制造，在打开机箱之前，应释放操作者身上的静电。拿起主板和插卡时，应尽量拿卡的边缘，不要用手接触板卡上的集成电路。

7.1.2 计算机硬件维护应该遵循的原则

计算机硬件维护一般应该遵循以下原则。

1. 清洁在前维护在后

通常情况下，计算机的许多硬件故障都是由于外部环境的不洁引起的，所以在检查计算机的故障时，应该首先进行必要的清洁工作，然后再进行随后的检测工作。

2. 先外设后主机

一般情况下，外设的故障较容易发现和排除，所以应该先根据系统的错误报告，检查外部设备，然后再检测主机部分。

3. 先电源后部件

通常电源问题容易被使用者忽略，但是在电源功率不足的情况下，会引起很多故障，所以使用者应该首先检查电源设备。

4. 静态在前动态在后

所谓静态指的是设备在不接通电流时的状态，动态正好相反。在进行检修时，应首先在切断电流的条件下进行，无法找到问题时，再进行动态检查，避免造成更严重的设备损坏。

5．先简单后复杂

在检测时，应该先从简单的原因查起，因为很多的计算机故障都是由于简单的故障引起的，如灰尘多、插卡接触不良等，排除后再检查硬件设备的损坏问题。

7.1.3 计算机主机的拆卸步骤

对于日常维护，只需打开机箱清除灰尘，一般不用卸下板卡和主板。如果灰尘特别多，则可以把所有板卡、主板卸掉，拿到机箱外面清扫，最后再装回机箱中，操作步骤与组装计算机相同，具体操作过程如下。

1．拔下外设连线

拆卸主机的第一步是切断电源，拔下机箱后的所有外设连线。

拔掉外设与计算机的连线主要有两种情形。一种是将插头直接向外平拉即可，如键盘线、PS/2 鼠标线、电源线、USB 电缆等；另一种需先拧松插头两边的螺钉固定把手，再向外平拉，如显示器信号电缆插头、打印机信号电缆插头。有些早期的信号电缆没有螺钉固定把手，需用螺钉旋具拧下插头两边的螺钉。

2．打开机箱盖

拔下所有外设连线后，就可以打开机箱了。机箱盖的固定螺钉有的在机箱后边缘上，有的在其两侧，还有的要先把机箱前面板取下才能找到。找到固定螺钉后，用十字螺钉旋具拧下螺钉，就可取下机箱盖了。

3．拆下适配卡

显卡、声卡、网卡等插在主板的扩展槽中，并用螺钉固定在机箱后的条形窗口上。拆卸适配卡时，要先用螺钉旋具拧下条形窗口上固定用的螺钉，然后用双手捏紧卡的上边缘，平直向上拔出。

4．拔下驱动器数据线

硬盘、光驱的数据线一头插在驱动器上，另一头插在主板的接口插座上，应捏紧数据线插头的两端，平稳地沿水平方向拔出。

5．拔下驱动器电源插头

硬盘、光驱电源插头为大 4 针插头，可直接沿水平方向向外拔出。安装还原时应注意插头方向，反向一般无法插入，若强行反向插入，接通电源后会损坏驱动器。

6．拆下驱动器

硬盘、光驱都固定在机箱面板内的驱动器支架上，拆卸时应先拧下驱动器支架两侧固定用的螺钉（有些固定螺钉在面板上），方可取出驱动器（光驱向机箱外抽出）。拧下硬盘最后一颗螺钉时，应用手握住硬盘，小心硬盘摔落。有些机箱中的驱动器不用螺钉固定而采用弹簧片卡紧，这时只要松开弹簧片，即可从滑轨中抽出驱动器。

7．拔下主板电源插头

电源插头插在主板电源插座上，ATX 电源插头是双排 20 针或 24 针插头，插头上有一个小塑料卡，捏住它就可以拔下 ATX 电源插头了。

8．其他插头

需要拔下的插头可能还有 CPU 风扇电源插头、光驱与声卡之间的音频线插头、主板与机箱面板插头等，拔下这些插头时应做好记录，如插接线的颜色、插座的位置、插座插针的排列等，以方便将来还原。

7.1.4　计算机外围设备的管理

计算机常见的外围设备主要有显示器、鼠标、键盘。

1．显示器

计算机的显示器如果使用不当，其性能和寿命将会大打折扣，有可能在一、两年内就无法使用了。所以，计算机显示器的日常管理和维护就显得特别重要。不要经常进行显示器的开、关操作，注意显示器的防尘和防潮工作。当显示器的外壳出现变黄或变黑情况时，应该用清洁剂将污物擦除，散热孔应该经常用软毛刷进行清洁。

2．鼠标

鼠标是计算机外围设备中较易出现故障的部件。当前绝大部分鼠标为光电鼠标，在使用过程中，单击鼠标的力量不要太大，以延长鼠标弹性键的使用寿命；保证鼠标底部的清洁，避免因污物造成其感光能力下降，鼠标垫应定期清洁，减少污物附着在鼠标上的机率。

3．键盘

在使用键盘时，应该避免其与液体接触，从而避免因为液体而带来的键盘腐蚀和短路故障。需要对键盘进行移除时，应该先关电源再进行移除，避免因为拔掉键盘而引起键盘的损坏，避免受到计算机其他部件的影响。

7.1.5　计算机主机内部部件的管理

1．CPU

CPU 在整个计算机中占有重要的地位，其对计算机的正常运行起着至关重要的作用。在平时的 CPU 维护管理中，应该保证其在正常的频率范围内运行。超频运行以提高计算机的性能，是一种既损坏 CPU、降低使用寿命，又降低系统运行稳定性的操作。所以 CPU 必须在正常的频率下工作。另外，CPU 的散热性能也非常重要，若 CPU 温度过高，能够使系统运行失常，造成经常死机、黑屏等。所以应该配套使用性能较好的散热风扇。此外，CPU 与散热风扇附近容易出现灰尘堆积的现象，所以要经常进行清洁。

2. 内存

内存在计算机的整体性能中起着重要的作用，在需要对内存进行升级操作时，应该选择与原计算机内存条同一品牌和外频的内存条进行搭配，从而避免系统不兼容、不稳定等故障。对内存条进行更换时，新的内存条的工作电压应该与原有的工作电压一致。另外，内存条在使用时间较长后，可能会发生氧化，当发生此种现象时，可以用橡皮擦对内存条的金手指部分进行擦拭，除去氧化层，不能用砂纸进行擦拭，否则会损坏内存条镀层。

3. 硬盘

首先，硬盘正在运行时，不能进行断电操作。因为硬盘的转速为 5400r/min 或 7200r/min，在高速旋转的情况下，突然断电将会使磁头与盘片间产生巨大的摩擦，对硬盘造成损坏。硬盘指示灯的闪烁说明硬盘正处于工作状态，所以断电操作应该在指示灯停止闪烁后进行。其次，硬盘在使用过程中，应尽量避免震荡。在运行过程中，尽量不要移动计算机并减少在震动环境中使用计算机。在运输过程中也应该避免震荡硬盘。硬盘的使用环境应该避开音响、电视、手机等，避免对硬盘造成影响，周围的环境应该保持卫生、清洁，禁止在潮湿、多灰尘的环境中使用计算机。

7.1.6 计算机硬件问题分析

1. 计算机内部原因

计算机硬件内部原因引起的故障主要是设备冲突。

如果一台计算机能够正常工作，就必须通过调用一定的系统资源，实现与主机的通信。但是当一台计算机装入新的板卡后，经常会出现与现有设备发生资源冲突、导致不能正常工作的现象。自 Windows 95 开始，计算机的操作系统可以根据实际情况，统一调配该计算机所有的系统资源，包括 IRQ 号、I/O 端口以及 DMA 通道等，即通常所说的即插即用。这种即插即用的模式要求计算机具有支持即插即用的 BIOS、操作系统和设备，这三者缺一不可。但是在计算机的实际使用过程中，非即插即用设备经常和即插即用设备混合安装、共同使用。此外，Windows 操作系统并不十分完善，经常不能对有关设备及其资源情况做出正确的检测和处理。当前大部分计算机的各种板卡的终端、I/O地址和DMA通道都有自己的默认值，如果恰巧出现有两个板卡共同使用相同的资源，而操作系统又不能合理协调的情况，就会造成资源冲突。

2. 计算机外部原因

计算机外部原因也会导致计算机系统不能正常工作。首先是计算机所在地的用电环境，如果经常出现电压不稳和停电等现象，那么在该环境下，计算机不仅不能正常工作，还很有可能导致硬盘等配件损坏。电磁干扰也是导致计算机硬件出现故障的一个重要原因，在生活中经常见到的高压线、变压器、电弧焊及变频空调等设备，都有可能引起较大的电磁干扰。如果一台计算机主机的抗电磁干扰能力较差，那么就会出现意外重启等现象。此外，强磁场干扰还会使显示器出现磁化现象，进而导致显示器的偏色故障。

7.1.7　常见计算机硬件维护方法

1. 直接观察法

通常这是计算机维护过程中最为简单的方法，普遍应用在整个硬件检测维护过程中。当采用这种方法时，对于检测者要求观察认真、全面。因为这种方法需要检查的部件较多，而且涉及各个方面，既包含周围环境，又包含计算机的整机配置，不仅要检查电源、插槽、软件等，还要对使用者的操作习惯、操作手法等进行检查，需要对整个硬件的使用过程进行全面了解。

2. 最小系统法

这里所说的最小系统指的是，站在维护判断的角度，可以保证计算机正常开机运行的系统软硬件环境。这种方法的首要任务就是判断计算机是否能在最小系统下正常运行，如果不能运行，说明计算机基本的软硬件环境出现问题，从而起到故障筛查的作用。通常这一方法会与逐步增减法相配合，从而大大提高检测的效率。

3. 逐步增减法

这一方法一般包括两种情况，即逐步添加和逐步删减。所谓逐步添加就是在最小系统条件下，每一次向系统中添加一种组件或设备，进而检测故障的真正原因，从而解决故障。逐步删减法与前者正好相反，利用某一组件的删减来实现对硬件故障的判断。

4. 组件替换法

这种方法的设计原理是用好的组件替换可能出现问题的组件，观察故障是否排除，以判断硬件故障的根源。一般遵循先易后繁的顺序进行替换。

这种方法在进行检测时，应该首先检查可疑组件的各个连接线路，而后再对组件进行替换，接下来对相关的供电组件进行替换，最后进行与其相连的其他组件的替换，例如，先内存，再 CPU，最后主板。

5．组件比较法

这种方法与前面的组件替换法有一定的相似性，通过对可疑问题组件与良好组件的运行状况、外观、配置等方面进行比较，从而得到可疑问题组件与良好组件在运行环境、基本配置等方面存在的不同点，进而找出存在问题的原因。

7.2 计算机软件维护方法

在计算机软件应用中，软件的日常管理及维护具有较高的价值，在降低软件应用故障发生率、提升软件应用体验度等方面，都发挥着重要作用。深入开展计算机软件的日常管理与维护工作，能够有效控制、预防在计算机软件应用中潜在的问题，从而提高计算机软件的应用效率。

7.2.1 计算机软件维护的意义

伴随着计算机软件在生活中的广泛应用，计算机技术得以发展，虽然计算机软件在生活中的广泛应用为人们的生活和工作带来了很重要的意义；但是，目前在生活中广泛使用的计算机软件，主要属于二进制码组合形成的产物，这在某种程度上对于计算机软件的应用来讲，还是存在一定威胁。与计算机软件相关的专业人才必须要对计算机软件做好充分的维护工作，这样才能减少计算机软件在日常使用中出现的问题。因此，在日常生活中，提高对计算机软件的维护意识，是非常重要和必要的。

7.2.2 计算机软件日常管理及维护存在的问题

1．计算机软件自身存在缺陷

在计算机软件开发及应用中，都会存在各种各样的软件缺陷，包括开发程序缺陷、易用性不理想、代码缺陷以及与操作系统不兼容等诸多问题。计算机软件自身存在的各种问题极易被不法分子利用，例如，黑客可以直接利用计算机软件存在的漏洞，破坏与渗透操作系统、盗用计算机软件用户的个人信息等。另外，黑客或病毒恶意攻击计算机软件系统，也是导致计算机软件无法正常使用的关键因素，例如，黑客在没有经过计算机软件系统授权的情况下，对其进行访问或者修改，就能够通过计算机软件漏洞破坏操作系统，最终导致操作系统崩溃、用户信息被盗或丢失，严重影响计算机软件系统的正常使用。

2. 计算机病毒影响软件正常使用

病毒是影响计算机软件系统的重要隐患。计算机病毒大量存在于计算机应用环境中，并且具有较高的隐蔽性及传播性，假如计算机用户在网络应用中，下载了附带计算机病毒的程序或文件，最终将导致用户文件被破坏，影响计算机软件系统的正常使用。

7.2.3 计算机软件维护的有效措施

1. 提高计算机软件质量

提高计算机软件质量和水平的优势主要体现在 3 个方面。首先，当在对计算机软件的其中一个或几个特定的模块进行修改时，不会影响其他模块之间的正常运转，只要单独改变其中的某个功能，就可以达到相应的目的和要求。第二，当在应用这一措施时，如果仅需要对计算机软件的程序进行一定的拓展和增强处置时，通过增加相应的功能模块或者模块层次，就可以实现对整个软件系统的扩展和增强。第三，通过应用这一措施，对于软件的多次测试和反复测试创造一定的必要环境是非常重要的，并且这也使得在应用过程中发现和纠正相关问题变为了可能。

2. 建立健全的软件病毒防护机制

保证计算机软件平稳运行的基础和重要的方法就是要建立健全的计算机软件病毒防护机制，通过建立健全的计算机病毒防护机制，能够尽可能地使计算机软件免受病毒的侵扰和危害，从而有效地维护计算机软件的运行环境。建立健全的计算机软件病毒防护机制主要应从两方面出发：第一，用户自身安全上网，要养成正确的上网习惯，提升在上网环节的病毒防护意识，对于一些有可能存在病毒的网站和网页，要提高警惕度；第二，计算机软件的安装性能要好，要安装可靠性高、安全性强的病毒防护软件和特定的病毒防火墙等。

3. 建立全面的软件品质管理目标

一个相对比较全面和完整的计算机软件，大都具有 4 个特征。① 可修改性。计算机软件的维护措施需要根据软件维护的需要，进行适应性的调整。② 可靠性。计算机软件的可靠性能够为计算机软件在相对安稳的环境中发展提供可能。③ 高效性。计算机软件的一个必须要达到的目标就是高效率的维护。④ 可测试性。计算机软件的维护措施需要保证一定的可测试性，在计算机软件的测试过程中，存在一定的可测试性是非常必要的。对于计算机软件的可持续发展和全面性发展，需要同时满足以上特征，并且在特征之间进行相互的依存发展和联系是非常必要的。

4．科学选用计算机软件程序设计语言

计算机软件的维护阶段的主要内容之一，就是要合理地选用计算机软件的设计语言，这对计算机软件的研制起着很大作用。对于相对较高层次语言的维护工作来说，这是比较便捷的，但是在语言设计的过程中，需要注意的是一些细微的差别。对于不同的差别，应该相应地采取不同的措施以解决问题。对于第四代语言的使用，相关人员更要引起必要的重视，在计算机软件程序设计语言中，往往都是根据有关人员的需求，完成相关程序的开发工作的。

7.3 Windows 优化与设置

7.3.1 操作系统启动项管理

1．查看启动和详细信息

在“任务管理器”窗口的“启动”选项卡内，显示了当前计算机启动时所加载的任务进程，选择列表中的某项任务，单击“禁用”按钮，可禁止该任务在启动计算机时自动运行，如图 7-1 所示。

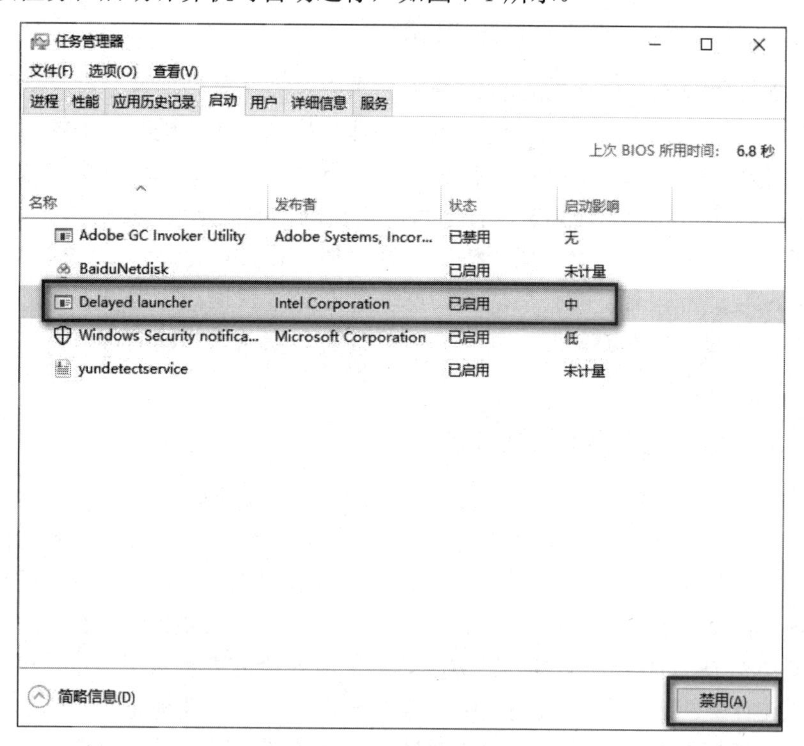

图 7-1 禁用启动选项

另外，在“任务管理器”窗口的“详细信息”选项卡内，显示了当前

计算机中所有任务的名称、PID、状态、用户名、CPU、内存和描述等信息。选择某个任务，单击“结束任务”按钮，可结束该任务的进程运行，如图 7-2 所示。

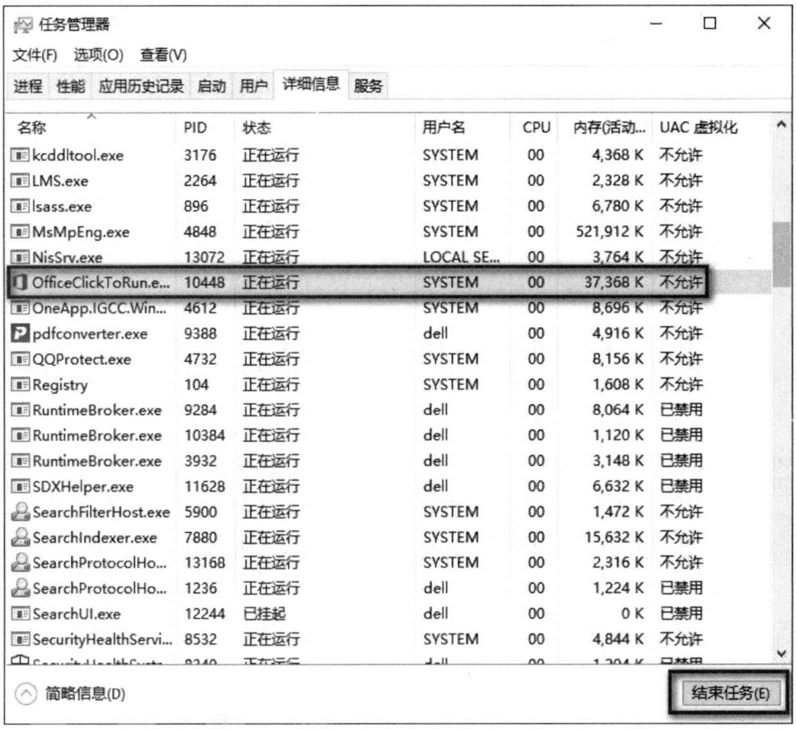

图 7-2　结束进程

2. 手动优化启动项

作为 Windows 的核心数据库，注册表内包含了众多影响 Windows 系统运行状态的重要参数，其中便包括 Windows 操作系统启动时的程序加载项。因此，通过删减注册表内的启动项，即可达到优化 Windows 系统、加速 Windows 启动速度的目的。

打开“注册表编辑器”窗口，依次展开 HKEY_CURRENT_USER\Software\Microsoft\Windows\CurrentVersion 分支，然后分别将 Run 和 RunOnce 目录内除“(默认)”注册表项外的其他所有注册表项删除，如图 7-3 所示。

3. 清理插件

用户在安装一些软件时，经常会不小心将捆绑的一些插件也一起安装了。此时，可使用“360 安全卫士”软件，清理不小心安装的插件。首先，安装并启动 360 安全卫士，选择“电脑清理”选项卡，选择“单项清理”中的“清理插件”命令，再单击“开始扫描”按钮。此时，软件会自动扫描并提示用户清理必要的插件，如图 7-4 所示。

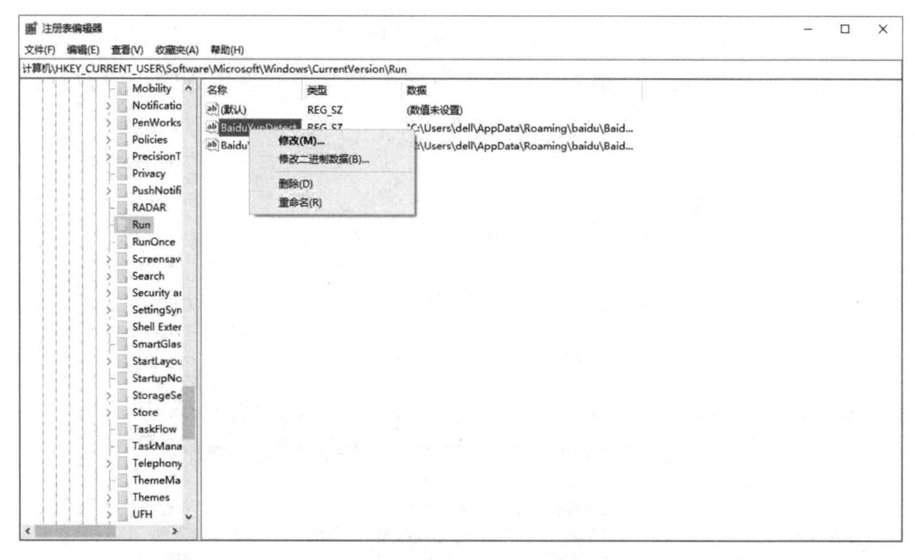

图 7-3 删除多余的启动项

图 7-4 清理插件

7.3.2 磁盘扫描管理

下面介绍如何运行 Windows 10 系统工具以检查磁盘扫描修复，方法步骤如下。

（1）在“开始”菜单的所有应用里，选择“Windows 系统”→“此电脑”命令，如图 7-5 所示。

（2）右击“本地磁盘”，在弹出的快捷菜单中选择“属性”命令，如图 7-6 所示。

图 7-5 打开 Windows 的“此电脑”

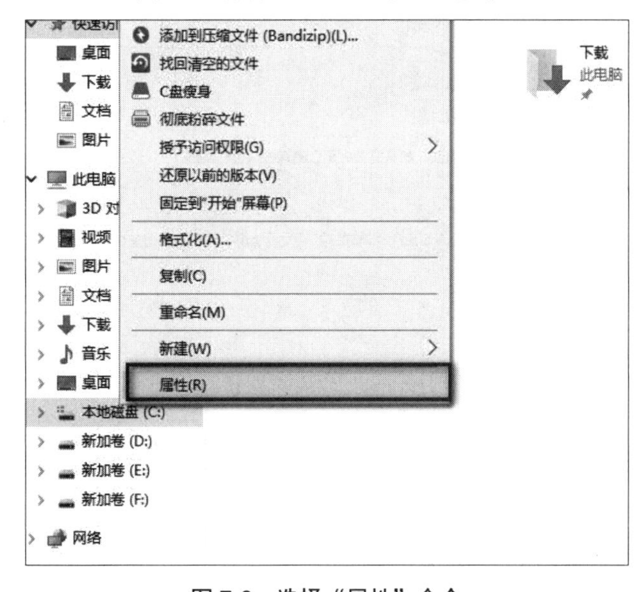

图 7-6 选择“属性”命令

（3）在弹出的对话框中选择“工具”选项卡，单击“检查”按钮，如图 7-7 所示。

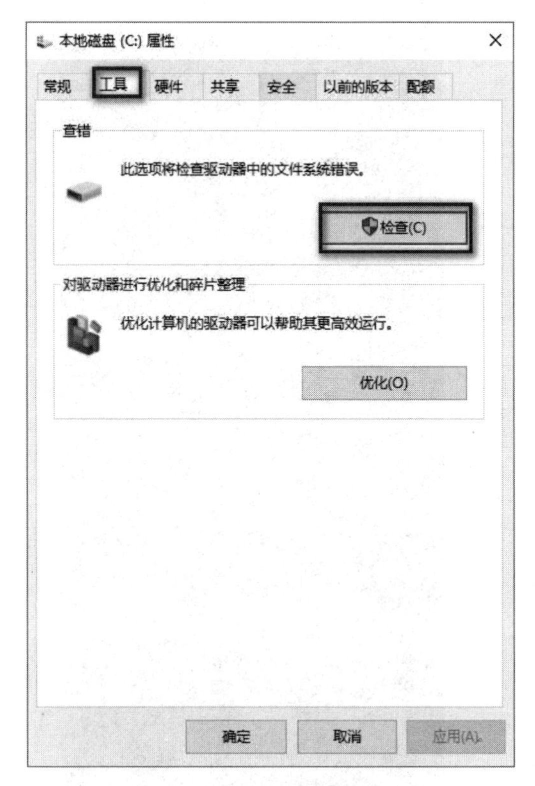

图 7-7　打开磁盘检查工具

（4）在弹出的对话框中选择“扫描驱动器”，然后开始扫描磁盘，如图 7-8 和图 7-9 所示。

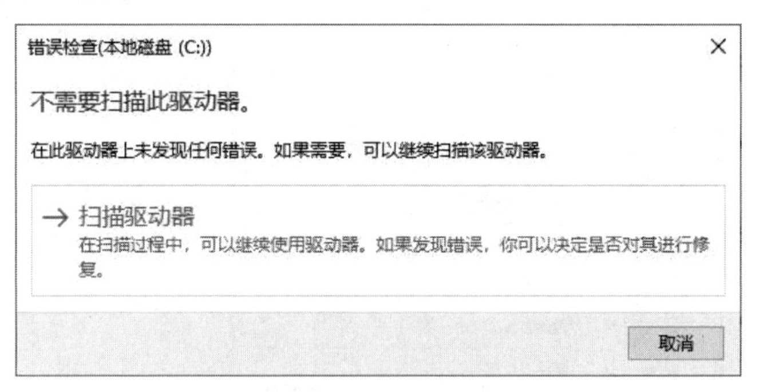

图 7-8　扫描驱动器

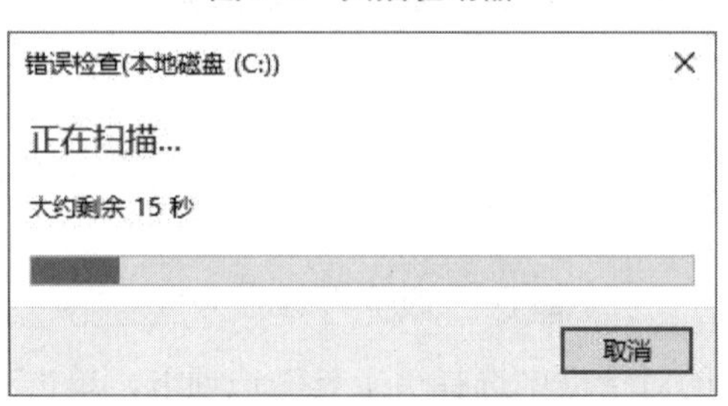

图 7-9　正在扫描磁盘

（5）如果系统提示重新启动，请重新启动计算机。重新启动后，系统修复将自动完成。如果出现“自动修复”屏幕提示，请单击“重新启动”按钮。如果没有“重新启动”请求，请单击“关闭”按钮，完成扫描，如图 7-10 所示。

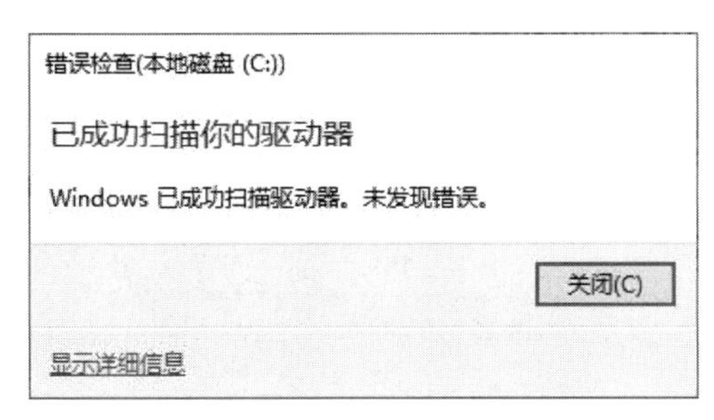

图 7-10 完成驱动器扫描

（6）如果要查看检查状态，请单击“显示详细信息”超链接，打开“事件查看器”窗口，如图 7-11 所示。

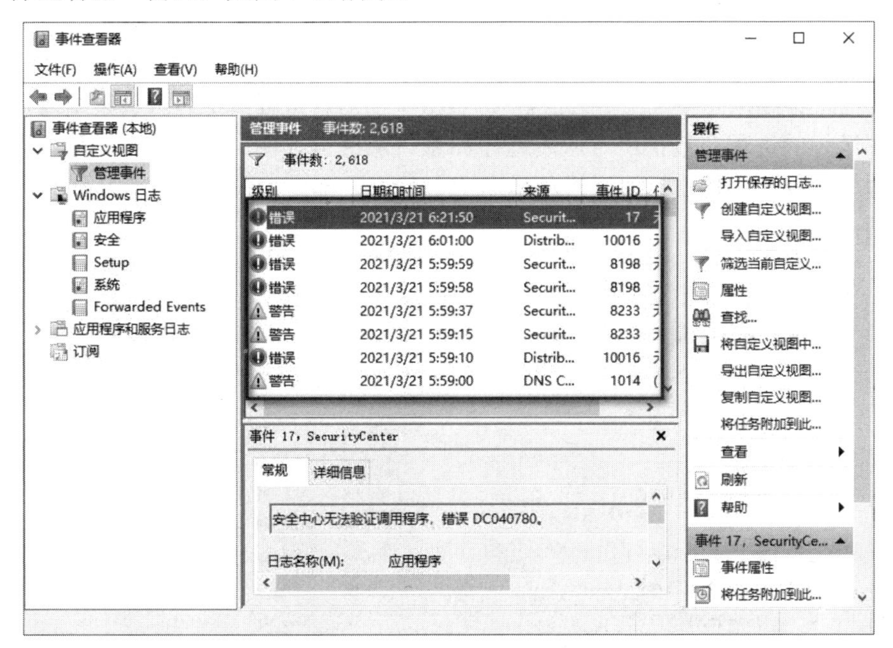

图 7-11 “事件查看器”窗口

7.3.3 使用任务管理器

任务管理器能够显示操作系统当前正在运行的程序、进程和服务。可以使用任务管理器监视计算机的性能或关闭没有响应的程序，例如，在查看程序运行状态后，终止已经停止响应的程序进程。此外，用户还可在任务管理器内查看 CPU、内存和网络的使用情况，从而了解整个系统的运行状况。

1．查看应用程序运行状况

启动任务管理器后，在“任务管理器”窗口中只显示了简略信息模式，此时可以单击 “详细信息”按钮，如图 7-12 所示，进入详细信息页面。

图 7-12　显示简略信息模式

在详细信息模式下，“进程”选项卡中的后台进程组中显示了系统内正在运行的进程，包括所有应用程序和系统服务，如图 7-13 所示。在“进程”选项卡中，默认显示进程的名称、状态、CPU、内存、磁盘及网络 6 项内容。

任务管理器

文件(F)　选项(O)　查看(V)

进程　性能　应用历史记录　启动　用户　详细信息　服务

名称	状态	6% CPU	24% 内存	0% 磁盘	0% 网络
桌面窗口管理器		1.2%	55.4 MB	0 MB/秒	0 Mbps
任务管理器		1.0%	21.5 MB	0 MB/秒	0 Mbps
Microsoft Word (32 位)		0.7%	74.8 MB	0 MB/秒	0 Mbps
CTF 加载程序		0.6%	9.4 MB	0 MB/秒	0 Mbps
FastStone Capture (32 位)		0.6%	2.9 MB	0 MB/秒	0 Mbps
Client Server Runtime Process		0.5%	1.5 MB	0 MB/秒	0 Mbps
Windows 资源管理器 (2)		0.5%	51.7 MB	0 MB/秒	0 Mbps
PDF 转换工具 (32 位)		0.5%	4.9 MB	0 MB/秒	0 Mbps
服务主机: 连接设备平台用户服...		0.3%	4.8 MB	0.1 MB/秒	0 Mbps
360安全卫士 主程序模块 (32 ...		0.2%	131.9 MB	0 MB/秒	0 Mbps
Microsoft IME		0.2%	8.6 MB	0 MB/秒	0 Mbps
系统中断		0.1%	0 MB	0 MB/秒	0 Mbps
Usermode Font Driver Host		0%	4.5 MB	0 MB/秒	0 Mbps
服务主机: DNS Client		0%	2.2 MB	0 MB/秒	0 Mbps

简略信息(D)　结束任务(E)

图 7-13　查看进程

2. 查看服务

在“任务管理器”窗口的“服务”选项卡内，列出了系统中所有服务的名称、PID（进程标识符）、描述、状态和组，如图 7-14 所示。单击“打开服务”按钮，可在弹出的对话框内了解服务的详细信息，并对其进行设置。

任务管理器

文件(F)　选项(O)　查看(V)

进程　性能　应用历史记录　启动　用户　详细信息　服务

名称	PID	描述	状态	组
AdobeARMservice		Adobe Acrobat Update Service	已停止	
AdobeUpdateService		AdobeUpdateService	已停止	
AGMService	4392	Adobe Genuine Monitor Service	正在运行	
AGSService		Adobe Genuine Software Integrit...	已停止	
AJRouter		AllJoyn Router Service	已停止	LocalService...
ALG		Application Layer Gateway Service	已停止	
AppIDSvc		Application Identity	已停止	LocalService...
Appinfo	9688	Application Information	正在运行	netsvcs
AppMgmt		Application Management	已停止	netsvcs
AppReadiness		App Readiness	已停止	AppReadiness
AppVClient		Microsoft App-V Client	已停止	
AppXSvc		AppX Deployment Service (AppX...	已停止	wsappx
AssignedAccessManager...		AssignedAccessManager 服务	已停止	AssignedAcc...
AudioEndpointBuilder	2404	Windows Audio Endpoint Builder	正在运行	LocalSystem...
Audiosrv	3284	Windows Audio	正在运行	LocalService...
AxInstSV		ActiveX Installer (AxInstSV)	已停止	AxInstSVGro...
BcastDVRUserService		GameDVR 和广播用户服务	已停止	BcastDVRUs...
BcastDVRUserService_72...		GameDVR 和广播用户服务_727daaa	已停止	BcastDVRUs...
BDESVC		BitLocker Drive Encryption Service	已停止	netsvcs
BFE	3992	Base Filtering Engine	正在运行	LocalService...

简略信息(D)　打开服务

图 7-14　查看服务选项

3. 查看性能

在“任务管理器”窗口的“性能”选项卡内，CPU 的图表显示了此刻及过去几分钟内 CPU 的使用情况，如图 7-15 所示。“内存”“磁盘”“以太网”图表则显示了当前及过去几分钟内所使用内存、磁盘和网络的数量（以 MB 为单位）。

另外，单击“打开资源监视器”按钮，可在弹出的“资源监视器”窗口中查看不同进程下的 CPU、磁盘、网络和内存的使用情况，如图 7-16 所示。

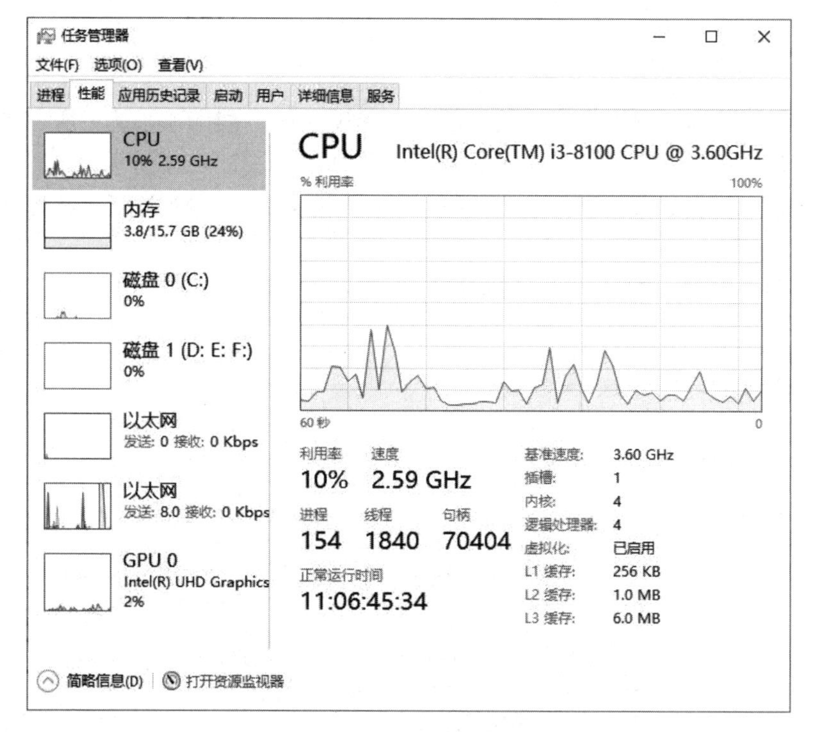

图 7-15 查看性能选项

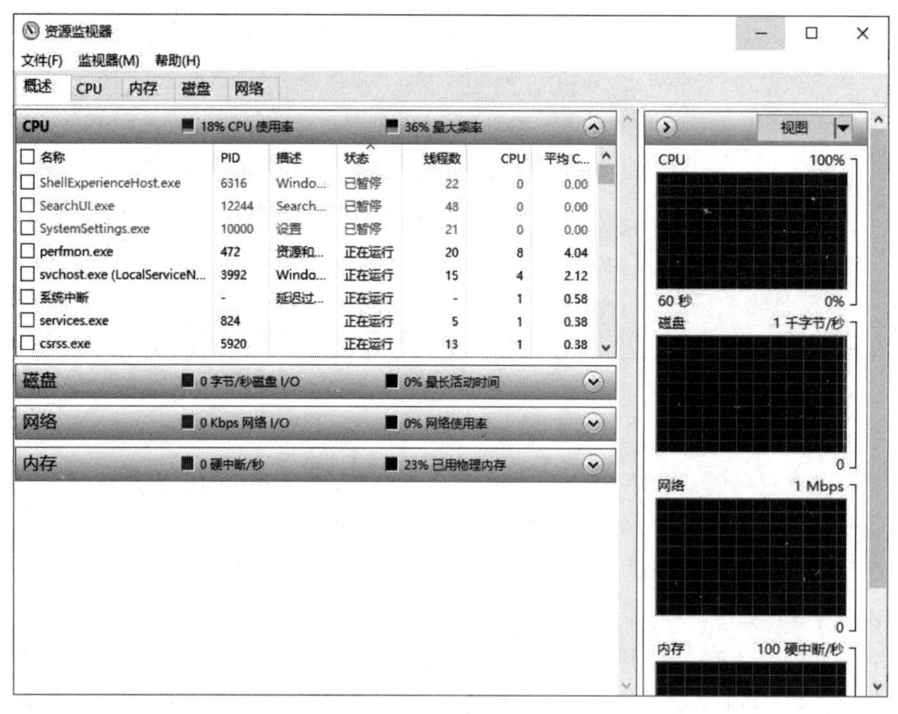

图 7-16 “资源监视器”窗口

练习与提高

一、填空题

1．为保证计算机的正常运行，必须对__________、__________及其他与外部环境有关的各种情况进行控制，以免因运行环境欠佳而导致计算机无法正常运行或损坏。

2．__________能够显示操作系统当前正在运行的程序、进程和服务，以及监视计算机的性能或关闭没有响应的程序。

3．__________是 Windows 操作系统的核心数据库，因此在对操作系统进行维护和设置中，很多操作都会涉及__________。

4. 定期为电源风扇转轴添加__________，可增加风扇转动时的润滑性，从而延长风扇寿命。

5．注册表编辑器是用户修改和编辑注册表的工具，在“运行”对话框内输入__________后，单击“确定”按钮，即可启动注册表编辑器。

6．注册表中的根键的特点是键名采用__________开头。

二、选择题

1．Windows 内的注册表共有（　　）个根键，每个根键所负责管理的系统参数各不相同。

A．3　　B．4

C．5　　D．6

2．在下列选项中，不属于计算机软件故障产生原因的是（　　）。

A．电压不稳定

B．感染病毒

C．系统文件丢失

D．注册表损坏

3．在下列选项中，不属于计算机安全操作注意事项内容的是（　　）。

A．电源　　B．硬盘

C．光驱　　D．摄像头

4．在使用浏览器访问网页时，下列（　　）不会出现脚本故障。

A．浏览器版本过低

B．浏览器版本过高

C．网页代码有问题

D．浏览器设置不当

5．在下列故障原因中，不会引起计算机死机的是（　　）。

A．计算机病毒

B．CPU 过热

C．个人数据被删除

D．电源不稳定

6．启动计算机后，导致主机出现较大噪声的原因可能是（　　）。

A．电流噪声，属于正常现象

B．风扇润滑油有问题，应更换风扇或添加润滑油

C．硬盘工作时因盘片转动而产生的正常现象

D．主机与其他设备间的共振现象

三、问答题

1．如何优化计算机的开机速度？

2．计算机硬件维护应该遵循的原则有哪些？

3．引起软件故障的原因有哪些？

第 8 章 计算机故障诊断与处理

学习目标

- ❑ 了解计算机故障产生的原因。
- ❑ 掌握计算机故障检查诊断的原则和步骤。
- ❑ 掌握计算机软件和硬件故障分析和处理的方法。

8.1 计算机故障诊断与分析

8.1.1 计算机故障产生的原因

当今社会处于一个网络化、信息化的时代，计算机在人们的日常生活、工作和学习中，应用越来越广泛，同时也促进了计算机硬件、软件、网络等各方面技术的不断提高。在计算机运行过程中，由于诸多因素的存在，可能导致计算机出现故障，这就要求计算机使用者能够对计算机的各类故障进行快速识别，并且采取相应的措施进行处理，以便尽快恢复工作，尽量减少损失。

计算机故障的产生，总体来说有软件和硬件两方面的原因。软件方面的故障主要是由于文件丢失、文件不匹配、文件被破坏等方面的原因引起的。硬件方面的故障主要有物理故障和机械故障等，物理故障产生的原因主要是由于过压、过流、过热等原因引起的烧蚀、断裂、脱落，结果常表现为短路、断路现象。再就是由于外力、跌落、碰撞、牵拉、拆装不当等原因，引起元器件的变形、断裂、缺失等现象。机械故障形成的主要原因有插接不牢固、不到位，操作时施力不当或异常外力，还有一些是疲劳、磨损、老化、摩擦力增大等产生的接触不良、时断时续或者机械性卡位、风扇转速降低甚至不转等现象。

8.1.2 计算机故障检查诊断的原则和步骤

1. 计算机系统故障诊断分析原则

（1）细致观察原则。
（2）先思考后操作原则。
（3）先软件后硬件原则。
（4）主次分明原则。

2. 判断计算机系统故障的步骤

一般采用“先软件后硬件、先外后内、由表及里、由大到小、先静态后动态”的原则，仔细观察、认真思考、循序渐进，严禁急于求成，随意操作，以免造成更大的人为故障。下面是对计算机故障进行判断的一般步骤。

（1）先判断是软件故障还是硬件故障。当计算机启动后，系统能够进行自检，并能显示自检后的系统配置情况，一般可以判定主机硬件基本上没有问题，然后再判断故障是不是由软件引起的。如果机器可以从 U 盘或者光驱启动，可以进入 Windows 桌面，则主机硬件故障的可能性更小。

（2）当确定计算机故障确实是由软件引起的，则需要进一步确认是操作系统软件还是应用软件的原因。可以先将应用软件删除，然后重新安装。如果还有问题，则可以判断是操作系统的故障，这时需要重新安装操作系统。

（3）当确定为硬件故障后，再进一步分析是由主机还是外部设备引起的故障。首先排除假故障现象，如开关、插头、插座、引线等是否连接，连接有无松动；再检查外部设备有无故障；外部设备故障排除后，再检查内部，要按由表及里的步骤，先观察有无灰尘、焦黑、脱落、炸裂等现象；闻一闻机器内部有无烧焦气味，听一听机器的异常报警声；然后再检查接插器件是否有松动现象，摸一摸元器件的外壳是否有过热现象（注意不要触碰元器件的金属针脚部分）。

（4）检查硬件故障，一般先从电源查起，然后查负载。在计算机硬件故障中，电源出现故障很常见，检查时应从供电系统到稳压系统，再到计算机内部的电源。检查电压的稳定性并检查保险丝等部分。如果电源没有问题，可以检查计算机系统本身，即计算机系统的各部件以及外设部分。

（5）先检查外设再检查主机。因为就计算机各部分的价格和可靠性来说，主机要高于外设，并且外设检查起来相对容易一些。所以，在检测故障时，一般先去掉所有可去的外设，再进行主机的检查。

（6）当确定是主机的问题后，可以打开机箱进行内部板卡和元器件的检查。这时，要注意按照“先静态后动态”的顺序来操作，即首先在不通电（静态）的情况下直接观察或用电表等工具进行测试，然后再通电，让计算机系统工作，进行检查。

3. 计算机故障的解决方法

1）观察法

观察法是维修判断计算机故障过程中的第一要法，它贯穿于整个维修过程。观察不仅要认真，而且要全面。观察包括的内容如下。

（1）周围环境，包括温度、湿度、灰尘等。

（2）硬件环境，包括电源插头、插座、插槽等。

（3）软件环境，包括各种应用软件、驱动程序等。

2）最小系统法

最小系统法主要用于判断在最基本的软、硬件环境中，系统是否可以正常工作。如果不能正常工作，即可判定最基本的软、硬件有故障；然后对软件系统进行判断，确认软件没有问题后，再确定硬件故障。

（1）硬件最小系统：由电源、主板、CPU、内存、显卡和显示器组成。整个系统可以通过主板 BIOS 报警声和开机 BIOS 自检信息，判断这几个核心配件是否可以正常工作。也就是把主板上所有的外插板卡（如网卡、硬盘、光驱等）去掉，只保留主板、内存、CPU（称为“最小配置”），然后开机看能否启动。这样就排除了由于其他配件损坏造成的不启动的因素。

（2）软件最小系统：由电源、主板、CPU、内存、显卡、显示器、键盘和硬盘组成。启动操作系统并进入安全模式，判断是否可以完成正常的启动和运行。

3）替换/添加/去除法

“替换/添加/去除法”是去除可能有故障的部件，替换或添加完好的部件，根据故障现象是否消失来判断的一种维修方法。“替换/添加/去除”的顺序如下。

（1）根据故障现象，考虑需要进行“替换/添加/去除”的部件或设备。

（2）按替换部件的难易顺序，进行“替换/添加/去除”。例如，先内存、显卡、CPU，后主板。

（3）首先考察与怀疑有故障的部件相连接的连接线、信号线等，其次是“替换/添加/去除”怀疑有故障的部件，再次是替换供电部件，最后是替换与之相关的其他部件。

（4）根据经验，从部件故障发生率的高低来考虑最先“替换/添加/去除”的部件。故障发生率高的部件先进行“替换/添加/去除”。

4）诊断卡法

诊断卡法是利用专用的诊断卡，对系统进行检查的方法。诊断卡类似于平时见到的显卡或声卡，如图 8-1 所示。它有 PCI 接口和 PCIE 接口两种。卡上一般会有一些指示灯和 LED 数码管（图 8-1 中标号 13 的位置），显示计算机各个部件的工作情况。

通常在使用时，可以根据卡上指示灯的显示状况（图 8-1 中标号为 6、7、8、9、10、11 的 LED 指示灯），对照手册说明书，轻松鉴别出有故障的部件（对于加不上电的机器，此法不适用）。

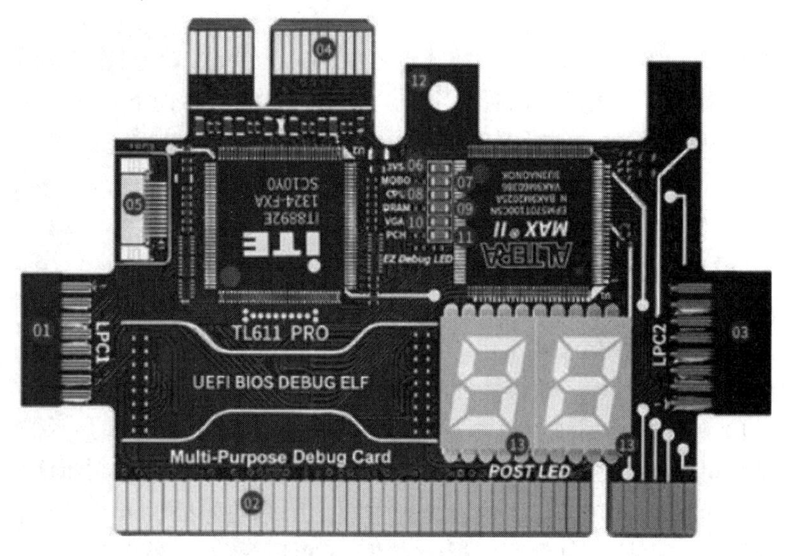

图 8-1　计算机故障诊断卡

8.2 计算机常见故障及解决方案

8.2.1 计算机无法开机故障

计算机不能开机（也就是不能正常启动）的原因有很多，下面介绍几种常见的原因。

（1）按下电源按钮毫无反应，主机电源指示灯不亮，也无报警声。

① 检查连接计算机的电源线是否连接牢固。

② 检查电源线前端插座、插排、稳压器、UPS 以及配电开关等是否有电，主要确定是否给计算机供电。

③ 先检查电源按钮是否正常，再查电源跳线是否正常。很多情况下由于电源开关（轻触开关）内部的接触电阻过大，无法导通，造成无法开机。

④ 检查主板是否供电，若无供电，很有可能是计算机主板供电插头接触不良，或者是电源损坏导致的。

（2）计算机能正常打开电源并进行 CMOS 自检，但不能启动操作系统。光标在黑屏上闪烁，有提示“Press any key to restart computer”，或者提示如图 8-2 所示的信息。

① 一种可能的情况是中了开机型病毒。应重点检查 boot.ini、system.ini、win.ini 等系统文件。

```
Network boot from Intel E1000
Copyright (C) 2003-2014  VMware, Inc.
Copyright (C) 1997-2000  Intel Corporation

CLIENT MAC ADDR: 00 0C 29 0B B4 E3  GUID: 564D211E-B6F6-0784-1371-543BBB0BB4E3
PXE-E53: No boot filename received

PXE-M0F: Exiting Intel PXE ROM.
Operating System not found
```

图 8-2　计算机启动错误信息提示

② 应用软件或系统软件问题。包括系统配置不当、文件丢失、文件错乱、软硬件冲突等问题。

③ 开机不久后提示“The operating loader was lost”，多数情况是因为至少安装了两个操作系统，多重启动导致菜单丢失，可以尝试通过工具修复启动菜单。

8.2.2　计算机重启故障的解决

计算机在正常使用情况下，无故重启是常见的故障之一。需要提前指出的一点是，就算是没有软、硬件故障的计算机，偶尔也会因为系统 bug 或非法操作而重启，所以偶尔一次的重启并不一定是由于计算机出了故障。

1. 软件原因引起的重启

软件原因引起的重启包括以下 10 种。

（1）操作系统中毒。

（2）注册表错误或损坏。

（3）启动时加载程序过多。

（4）软件安装版本冲突。

（5）虚拟内存不足，造成系统多任务运算错误。

（6）动态链接库文件丢失。

（7）安装过多的字体文件。

（8）加载的计划任务过多。

（9）系统资源产生冲突或资源耗尽。

（10）产生软硬件冲突等原因，如声卡、显卡驱动程序。

解决方法：按照计算机故障检查诊断的原则和步骤找出原因，解决问题。如果故障始终无法解决，可以尝试重装操作系统。

2. 硬件原因引起的重启

（1）CPU 风扇转速异常或 CPU 过热造成重启。一般来说，CPU 风扇转速过低或 CPU 过热，都会造成计算机死机。但目前市场上大部分主板均有 CPU 风扇转速过低保护和 CPU 过热保护功能，其作用是在系统运行的过程中，当检测到 CPU 风扇转速低于某一数值或 CPU 温度超过某一温度时，计算机将自动重启。如果计算机开启了这项功能，CPU 风扇一旦出现问题，计算机就会在使用一段时间后不断重启。

检测方法：将 BIOS 恢复默认设置，关闭上述保护功能，如果计算机不再重启，就可以确认故障源了。

解决方法：更换更好的 CPU 散热器和风扇，以改善 CPU 散热性能。

（2）主板电容漏电爆浆（损坏）造成主板运行不稳定而重启。计算机在长时间使用后，由于散热不良，部分质量较差的主板电容（电解电容）会漏电爆浆。如果只是轻微的鼓包漏电，计算机依然可以正常工作。但随着主板电容漏电爆浆的严重化，主板会变得越来越不稳定，出现重启的故障，甚至有时无法正常开机。

检测方法：打开机箱平放，仔细观察主板上的电容，正常电解电容的顶部是平的（部分电容会有点内凹），但鼓包后的电容，容量大多已经改变，严重的会漏电爆浆，最直观的现象是电解液漏出，如图 8-3 所示。

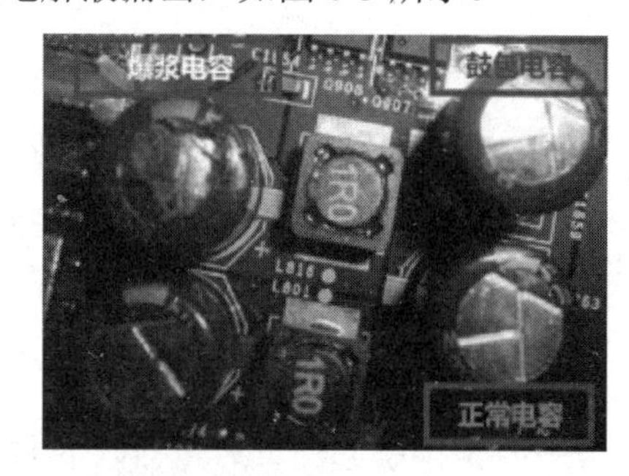

图 8-3 （爆浆和鼓包）损坏的电解电容

一般来说，主板或显卡上电解电容爆浆是常见的硬件故障，这是因为主板在长期使用的过程中，过热会导致电解液受热膨胀，当过热到一定程度就会产生爆浆。因此，现在高端的主板均采用固态电容，固态电容的介电材料为导电性高分子，没有电解液，其不但不会爆浆，还有环保、电阻低、寿命长等优点。那么如何区别电解电容和固态电容呢？一般来讲，电解电容的顶部会有 K 字形、十字形及 T 字形的压痕槽（相当于预留一个薄弱口，防止“爆炸”）；如果没有压痕槽那就是固态电容，如图 8-4 所示。

图 8-4 性能优良的固态电容

（3）内存条兼容性差或者热稳定性不良，导致系统重启，可考虑更换内存条。

（4）电源质量不良或者功率不足，造成主板或 CPU 供电不稳定、供电不足，引发系统重启。解决方法为更换高功率、质量有保障的品牌电源。

（5）PCIE 显卡、PCI 卡（网卡、声卡）引起的自动重启。外接卡做工不标准或品质不良，引发 PCIE 及 PCI 总线的 RESET 信号误动作，导致系统重启。也有显卡、网卡松动引起系统重启的事例。

（6）并口、串口、USB 接口接入有故障或不兼容的外部设备时，自动重启。外设有故障或不兼容，例如，打印机的并口损坏、某一脚对地短路、USB 设备损坏对地短路、针脚短路及信号电平不兼容等均可引起重启。

（7）热插拔外部设备时，抖动过大，引起信号或电源瞬间短路。

（8）光驱内部电路或芯片损坏，导致主机在工作过程中突然重启。光驱本身的设计不良，程序芯片有缺陷，也会在读取光盘时引起重启。

（9）机箱前面板 RESET 开关问题，引起重启。机箱前面板 RESET 键实际是一个常开开关，主板上的RESET信号是+5V电平信号，连接到RESET开关。当开关闭合的瞬间，+5V 电平对地导通，信号电平降为 0 V，触发系统复位重启，系统加电自检。

但是当 RESET 开关弹性减弱、按钮按下去不易弹起时，会出现稍有振动开关就会闭合的状态，从而导致系统复位重启。

解决方法：更换同型号的轻触开关，如图 8-5 所示。

图 8-5　各类型轻触开关

8.2.3　计算机蓝屏故障的解决

蓝屏故障是 Windows 系统特有的自我保护现象。当 Windows 系统中有软件或硬件的工作条件发生了改变，有可能产生破坏系统内核的操作时，

Windows 会调用蓝屏处理中断程序。根据错误的发生类型转入蓝屏，同时屏幕上显示相应的提示信息，如图 8-6 和图 8-7 所示。一般可通过阅读提示信息，明确蓝屏错误产生的原因。出现此类故障的表现形式是多样的，有时在 Windows 系统启动时出现，有时在运行一些软件时出现，出现此类故障的原因也是多样的，但都会导致 Windows 系统损坏，如果在以安全模式引导时也不能正常进入系统，仍出现蓝屏故障，则证明操作系统损坏严重，需要重新安装系统。

图 8-6　系统蓝屏错误提示信息 1

```
A problem has been detected and Windows has been shut down to prevent damage
to your computer.

PROCESS_INITIALIZATION_FAILED

If this is the first time you've seen this Stop error screen,
restart your computer, If this screen appaears again, follow
these steps:

Check to make sure any new hardware or software is properly installed.
If this is a new installation, ask your hardware or software manufacturer
for any Windows updates you might need.

If problems continue, disable or remove any newly installed harware
or software. Disable BIOS memory options such as caching or shadowing.
If you need to use Safe Mode to remove or disable components, restart
your computer, press F8 to select Advanced Startup Options, and then
select Safe Mode.
```

图 8-7　系统蓝屏错误提示信息 2

1. 软件原因引起的蓝屏故障

软件引起的蓝屏故障包括以下原因。

（1）遭到病毒或黑客攻击。

（2）注册表中存在错误或损坏。

（3）安装了系统补丁。

（4）软件安装版本冲突。

（5）启动时加载程序过多。

（6）虚拟内存不足，造成系统多任务运算错误。

（7）动态链接库文件丢失。

（8）加载的计划任务过多。

（9）系统资源产生冲突或资源耗尽。

（10）产生软硬件冲突等原因。

解决方法：这类故障解决的最简单方法是重装操作系统。对于不能重装系统的计算机，要先尝试杀毒，看能否解决问题，然后再查找故障原因。

对于开机启动蓝屏、无法进入系统的故障，首先确认之前是否给系统打过补丁。若不是正版系统，则在打了某些系统补丁后，会导致系统蓝屏。

多数系统问题导致的蓝屏，可以使用系统自带的高级设置恢复系统。解决方法为开机启动，按 F8 键，进入系统“高级启动选项”界面，如图 8-8 所示，设置选择“修复计算机”命令或者恢复系统到“最近一次的正确配置”命令。如果是因为打了系统补丁，修复了漏洞导致的蓝屏，此时系统将恢复到没打补丁的状态。

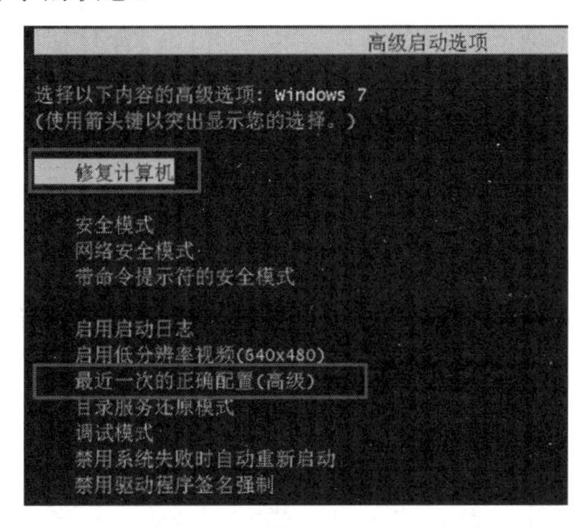

图 8-8 系统高级启动选项

系统崩溃也会出现蓝屏，导致无法进入系统。如果上述方法无法修复，可以将系统安装光盘插入光驱，根据系统提示来修复系统。

2. 硬件方面的原因引起的蓝屏故障

首先要判断是哪个硬件引起的故障。当计算机开机出现蓝屏后，试一试再次关机、开机。如果故障依旧存在，注意开机时是否有报警声或者其他异常响声（特别是机械硬盘），看看硬盘工作指示灯是否在闪烁。

如有报警音（可查阅 8.4.6 节的表 8-1、表 8-2），可根据其判断大致是哪个部件出了问题，用排除法确定具体问题所在。下面是一些常见的蓝屏故障及解决方法。

1）超频过度

原因：过度超频增加了 CPU 运行功率，导致发热量大大增加，如果散热器不能及时有效地散热，会导致 CPU 内的电子元器件的特性变坏，CPU 不能正常工作。

解决方法：降低超频幅度或强化散热系统。

2）内存发生物理损坏或者与硬件不兼容

原因：内存损坏、稳定性差或不兼容也会产生蓝屏，此种故障在计算机故障中占比很高。

解决方法：逐一测试内存，清洁内存金手指（触点），更换有故障或不兼容的内存（插拔内存前注意释放静电，以免损坏内存条）。

3）系统硬件冲突

解决方法：在“控制面板”→“系统”→“硬件设备管理器”中检查是否存在带有黄色问号或感叹号的设备，如存在可试着先将其删除，再重新启动计算机，由 Windows 自动调整，一般可以解决问题。若还不行，可手动调整中断设置，或升级相应的驱动程序。

4）劣质零部件或零部件故障导致蓝屏

解决方法：选购名牌厂家的计算机零部件，并且使用最新的硬件测试程序对整机进行 48 小时或 72 小时拷机测试，如能通过测试，则系统稳定性较好，不会轻易出现硬件故障。对于主板和 CPU 这类关键部件，如有故障，建议更换。

5）硬盘故障

原因：硬盘控制器故障或硬盘盘面有坏道。

解决方法：更换硬盘或重新分区硬盘，把坏道部分屏蔽不用（建议最好更换）。

8.2.4 计算机黑屏故障的解决

黑屏是指计算机的显示器未显示应有的信息、屏幕上无任何画面的现象（有的会显示“无信号输入”），此类故障多为硬件故障。

产生这类故障的主要部件有电源及显示器与主机的连接线、主板、BIOS 设置、CPU、内存、显卡、显示器等。总之，这类故障是因计算机未能正常启动造成的。这类故障的判定比较复杂，可以一步一步分析解决。

首先，查看是否为主机或显示器的电源供应问题，再检查连线（电源线、数据线）问题，排除了这些问题后，再进行后续的分析判断。

1．内存问题

内存是计算机中最重要的部件之一。系统在加电自检过程中，能够检测出内存和其他关键硬件是否存在及能否正常工作。如果有问题或不能正常工作，系统就会用蜂鸣器报警。蜂鸣器发出的声音不同，表示有不同的故障，例如，当内存有故障，蜂鸣器会发出“嘀嘀”的响声。遇到这种情况，需要打开机箱，把内存条取出，清除内存条表面和内存插槽里的灰尘，擦拭金手指，重新插上内存条或换个插槽插上，一般就可以恢复了。如果部件损坏，则需更换。

2．显卡、显示器不能正常工作

如果显卡不能正常工作，计算机也会黑屏，但这时系统不会用蜂鸣器报警。

开机后，系统自检正常，蜂鸣器不报警。但屏幕上显示“No Signals”。据此，初步判断是显卡有问题。将显卡卸下后，发现显卡上粘满了灰尘，要先用刷子把显卡刷干净，再用橡皮擦把金手指擦拭一遍。然后插上显卡，开机，正常进入系统。这种问题一般是由于时间长了，显卡的金手指部分因氧化而与插槽接触不良引起的。它的特征是系统自检正常，蜂鸣器不报警，显示器黑屏（比较老的显示器）或显示“No Signals（比较新的显示器）”。处理这种故障的方法是检查显卡是否按压到位及是否松动，插槽内是否有灰尘或异物从而导致接触不良。

3．主板 BIOS 故障

一开机就黑屏，但蜂鸣器不报警。通过检查，发现显卡没问题，也没有发现其他异常。解决方法为拆开主机，把 CMOS 电池卸下后又装上（主板放电法），再开机，系统显示正常，要求进行 BIOS 设置。重新设定后，则可顺利进入系统。

8.2.5 计算机死机故障的解决

计算机死机故障是一种比较常见的故障，但归纳起来主要有两类，即软件类和硬件类。

1．软件造成的死机故障

软件引起的死机故障比较常见，但因其涉及面广，原因复杂，下面介绍常见的 4 种情况。

（1）病毒原因造成计算机频繁死机。此类原因造成故障的现象比较常见，当计算机感染病毒后，表现方式层出不穷，主要表现有以下 4 种。

① 系统启动的时间延长。

② 系统在启动时，自动启动一些不必要的程序。

③ 无故死机。

④ 屏幕上出现一些乱码。

如果确定是因为病毒损坏了一些系统文件，导致系统工作不稳定，用户可以在安全模式下，用系统文件检查器对系统文件予以修复。

（2）软件冲突或损坏引起死机。一般此类故障都会发生在同一点，对此可将该软件卸载予以解决。

（3）加载程序过多造成内存不足而产生的死机故障，一般可以手动或利用电脑管家一类的软件，禁用不需要的开机启动项。

（4）计算机在启动 Windows 系统时出现*.vxd 或其他文件未找到，按任意键继续的故障。

此类故障一般是由于用户在卸载软件时未彻底删除或安装硬件时驱动程序安装不正确造成的。对此，可以进入注册表管理程序，利用其查找功能，从注册表中删除即可。

解决方法：对于软件引起的死机故障，如果无法找到确切原因，最好的办法就是重装操作系统。

2．硬件引起的死机故障

1）散热不良

由于某些元器件散热稳定性不良，造成此类故障。对此，可以让计算机运行一段时间，待其死机后，再用手触摸以上各部件，倘若温度很高，说明该部件可能存在问题，可用替换法来诊断。

对于散热不良造成的死机故障，主要解决以下 3 个方面的问题。

（1）CPU 散热器及风扇问题。计算机长期使用后，灰尘过多、润滑不良、长期运转造成的风扇性能下降及扇叶断裂、缺失或电路故障引起的物理损坏，是造成散热不良的主要原因。处理这类故障的方法是拆下 CPU 散热器，清洁灰尘，重新涂抹 CPU 导热硅脂（涂抹硅脂能降低 CPU 温度）或贴敷导热硅胶片，更换新的风扇。

（2）显卡散热器及风扇问题。除尘清洁，更换风扇。对于大功率显卡，如果电源功率不足，也会死机、断电甚至黑屏。解决办法是更换大功率电源。

（3）电源风扇及灰尘。解决方法是清洁除尘或者更换风扇。

2）内存、主板、硬盘品质不良

解决方法是更换不良品质的部件。

3）部件接触不良导致计算机频繁死机

（1）各部件的供电插头接触不良，需检查原因，重新插接牢靠。

（2）插接板卡的金手指出现问题，引起死机。

由于各部件大多是靠金手指与主板接触的，时间久了金手指部位会出现氧化现象，可用橡皮擦（或用无水酒精）来回擦拭，予以清洁。

4）由于硬件之间不兼容造成计算机频繁死机

此类现象多见于显卡与其他部件不兼容或内存条与主板不兼容时，如 SIS 的显卡。当然其他设备也有可能发生不兼容现象，对此可以将其他不必要的设备（如 Modem、声卡等）拆下后，予以判断。

8.3 计算机常见软件故障

按照故障产生的原因来分，计算机常见的故障主要就是软件故障和硬件故障。本节讲解计算机常见的软件故障。

8.3.1　操作系统故障诊断及排除

1．软件故障常用检查方法

当计算机出现软件故障时，可从以下 5 个方面着手进行分析。

（1）当计算机出现故障时，首先要冷静地观察计算机当前的工作情况，排除硬件故障原因。

（2）当确定是软件故障时，还要进一步弄清楚，当前是在什么环境下运行了什么软件出现的故障，具体是运行了系统软件还是运行了应用软件。

（3）多次反复试验，以验证该故障是必然发生的还是偶然发生的，并应充分注意引发故障时的环境和条件。

（4）了解系统软件的版本和其与应用软件的匹配情况。

（5）仔细分析所出现的故障现象是否与病毒有关，平时养成良好的使用习惯，定期为系统查杀病毒。

2．软件故障的预防与解决办法

很多软件故障是可以预防的，因此在使用计算机时应注意以下事项。

（1）在安装一个新软件之前，应考察软件与系统的兼容性。

（2）在出现非法操作和蓝屏时，根据提示信息，仔细分析产生的原因。

（3）随时监控系统资源的占用情况。

（4）当删除已安装的软件时，应使用软件自带的卸载程序或控制面板中的“添加或删除程序”功能，在必要时应用专业的软件管理工具，彻底清除垃圾残留、清理注册表。

（5）对于系统文件丢失、无法修复、无法加载系统的情况，应重装操作系统。

8.3.2　应用软件故障诊断及排除

应用软件众多，引起的故障种类也繁多。具体划分一下，应用软件的故障一般可分为以下 3 类。

（1）应用程序无法安装。

（2）应用程序无法运行。

（3）应用程序在运行时出错。

下面就几种常见故障，分析一下原因，学习故障检查的思路和解决问题的方法。

1．应用程序无法安装

常见的故障原因有以下 6 种。

（1）软件版本与系统不匹配。

（2）驱动与硬件不匹配、不兼容，导致无法安装，有时即使能安装也会导致硬件无法正常工作。

解决方法：去硬件生产商的官网下载相应驱动程序，再重新安装，或者在网上下载通用版驱动，如果不知道如何操作，可以下载驱动管理软件（如驱动精灵等）解决问题。

例如，当给计算机安装显卡驱动时，系统提示与硬件不匹配。出现这样的问题，首先要弄清楚下载的驱动程序是否与“显卡型号”对应，并且这个驱动一定要对应合适的操作系统（例如，是 32 位还是 64 位、是 Windows 7 还是 Windows 10 等）。

（3）在安装软件时，如提示缺少“组件”，则需先安装支持组件，再安装此软件。

例如，在安装 AutoCAD 2007 时提示缺少组件，如图 8-9 所示。

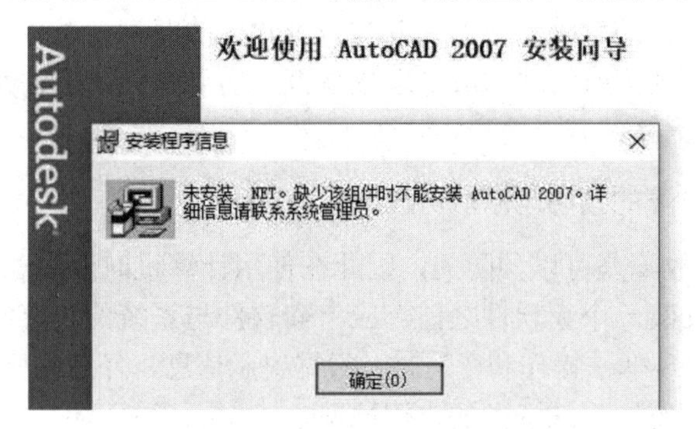

图 8-9　安装软件缺少相关组件

解决方法：先下载.NET Framework 3.5，安装该软件后，再安装 AutoCAD 2007。如果已经安装了.NET 还出现此提示，请打开“控制面板”的“程序和功能”窗口，选择“启用或关闭 Windows 功能”命令，选中以.NET 开头的两个复选框，如图 8-10 所示，确定之后即可安装软件。

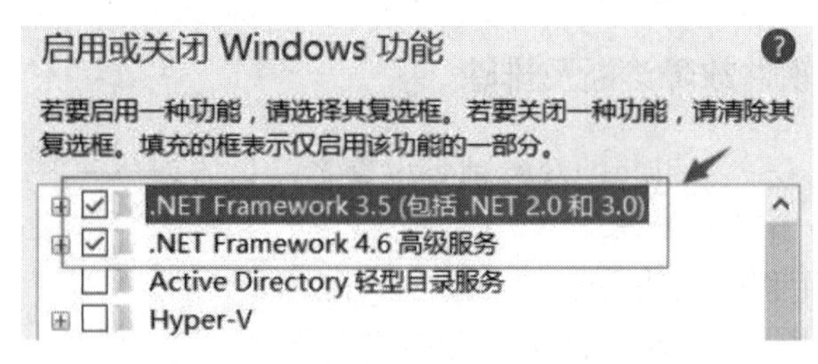

图 8-10　启用 Windows 的.NET 功能

（4）权限不够或被杀毒软件拦截。在安装程序时，出现“安装仅在管理模式下进行，安装终止”的提示。有些软件当安装无法进行时，会提示错误代码。

解决方法：

① 某些杀毒软件会拦截安装文件映像写入 Windows，这时只要关闭杀毒软件等，就可以正常安装了。

② 确保在管理员账户下安装，并且取得对文件的完全控制权限。

因为某些版本的 Windows 会去掉 Administrators 对“映像文件”键值的读写权限，可以用以下方法解决。

运行 regedit 命令，打开“注册表编辑器”窗口，找到 HKEY_LOCAL_MACHINE\SOFTWARE\Microsoft\Windows NT\CurrentVersion\Image File Execution Options 目录，右击，在弹出的快捷菜单中选择“权限”命令，在弹出的对话框中查看 Administrators 账户，确保选中“完全控制”的“允许”复选框，如图 8-11 所示。

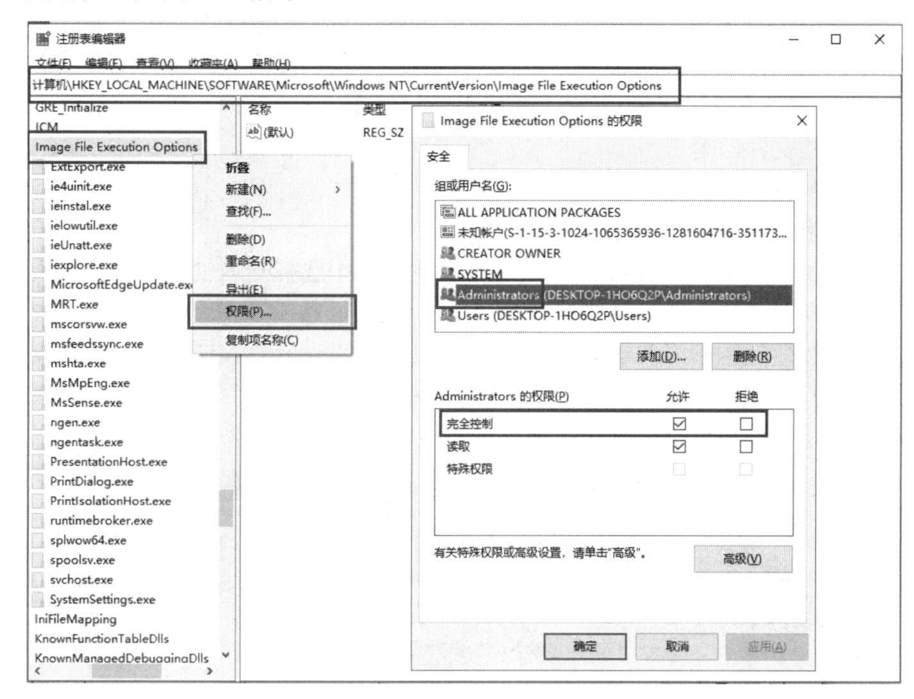

图 8-11　注册表中完全控制权限设置

（5）安装文件或安装介质出现问题。

① 安装软件时，有时发现进行到某进度时会自动中断退出，或者提示退出。

解决方法：尝试下载或换用其他安装文件（确保软件来源可靠且内容完整）。

② 双击安装文件却没有任何反应。

解决方法：首先确定是否为鼠标按键的问题，然后查杀木马、清理插件、修复系统。如果存在病毒，建议删除该安装文件，重新获取正常的安装文件。

（6）安装程序时，提示“Windows Installer Cannot Be Found”（Windows Installer 无法找到），或者出现提示“Windows Installer service could not be accessed”，原因是 Windows Installer 丢失或被停用。

解决方法：按 Win+R 快捷键，在弹出的对话框中输入 cmd，进入“命令行提示符”窗口，输入 msiexec/reg server，按 Enter 键。最好重启一下计算机，接下来再正常安装软件。

如果是 Windows Installer 被停用，只要打开它就可以了。

解决方法：选择“开始”→“运行”命令（按 Win+R 快捷键），在弹出的对话框中输入 services.msc，找到服务 Windows Installer，双击它，自动运行，然后启用。

2．在 Windows 下运行应用程序时提示内存不足

出现内存不足的提示，如图 8-12 所示，原因及解决方法如下。

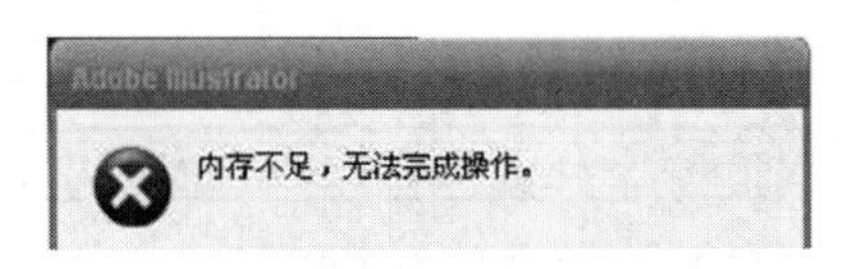

图 8-12　安装 Adobe Illustrator 时出现内存不足提示

（1）磁盘剩余空间不足。只需要删除一些文件即可。

（2）虚拟内存不足导致的。可适当增加虚拟内存。

右击“此电脑”图标，在弹出的快捷菜单中选择“属性”命令，打开电脑属性对话框。然后，选择“高级系统设置”。接着在弹出的对话框中选择“高级”选项卡，单击“性能”选项组中的“设置”按钮，打开“性能选项”对话框，选择“高级”选项卡，单击“虚拟内存”选项组中的“更改”按钮，即可进行电脑虚拟内存的更改，如图 8-13 和图 8-14 所示。

图 8-13　“系统属性”对话框

图 8-14　“性能选项”对话框

（3）同时运行了多个应用程序。

解决方法：关闭应用程序，如果无法关闭，则可启动任务管理器，强制结束任务。

（4）计算机感染了病毒。安装杀毒软件并查杀病毒，或进入安全模式手动删除染毒文件。

（5）仔细观察 BIOS 参数的设置是否符合硬件配置要求，检查硬件驱动程序是否正确安装。

3．在 Windows 下运行应用程序时出现非法操作的提示

引起此类故障的原因较多，有如下可能。

（1）系统文件被更改或损坏。倘若由此引发，则打开一些系统自带的程序时（如打开控制面板），会出现非法操作的提示。

（2）驱动程序未正确安装。此类故障一般表现在显卡驱动程序上，倘若由此引发，则在打开一些游戏程序时，会产生非法操作的提示。

（3）内存条质量不佳。

（4）程序运行时，倘若未安装声卡驱动程序，可能会产生此类故障。例如，当加载一些游戏程序时，倘若未安装声卡驱动，就会产生非法操作提示。

（5）软件之间不兼容。

4．正常安装程序后不能启动

此类故障一般有以下 3 种原因引发。

（1）注册表信息没有清理干净，导致在安装时出现程序错误、进程冲突等故障。

（2）当前软件安装包有问题，缺少相关数据。

（3）用户的 Windows 系统文件安装不完整，或者运行的是经过精简和优化的 Ghost 版系统。

8.4 计算机常见硬件故障

8.4.1 CPU 常见故障及处理

一般计算机工作不稳定或无法启动时，首先会从主板、内存等易出现故障的配件入手，开始排查（CPU 故障率相对较低）。当确定主板、内存、显卡等硬件和其他配件没有问题后，就要考虑是否为 CPU 的问题了。常见的 CPU 故障有两方面：一方面是 CPU 外部原因，如接触不良、供电问题、散热问题等引起的软故障；另一方面是由 CPU 断针、触点氧化、烧蚀或者电路损坏等原因引起的硬故障。

当 CPU 出现问题时，会使计算机出现以下故障现象。

（1）计算机频繁死机，即使在 CMOS 或 DOS 下，也会出现死机的情况。

（2）计算机不断重启，特别是开机不久后连续出现重启的现象。

（3）计算机性能下降且下降的程度相当大。

（4）供电后系统没有任何反应，即“主机点不亮”。

1. 计算机频繁死机或重启故障的分析与解决

这种故障占比非常高，应从以下 3 个方面分析查找原因和解决问题。

1）散热不良

（1）CPU 散热器的散热鳍片内布满灰尘，应清理灰尘。

（2）CPU 散热风扇不转、转速慢或者时快时慢。原因是散热风扇上灰尘多、缺油润滑不良或风扇损坏。

解决方法：根据具体原因清理灰尘、加油润滑或更换风扇。

（3）CPU 表面的导热硅脂干结。涂抹导热硅脂，或者贴敷导热硅胶片。

（4）CPU 表面与散热器卡位或压接松动。重新卡接，或者拧紧螺丝。

2）供电不足

主板电路异常，导致 CPU 供电不足。常见的原因是 CPU 供电电路部分有电容损坏。

解决方法：更换电容，维修主板。

电源出现故障，电源质量不稳定，或者电源自身功率不足导致 CPU 供电不足。

解决方法：维修电源，更换功率与计算机相匹配的电源（有些电源虚标功率，要注意鉴别）。

3）超频过高

由于 CPU 集成度非常高，因此其发热量也非常大，当前处理器的频率都非常高，因此散热风扇对于 CPU 的稳定运行起到了至关重要的作用。现在的 CPU 处理器大都加入了过热保护功能，超过一定温度，便会自动关机。虽然有些处理器具备相当高的超频能力，但超频后的 CPU 对散热的要求更高，还要求配件（如内存）质量过硬，以避免产生超频瓶颈。如果加入过高的电压，极易造成 CPU 的烧毁。所以超频有风险，加压须谨慎，毕竟 CPU 是关键部件且价格昂贵。如果真要超频，可以先把电压提高一点，保证计算机正常开机且能长时间稳定工作后，再一点一点地增大电压。

如果超频失败，老旧主板需要进行 BIOS 恢复，新主板如果超频失败，一般会自动恢复，机器照样可以正常点亮。另外建议不要在夏天超频，如果非超频不可，一定要用质量好的散热器和风扇。

2. 计算机无法开机、供电后系统没有任何反应（主机点不亮）

1）CPU 接触不良

当 CPU 触点氧化，接触电阻增大、CPU 插座上的弹性触片弹性减弱，接触不良时，应清洁触点，整理触片。

如果 CPU 插座针孔或 CPU 针脚的表面氧化了，可以将 CPU 针脚与插座进行反复插接，通过摩擦去除插座上的氧化层，不过多数主板的 CPU 插座是经过镀金处理的，氧化的概率比较小。

如果针脚弯曲，造成接触不良，应仔细观察，整理针脚，使其垂直于 CPU 平面。

2）CPU 损坏

由于超频或 CPU 供电等问题，引起 CPU 电路烧毁。由于拆装不小心、跌落、磕碰等造成针脚或元器件的损坏。

作为用户，通常只能进行简单的 CPU 修理，就是把弯曲的 CPU 针脚重新调直，CPU 出现问题基本上都需要返厂维修，针对不同情况修理方式也不一样。

（1）断针脚的情况，可以补焊针脚。

（2）CPU 内部控制电路损坏，可返厂，开顶盖后更换损坏的电子元件。

（3）CPU 高温烧坏，不可修理。

3）主板 BIOS 不支持，主板不认 CPU

一般是因为老主板对新 CPU 支持不够，可以到主板官网下载最新的 BIOS 文件，升级 BIOS 予以解决。

4）CPU 功耗大，主板供电模块少，供电不足

可以换用功率大的电源以解决问题。

5）主板供电芯片或电路故障，CPU 无法正常加电

建议返厂维修。

8.4.2 主板常见故障及处理

主板是计算机的基础部件，是主机箱里最大的一块电路板，主板是CPU、内存、硬盘、各种适配卡以及与之连接的外部设备的桥梁。因此，它作为计算机系统的重要组成部分，也是故障涉及面最广的配件。

1．主板出现故障的主要原因

1）人为故障

带电插拔 I/O 卡、在装板卡及插头时用力不当，造成对接口、芯片等的损害。另外，在 BIOS 中设置不当，也会影响主板的正常工作。

2）环境不良

静电常造成主板上的芯片（特别是 CMOS 芯片）被击穿。另外，当遇到电源损坏或电源电压瞬间产生的尖峰脉冲时，往往会损坏主板系统板供电插头附件的芯片。如果主板上布满了灰尘，也会造成信号短路等故障。

3）主板驱动相关故障

可依次打开“控制面板”→“系统”→“设备管理器”，检查一下“系统设备”中的项目是否有黄色惊叹号或问号。将有黄色惊叹号和问号的项目全部删除（可在“安全模式”下进行操作），重新安装主板自带的驱动，重启计算机即可。

4）器件质量问题

由于芯片和其他器件质量不良导致的损坏。由于主板上的电解电容（特别是 CPU 插槽周围的电容）的质量问题或者长期不间断开机、使用频繁等原因，导致电容过热，引发鼓包、漏液、爆浆、爆炸等现象，会使主板无法工作或工作不正常。

5）接触不良、短路等

主板的面积较大，是聚集灰尘较多的地方。灰尘很可能会引发插槽与板卡接触不良的现象，这时可以用鼓风机对着插槽吹气，以去除灰尘。如果是由于插槽引脚氧化而引起的接触不良，可以将有一定硬度的白纸折好（表面光滑面向外），插入槽内来回擦拭。另外，若 CPU 插槽内用于检测 CPU 温度或主板上用于监控机箱内温度的热敏电阻附上灰尘的话，可能会造成主板对温度的识别错误，从而引发主板保护性故障，在清洁时也需要注意。

拆装机箱时，不小心掉入的导电物（如小螺丝之类）可能会卡在主板的元器件之间，从而引发短路现象，引发“保护性故障”。另外，检查主板与机箱底板间是否少装了用于支撑主板的小铜柱；主板是否安装不当或机箱变形而使主板与机箱直接接触，导致具有短路保护功能的电源自动切断电源供应。

6）主板电池有关故障

当遇到计算机开机时不能正确找到硬盘、开机后系统时间不正确、不能保存 CMOS 设置等现象时，可先检查主板的 CMOS 跳线是否设置为清除 CLEAR 选项（一般是 2～3），如果是的话，需将跳线设置改为 NORMAL 选项（一般是 1～2），然后重新启动。如果 CMOS 跳线正常，就可能是因为主板电池损坏或电池电压不足造成的，应更换主板电池。

7）兼容性问题

遇到主板设计上的缺陷或升级配件时出现的新旧器件兼容性问题，在排除 BIOS 设置的问题后，可以下载主板的最新 BIOS，进行刷新。

8）主板北桥芯片散热效果不佳

有些主板将北桥芯片上的散热片省掉了，这可能会导致芯片散热效果不佳，系统运行一段时间后死机。遇到这种情况，可自制散热片安上去或加装散热效果好的机箱风扇。

9）BIOS 受损

由于 BIOS 刷新失败和 CIH 病毒造成的 BIOS 受损的问题，如果引导块（Award BIOS 中称为 BIOS Boot Block、Phoenix BIOS 中称为 Flash Recover Boot Block）未被破坏，可用自制的启动盘重新刷新 BIOS。

2. 主板故障诊断处理的常用方法

在确定主板故障以后，可以采用清洁法、观察法、插拔交换法等排除故障。

8.4.3 内存常见故障及处理

1. 内存故障现象和原因

内存故障现象和原因主要有以下 3 个方面。

1）接触不良故障

故障现象：计算机不时自动重启、发出“滴滴”的蜂鸣声、是系统运行不正常、蓝屏及提示错误信息（报错）。

解决方法：先关机，切断电源，然后打开机箱后盖，将内存取出，清理干净，再插回原来的槽中（如果有空余插槽，也可以换用其他插槽），再开机，多数情况下可恢复正常。如果问题仍未解决，用替换法确定内存是否损坏。

2）内存与主板不兼容

这种故障一般会出现在升级计算机时，由于选择了与主板不兼容的内存。

3）内存损坏

一般情况下，系统会报警提示。由于内存是集成度高的芯片，如果内存出现电路和芯片损坏，大多只能更换新内存。

2. 常见内存故障现象和处理方法

1）开机无显示

此类故障一般是因为内存条与主板内存插槽接触不良造成的，只要用橡皮擦来回擦试其金手指部位，即可解决问题。还有就是内存损坏或者主板内存槽及周边电路有问题，也会造成此类故障。由于内存条原因造成的开机无显示故障，主机扬声器（蜂鸣器）一般都会长时间蜂鸣（Award BIOS）。

2）开机黑屏，伴有内存报警，无法正常启动

在安装内存时没有装到位、机器在搬动过程中震动、内存金手指的氧化及烧蚀等，如图 8-15 所示，都会引起内存与插槽的接触不良。故障现象表现为在开机过程中，不能正常启动。

图 8-15 烧蚀的内存金手指

解决方法：首先取下内存，重新装好再开机启动，如果能正常启动，说明是内存没安装好而引起的接触不良。如果仍不能正常启动，接下来取下内存，用无水酒精和橡皮擦擦试内存的金手指和插槽后，再安装，如果能正常启动，则可能是金手指上有灰尘或其氧化引起的故障。如果还不能正常工作，需换个内存插槽，插入内存，如果能正常启动，说明可能是主板上原来的内存插槽发生了故障。如果上述方法都无法解决，则有可能是内存的物理损坏导致的。

8.4.4 显卡与显示器常见故障及处理

1. 显卡故障

常见的显卡故障有以下 3 种。

1）开机无显示

出现此类故障一般是由于显卡与主板接触不良，或主板插槽有问题造成的，只需进行清洁即可。对于一些集成显卡的主板，如果显存共用主内存，则需注意内存所在的位置，一般在第一个内存插槽上应插有内存。

2）显示颜色不正常

此类故障一般是由于显卡与显示器信号线接触不良或显卡的物理损坏。

解决方法：重新插拔信号线或更换显卡。此外，也可能是显示器的原因。

3）分辨率低，颜色少，不自然

此类故障一般是由于显卡驱动的安装不正确，或者根本没有安装显卡驱动。

2. 显示器的故障

常见的显示器故障现象有黑屏、花屏、缺色、白屏等，一般可以通过下面 5 种方法解决这类故障。

（1）更新显卡驱动。

（2）重新连接显示器数据线缆。

（3）检查显卡硬件是否有问题。

（4）如果是集成显卡的计算机花屏了，可以先考虑内存的问题。

（5）显示器不支持主机设置的显示模式，主机设置显示模式分辨率的刷新频率过高，会引起屏幕的图像混乱，无法看清楚屏幕上的图像和文字。

8.4.5　电源故障及处理

电源通电之后，计算机不能正常显示、机箱风扇不运转、无法开机，或者 CPU 风扇转一下就停，然后又自动开始转，一直重复转停，以上这些情况可能就是电源出现了故障导致的。

解决方法：检查计算机的电源线路，看其是否出现了断裂、烧毁，电源插头是否接触不良，如图 8-16 所示。如果遇到较为特殊的情况，可以拆开计算机的电源盒，进行全面细致的电源检查。

图 8-16　电源内部电解电容损坏

8.4.6 打印机故障及处理

打印机常见的故障类型如下。

1. 无法联机打印

针式打印机通电后的报警声及其意义，如表 8-1 和表 8-2 所示。

表 8-1 Award BIOS 报警声及其意义

嘀声数与长短	意 义
1 短	系统正常启动
2 短	常规错误，进入 CMOS Setup，重新设置不正确的选项
1 长 1 短	RAM 或主板出错
1 长 2 短	显卡错误
1 长 3 短	键盘控制器错误
1 长 9 短	主板 Flash RAM 或 EPROM 错误，BIOS 损坏
不断长声	内存条未插紧或损坏
重复短响	电源有问题

表 8-2 PHOENIX BIOS 报警声及其意义

嘀声数与长短	意 义
1 短	系统启动正常
1 短 1 短 1 短	系统加电自检初始化失败
1 短 1 短 2 短	主板错误
1 短 1 短 3 短	CMOS 或电池失效
1 短 1 短 4 短	ROM BIOS 校验错误
1 短 3 短 2 短	基本内存错误
3 短 2 短 4 短	键盘控制器错误
3 短 3 短 4 短	显示内存错误
3 短 4 短 2 短	显卡错误
4 短 4 短 1 短	串行口错误

如果打印机的工作环境差、灰尘多，比较容易出现这类问题。因为灰尘聚积在打印头移动的轴上，和润滑油混在一起越积越多，产生较大的阻力，使打印头无法顺利移动，导致无法联机打印。此时应关掉电源，进行清理并加注润滑油。

2. 打印机没有反应

引起打印机不工作的故障原因有很多种，有打印机方面的，也有计算机方面的，可以采取以下方法排除故障。

（1）检查打印机是否处于联机状态。在大多数打印机上，Online 按钮旁边有一个指示联机状态的灯，正常情况下，该指示灯应为长亮状态。如果该指示灯不亮或处于闪烁状态，则说明联机不正常，应重点检查打印机电源是否接通、打印机电源开关是否打开、打印机数据电缆是否正确连接等。如果联机指示灯正常，应关掉打印机，再打开，打印测试页看是否正常。

（2）检查打印机是否已设置为默认打印机。选择“开始”→“设置”→“打印机”命令，检查当前使用的打印机图标上是否有黑色或绿色的“对号”标记，如图 8-17 所示，如果没有，需要将打印机设置为默认打印机。如果“打印机”窗口中没有显示使用的打印机，则单击“添加打印机”按钮，然后根据提示进行安装。

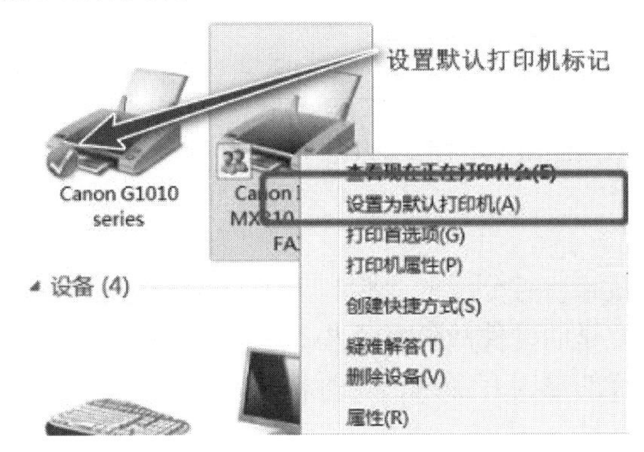

图 8-17 设置默认打印机

（3）检查当前打印机是否已设置为暂停打印。方法是在“打印机”窗口中右击打印机图标，在弹出的快捷菜单中检查“暂停打印”选项是否选中，如果选中了“暂停打印”，请取消选中。

（4）检查打印机驱动程序是否合适以及打印配置是否正确。在“打印机属性”对话框的“详细资料”选项中，检查以下内容。在“打印到以下端口”选项组中，检查打印机端口设置是否正确，最常用的端口为 USB 口，有些打印机也使用 LPT 并口。如果不能打印大型文件，则应重点检查“超时设置”栏的各项“超时设置”值，此选项仅对直接与计算机相连的打印机有效，使用网络打印机时则无效。

（5）检查打印机的进纸盒是否无纸或卡纸，检查打印机的墨粉盒、色带和碳粉盒是否有效，否则不能打印。

（6）如果用以上方法还不能排除问题，则需要检查计算机的打印接口是否损坏，再查打印机本身是否损坏。

3. 打印机打出的字均为乱码

一般此类故障与打印机驱动程序或并行口的模式设置有关，对于第一种情况，解决办法比较简单，若是第二种情况，可进入 CMOS 设置后，更改并行口模式（一般有 Ecp、Epp、Spp 3 种）且逐个试验即可。

另外，计算机病毒总是依附于系统或用户程序进行繁殖和扩散。病毒发作时会影响计算机的正常工作，破坏数据和程序，侵占计算机的资源，也可能导致打印机打出乱码。

练习与提高

一、填空题

1. 计算机故障的产生，总体来说有软件和__________两方面的原因。

2. 计算机的显示器未显示应有的信息，屏幕上无任何画面的现象称为__________。

3. 计算机故障的解决方法有__________、__________、__________、和__________。

4. 主板故障诊断处理的常用方法有__________、__________和__________。

二、问答题

1. 计算机故障检查分析的原则和步骤有哪些？

2. 计算机常见的硬件故障有哪些？

3. 内存故障的原因有哪些？有何表现？

课后习题参考答案

第 1 章

一、填空题

1．1946　　电子管

2．超级计算机

3．硬件系统　　软件系统

4．服务性程序

二、选择题

1．C　　2．C　　3．D　　4．C

三、问答题

1．计算机的主要特点是什么？

答：计算机的主要特点是运算速度快、计算精度高、存储容量大、具有逻辑判断功能、自动化程度高、通用性强。

2．计算机的应用领域有哪些？

答：计算机的应用领域有信息处理、科学计算、人工智能、过程控制、计算机辅助设计/辅助教学/辅助制造、虚拟现实技术等。

3．冯·诺依曼理论的基本工作原理是什么？

答：冯·诺依曼理论的基本工作原理是计算机由控制器、运算器、存储器、输入设备和输出设备 5 部分构成，其核心是“存储程序”和“程序控制”，并以二进制数表示数据。

4．系统软件的作用是什么？系统软件包括哪些类型？

答：系统软件一般是指控制和协调计算机及外部设备、支持应用软件开发和运行的系统。它是无须用户干预的各种程序的集合，其主要功能是调度、监控和维护计算机系统；负责管理计算机系统中各种独立的硬件，使得它们可以协调工作。

常见的系统软件主要指操作系统，当然也包括语言处理程序（汇编和编译程序等）、服务性程序（支撑软件）和数据库管理系统等。

第 2 章

一、填空题

1．1.7

2．地址　　数据　　控制

3．168　　184　　240　　284

4．芯片组

5．3.3　　5　　12

6．给 CPU 散热

二、选择题

1．D　　2．B　　3．B　　4．A　　5．C

6．C　　7．D　　8．C　　9．B

三、问答题

1．CPU 的主要技术指标有哪些？

答：CPU 的主要技术指标有频率、缓存容量、工作电压、字长、CPU 制造工艺等。

2．固态硬盘和机械硬盘相比较，有哪些优点、哪些缺点？

答：固态硬盘的优点：读写速度快、具备良好的防震抗摔性、低功耗、无噪声、发热量低、体积小、质量轻、工作温度范围大等。

固态硬盘的缺点：有寿命限制、售价高。

第 3 章

一、填空题

1．跳线　　插针

2．导热硅脂

3．放电

4．ZIF
5．PCIE
6．8
7．防呆
8．自检　　初始化　　引导

二、选择题

1．D　　2．B　　3．A　　4．C　　5．B　　6．B

三、问答题

1．简述 CPU 的安装流程和方法。

答：在安装 CPU 时，首先将固定拉杆拉起，使其与插座之间呈 90°，然后对齐 CPU 与插座上的三角标志后，将 CPU 放至插座内，并确认针脚已经全部插入插孔内。待 CPU 完全放入插座后，将固定拉杆压回原来的位置即可完成 CPU 的安装。

2．如何开机自检？

答：在计算机刚接通电源时对硬件部分的检测，也叫作加电自检，一旦在自检中发现问题，系统将给出提示信息或鸣笛警告。自检中如发现有错误，将按两种情况处理：对于严重故障（致命性故障）则停机，此时由于各种初始化操作还没完成，不能给出任何提示或信号；对于非严重故障则给出提示或声音报警信号，等待用户处理。

3．简述整个计算机的组装流程。

答：计算机的组装流程是：CPU 及风扇安装、内存安装、主板安装、电源安装、各类板卡安装、外部设备安装、连接外部设备。

4．在 BIOS 中如何进行超频？

答：一般可以通过在 BIOS 中调整倍频和外频来进行超频，同时还应该适当提升电压。

第4章

一、填空题

1．主分区　　扩展分区　　逻辑分区
2．操作系统
3．2T　　4
4．全局唯一标识符

二、选择题

1．B　　2．A　　3．D

三、问答题

1．常用的分区工具有哪些？

答：常用的分区工具主要有 DiskGenius、PatitionMagic、DM 和 Windows 自带的磁盘管理工具等。

2．Diskgenius 软件中“锁”的作用是什么？

答：在容量输入编辑框前面有一个“锁”状图标。当改变了某分区的容量后，这个分区的大小就会被“锁定”，在改变其他分区的容量时，这个分区的容量不会被程序自动调整，图标显示为“锁定”状态。也可以通过单击图标自由变更锁定状态；初始化时或更改分区个数后，第一个分区是锁定的，其他分区均为解锁状态；当改变了某个分区的容量后，其他未被“锁定”的分区将会自动平分“剩余”的容量；如果除了正在被更改的分区以外的其他所有分区都处于锁定状态，则只调整首尾两个分区的大小。最终调整哪一个则由它们最后被更改的顺序决定。如果最后更改的是首分区，就自动调整尾分区，反之调整首分区。被调整的分区自动解锁。

第 5 章

一、填空题

1．冷启动　热启动　复位启动　非正常关机后的启动

2．驱动

3．备份

4．disk

二、选择题

1．B　2．A　3．D

三、问答题

1．安装操作系统前要做哪些准备工作？

答：首先准备好合适的启动设备，然后下载将要安装的操作系统安装文件包，接下来选择相应的启动项以准备进行安装操作系统。

2．获取设备驱动程序有哪些渠道？

答：获取设备驱动程序的渠道主要有设备本身自带驱动光盘、网上下载相应驱动程序、使用驱动管理软件获取驱动程序。

3．略

4．略

5．略

第 6 章

一、填空题

1. 信息浏览　电子邮件　聊天交友　在线查询
2. 对等网　专用服务器局域网　客户机/服务器局域网
3. 物理层
4. 通过网上邻居　映射网络驱动器　通过 UNC 路径　通过命令

二、选择题

1. C　2. B　3. D　4. B

三、问答题

1. 无线局域网有哪些优点和不足?

答:无线局域网具有安装便捷、使用灵活、经济节约、易于扩展的优点。缺点是容易被监听、传输速率低、传输容易受干扰等。

2. 家用路由器的主要配置步骤有哪些?

答:(1)将路由器的 LAN 口用一根双绞线连接至计算机的网络接口。

(2)查看路由器管理 IP 及对路由器进行管理时用的登录用户名及口令。

(3)登录到路由器,打开浏览器,在地址栏中输入 http://路由器的管理 IP 地址。

(4)正确登录后开始配置 WAN 口、LAN 口、无线参数,启用安全协议。

3. 常见的远程控制软件有哪些?

答:常见的远程控制软件有向日葵远程控制软件、TeamViewer、Netman、ShowMyPC、Ammyy Admin、Yuuguu、Radmin、LogMeIn、GoToMyCloud 等。

第 7 章

一、填空题

1. 电压　电磁环境
2. 任务管理器
3. 注册表　更改注册表数据项
4. 润滑油
5. Regedit
6. HKEY

二、选择题

1．C　　2．A　　3．D　　4．D　　5．C　　6．B

三、问答题

1．如何优化计算机的开机速度？

答：优化方法主要有定时清理文件垃圾、减少不必要的启动项、桌面尽量不存放数据资料等。

2．计算机硬件维护应该遵循的原则有哪些？

答：计算机硬件维护应该遵循的原则有清洁在前维护在后、先外设后主机、先电源后部件、静态在前动态在后、先简单后复杂等。

3．引起软件故障的原因有哪些？

答：引起软件故障的主要原因有软件自身存在缺陷、病毒攻击、与操作系统不兼容等。

第 8 章

一、填空题

1．硬件

2．黑屏

3．观察法　　最小系统法　　替换/添加/去除法　　诊断卡法

4．清洁法　　观察法　　插拔交换法

二、问答题

1．计算机故障检查分析的原则和步骤有哪些？

答：计算机系统故障诊断分析原则如下。

（1）细致观察原则。

（2）先思考后操作原则。

（3）先软件后硬件原则。

（4）主次分明原则。

判断计算机系统故障的步骤：一般采用“先软件后硬件，先外后内，由表及里，由大到小，先静态后动态”的原则。仔细观察、认真思考、循序渐进，严禁急于求成，随意操作，以免造成更大的人为故障。

2．计算机常见的硬件故障有哪些？

答：计算机常见的硬件故障有 CPU 故障、内存故障、主板故障、电源故障、显卡故障、打印机故障等。

3．内存故障的原因有哪些？有何表现？

答：内存故障的原因有接触不良故障、内存与主板不兼容、内存损坏等。故障现象表现为开机无显示、开机黑屏，伴有内存报警，无法正常启动。